U0027250

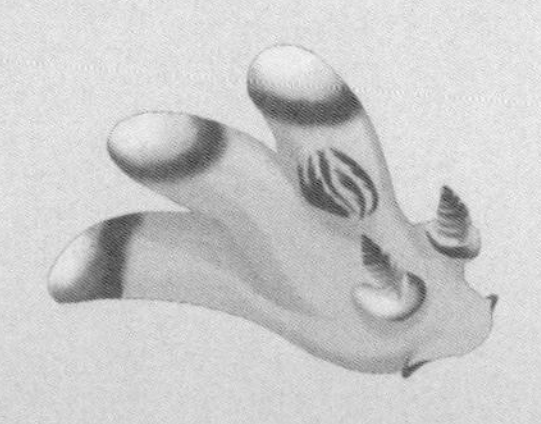

飽覽海岸與水下生態

海洋博物誌

700種 魚類與無脊椎生物辨識百科

北台灣 Northern Taiwan

無脊椎篇

結合專業照片圖鑑
生物特徵插畫
生態科普趣知的海人指南！

李承錄、趙健舜　著

BlueTrend 藍色脈動

放慢腳步，親身體驗海天一線的天然景觀

基隆，具有得天獨厚的地理位置，並同時擁有豐富的漁業資源及海洋文化，是基隆重要的城市資產。隨著近年開放海洋與魚類資源永續意識的日漸抬頭，基隆市政府更戮力於推動各項海洋環境友善政策，例如成立望海巷潮境海灣資源保育區，強力維護沿近海域漁業資源，樹立海洋保育區典範。同時推動刺網實名制，輔導傷害性漁法轉型，並鼓勵漁民成立環保艦隊，結合民間力量齊心維護海洋棲地環境。另外，也率全台之先，建立友善釣魚證制度，推動小魚不取、垃圾帶走等觀念，讓釣魚活動也能兼顧休閒與永續環境等。透過各項淨海、淨灘活動，鼓勵國人一起用友善態度親近海洋，愛護海洋。《海洋博物誌》的出版，正是讓民眾得以更加親近海洋的第一步，歡迎全體國人經常蒞臨基隆市，放慢腳步親身體驗這海天一線天然景觀所帶給你的感動！海洋政策，從心出發！

基隆市長 

京太郎 攝

介紹台灣本土海洋生物多樣性，以及推廣海洋保育的最佳讀物

這本圖鑑之所以別具特色、與眾不同，在於作者結合了喜愛水中攝影的臉書社群朋友們，將他們平日在北台灣海岸，特別是潮間帶和夜潛時所拍到許多難得一見的生態照片，配合作者親自手繪海岸生態系的插畫，依照生物不同的棲息地或生態系予以編排鋪陳。作者再用生動活潑的文字來介紹這些生態系，使得本書和一般傳統教科書或偏學術專業的圖鑑有所區別。相信透過這本書，能夠讓讀者們更有意願去親近海洋，看見、認識、關心和疼惜台灣周遭的許多海洋生物。因此，本書可說是目前坊間介紹台灣本土海洋生物多樣性，以及推廣海洋保育的最佳讀物。希望有朝一日，台灣目前已知的一萬四千多種海洋生物，都能夠以圖鑑、生物誌或資料庫等各種方式介紹給國人。

國立台灣海洋大學榮譽講座教授 

兼具專業、生態與藝術性的一本書

我喜歡蒐集各種生物圖鑑跟百科，不論是陸地或海洋，從專業書籍到兒童百科。從只有黑白文字檢索表的教科書，到圖文並茂的繪本。見識到各種風格的書籍，各有特色，卻又不盡完整。看到《海洋博物誌》，只有驚豔二字可形容，內容兼具專業、生態與藝術性。只能說，一書在手，妙用無窮。

如同許多愛海人士，Wox跟Spark投入許多時間在水下與海洋生物互動。他們帶頭倡議，架構本書，集眾人之力，成就這本傑作。更讓人感佩的是，Spark創立的藍色脈動，參與許多淨海活動，並詳實紀錄，力圖留下美麗的海洋，與你我分享。

海洋保育署成立後，發起海漂垃圾調查、海洋生物目擊回報等多項活動，希望喚起更多人關注海洋。Wox跟 Spark早在政府之前，以公民科學家的思維，完成此作。《海洋博物誌》是一個美麗的新起點。只是，這套就夠了嗎？等等，這還只是北台灣當中的七百種而已。南台灣、澎湖離島等等，台灣海域還有上萬種呢！還沒拿到書就開始期待下一套書了，且讓我們拭目以待。

海洋委員會海洋保育署署長 黃向文

藉由認識和了解，珍視海洋的芸芸眾生

我喜愛自然，尤其是那浩瀚無垠的大海，也因此踏上海洋研究的路。求學時在因緣際會下，以講師身分參與中興大學暑假前的「博物館與生物多樣性」課程，每年帶領大學生們走出教室，來到海邊觀察。許多人第一次看到在普生課本才能見到的動物，開啓對海洋的好奇心與求知慾。這時我們也才發現，台灣雖然四面環海，但我們對海中的生命卻非常陌生。

經過數年野外研究的經驗，我見證到台灣雖小，卻蘊含極為多樣的海洋生物。從事海洋保育區研究的這幾年，從各個盜獵事件感受到，對大多數台灣人而言，海洋生物只是在水裡游泳的肉，一般民衆對他們的生死毫無情感。難怪台灣自詡海洋國家，卻常被譏笑只有「海鮮文化」，沒有「海洋文化」。這些觀念偏差，來自於不了解。因此，我們期望透過科普的力量，來擴大一般大衆對環境的了解，並珍視周圍的大海。

近年來，台灣有許多傑出的海洋研究成果，但其中不少內容並未普及民衆，而坊間諸多書籍或網路內容，又常以日本、澳洲或其他國家的資訊為主。我常常在想，是否有機會出版專屬於台灣的海洋圖鑑呢？感謝藍色脈動與城邦文化麥浩斯出版社提供這次機會，讓我能遇見一群有志於推動海洋文化的朋友，生出這本很有分量的海洋書籍！由於物種繁多，許多生物未必是筆者團隊所熟悉，在此十分感謝許多研究單位的師長、前輩傳授指導，更新各種生物新知。還要感謝各路攝影高手的照片，用鏡頭捕捉海底最珍貴的畫面。最後，更要感謝邵廣昭教授對於海洋科普的支持，您不但是我對海洋生態的啓蒙，也傳授許多貴重的研究經歷。

本書包含北部海域的環境介紹與觀察要點，後半部更有七百多種代表性的海洋生物，配合照片和手繪圖的解析，獻給喜愛海洋的大小朋友、學生、教師、潛水同好及公民科學家們。希望能幫助各位藉由認識和了解海洋生物，進而明白台灣的大海不僅是海鮮，更是芸芸衆生的家園！

海洋生物博士
李承錄 Wox Lee

國立中興大學生命科學系 博士
臉書社團「水下生物辨識圖鑑團」管理員
現職研究計畫：國立海洋大學海洋生物研究所
專長：
無脊椎動物、魚類、珊瑚礁、海草
系統生態學、生態系模擬、保育生物學

喚醒沉睡許久的海洋基因

隨著水下攝影器材價格愈來愈親民，人手一台相機下海記錄水下生態，已然成爲新顯學。然而，當快門拍下百變多樣的水下生物時，能夠正確叫出水下生物名字的潛水員又有多少呢？

BlueTrend 藍色脈動成立的初衷，就是希望透過系統化的方式，讓台灣民眾重新認識海，進而愛上海。當你藉由本書了解海洋生物的可愛之處後，對於他們的印象必然翻轉。海洋生物本來就不僅只有餐桌上的價格與料理方式，還可以帶給人類意想不到的回饋，只是若我們不了解他們，又要如何在意他們呢？

本書感謝李承錄博士的辛苦撰稿，讓我們得以一探海洋生物的奧祕；而他精心繪製的手繪圖，更鉅細靡遺地標示出海洋生物的各項特徵。此外，也要感謝所有提供海洋生物照片的攝影前輩與潛水教練等同好，因爲有你們的無私貢獻，才有這本非官方出版海洋圖鑑誕生的機會！在未來，我們也將嘗試導入不同的科技技術，讓海洋公民科學家的精神，得以在台灣深耕發展。

《海洋博物誌（北台灣）》只是一個開始，如同我們於二〇一七年開始繪製望海巷灣潛水地圖一般，陸續展開小琉球潛水地圖，又將《潛進台灣》付梓出版等，一步一步築夢踏實，嘗試拼湊出全島海人對海島文化的共同想像。我們期望未來把筆觸與鏡頭移往台灣其他水域，攜手所有愛海民眾的力量，喚醒台灣民眾沉睡許久的海洋基因！

「BlueTrend 藍色脈動」創辦人
趙健舜 Spark Chao

2019 基隆潮境海灣節 海底影像紀錄片徵選比賽 首獎
2019 海洋鏡頭 影片競賽 第2名
2019 渣打銀行FinTech 創意影片挑戰賽 創意獎 2名
望海巷灣、小琉球潛水地圖計畫 發起人
著有《潛進台灣：島民們，讓我們重返海洋吧！關於潛水、攝影、淨灘…16個愛上海洋的方式》

SPECIAL THANKS

提供照片、共同創作《海洋博物誌》
水攝人眼中的海洋

依英文順序與中文首字筆畫排列順序

Marco 攝

Marco Chang

DIWA的水攝訓練官/考官、OLympus合作攝影師、Studio叁Taipei工作室的執行攝影師，也是一個PADI的潛水教練，同時也有ADIA的自潛執照，熱愛水下攝影……作品獲得約50個國內外比賽獎項，並多次登上媒體與開設個展。

…… PHOTOGRAPHY ……

悠游～象鼻岩前的大海裡，留下那年夏天的倩影。

水中攝影把水下的世界帶到一般人的面前，讓大家更了解大海、了解海裡的生物，進而更重視、保育我們的大海。

marcochang_photography

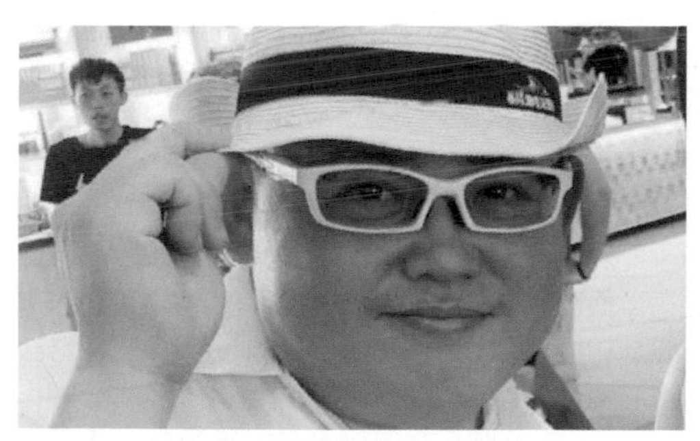

Jimmy Cheng 腫監

Jimmy Cheng水下攝影工作室執行總監、DIWA UNDERWATER PHOTOGRAPHY水下攝影訓練官、臉書社團「水下生物辨識圖鑑團」版主、潛水品牌CREST贊助攝影師、2019影像海灣ImageBay水下攝影比賽 廣角組 第二名。

…… PHOTOGRAPHY ……

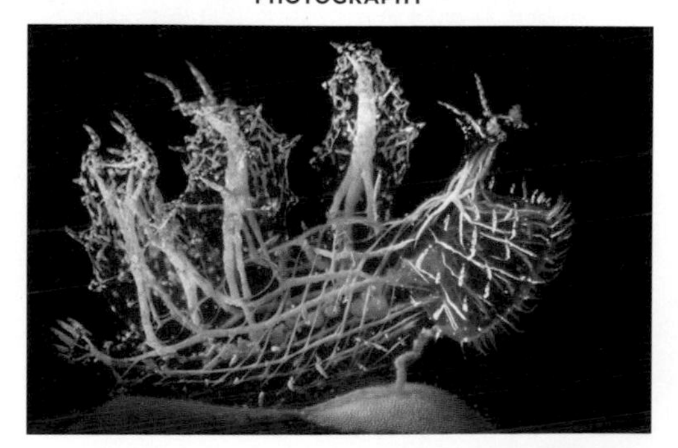

朗布隆特有的幽靈海蛞蝓，透明的身體也是攝影最難表現的海蛞蝓。

海洋生物的多樣性及未知性，是水攝最吸引我的地方，就像在收集寶物一樣，慢慢地尋找口袋名單中的物種。此外也希望透過照片讓未接觸潛水的人了解，爲何我們潛水員會對大海著迷。

Jimmy Cheng 水下攝影工作室

…… PHOTOGRAPHY ……

京太郎 Kyo Liu　點石成金魔法師

台灣知名攝影師、潛水教練。對於台灣各地的潛點瞭若指掌，2019年擔任台灣第一本外文潛點書《Dive into Taiwan》的水下攝影。京太郎的特點在於作品從不被設備所設限，目前專注開設水下攝影課程，不論微距或廣角都有相當專業的專攻班。

台灣眞的很美，只是知道的人並不多。希望透過自己的視角讓世人見識到台灣水下的美，並喚起大衆對於海洋生態及環保議題的重視。

f 京太郎（Kyo Liu）

對我而言水下攝影不是比賽，而是發揮個人想像力的地方。能見度不佳？那正是發揮實力的最好時機！

…… PHOTOGRAPHY ……

林音樂　生物紀錄者

在短短5年間即累績超過5000次以上的潛水經驗。因為特別喜歡夜裡出沒的海蛞蝓而開始夜潛，意外發掘獨特的神眼能力，之後許多潛水員稱她為「神眼導潛」。在音樂的作品愈發成熟、出色的同時，作品曾躍上《經典雜誌》、《潛進台灣》等雜誌、書籍，也曾為台灣觀光局駐香港辦事處發行的《潛行台灣》一書貢獻照片。

我喜歡記錄水下生物的一些行爲，因爲觀察而發現很多小細節。這讓我喜愛上每一次與海洋生物的互動。

我喜歡簡單清爽的感覺。

f Music Lin 林音樂 我是潛水教練

猫尾巴

學習潛水後為了記錄水下每一次不同的相遇，入手了第一台相機，本來打算就這樣一台TG走天下，沒想到因為一次意外，跌入了更深的水攝坑……

一期に一度の会のように。

@diver_nekoko

…… PHOTOGRAPHY ……

換了相機後首次下水的紀念照。

羅賓 Robbin Chang

無法用文字陳述所見生物的美，希望透過鏡頭與大家分享我眼中的海底世界。

喜歡記錄幸福、生命、美麗的瞬間，成爲永恆的回憶。

羅賓（Robbin Chang）

…… PHOTOGRAPHY ……

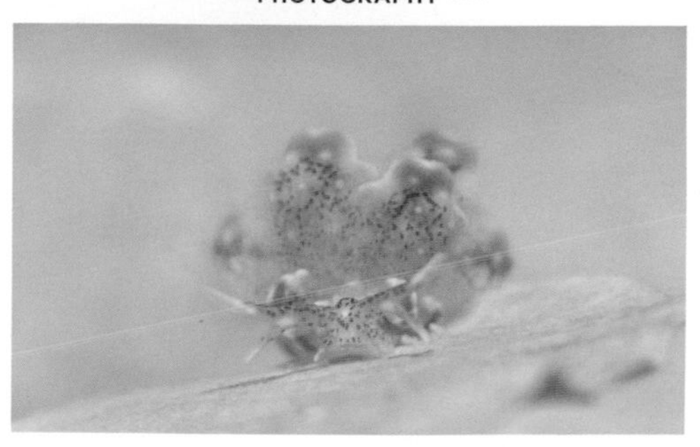

善用環境背景，一樣可以造出自己喜歡的顏色及感覺。

目　錄

PART 2 何處尋海？北部海岸的精華地段 66

PART 3 北部海域生態圖鑑：藻類篇 86

大型藻類

PART 4 北部海域生態圖鑑：無脊椎動物篇 114

海綿動物

刺胞動物

甲殼動物

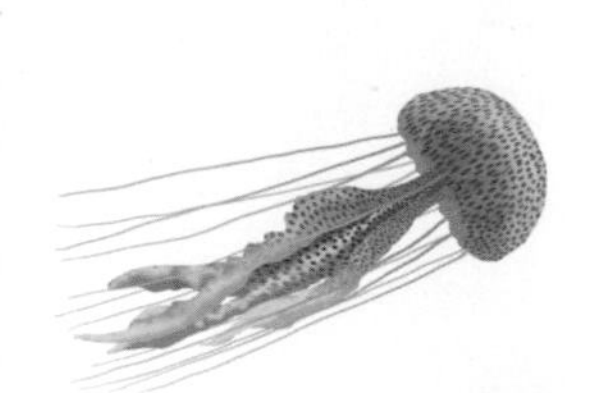

洪麗智 攝
楊寬智 攝

本書體例

本書共收錄有700多種海洋生物，讓各位認識在北部海域活動時最常接觸到的各種生物。書中將這些海洋生物分門別類，從藻類開始爲各位一一介紹。不僅可以認識這些生物的名稱和習性，照片大多爲北部海域實地拍攝，將這些生物充滿生命力的樣貌躍於紙上，配合精美的手繪圖，讓您可對這些生物的特徵辨識一目了然，欣賞台灣海洋的繽紛生命。

1 **中文分類**

2 **科名中文與英文**

3 **中文名**

4 **拉丁學名**

5 **俗名**

6 **生態簡介**

7 **辨識特徵**

8 **照片介紹、攝影者**

屬性

日行：主要在明亮時活動的生物

自游：水中自由活動

表層：貼近水面活動

潮上帶

潮下帶

傷害性：可能會造成創傷或毒害的生物(不包含食毒)

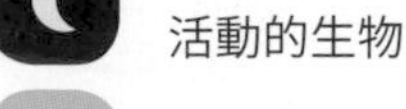

夜行：主要在黑暗中活動的生物

底棲：貼近底層地面活動

固著：固定於岩壁生長

潮間帶

亞潮帶

標記　**無標示**：一般成魚

雌性

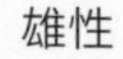

雄性

ad.：成體 (adult)

juv.：幼體 (juvenile)

var.：變異 (variation)

nup.：婚姻色 (nupital)

3
4
屬性
1
海牛海蛞蝓
2
多角科 Polyceridae

太平洋角鞘海蛞蝓 *Thecacera pacifica*

5 Pikachu sea slug

皮卡丘海蛞蝓

6 本屬為體型約1公分的小型海蛞蝓，觸角周圍由寬大的鞘狀附肢包圍，為「角鞘」名稱的由來。太平洋角鞘海蛞蝓為本屬最知名的物種，由於鮮黃的體色和附肢末端彷彿電光的色澤，因此常被稱呼為「皮卡丘海蛞蝓」。以苔蘚蟲為主食，特別偏好分支狀的苔蘚蟲。

裸鰓兩旁有粗長的附肢

觸角由鞘狀附肢包圍 7

分支狀的苔蘚蟲是太平洋角鞘海蛞蝓的主食。（林祐平）

8 從正面可見其鞘狀附肢將觸角包圍。（羅賓）

附肢末端的色澤彷彿藍色閃電。（楊寬智）

225

PART 1

一起來北海岸探索大海的神祕吧！

李承錄 攝

台灣北部海岸，長年受東北季風和海浪的雙重影響，從石門經過基隆，一路延伸到東北角，沿途海岸都是海與風所雕砌的奇岩怪石，與熱帶的南部海域截然不同。從岸邊到水下，距海遠近、水的深淺，也呈現各式各樣的生態特性。現在，就讓我們穿起膠鞋、戴上面鏡，一起進入海洋中探索吧！

潮間帶 ① 潮上帶

離海最遠、乾濕分明

李承錄 攝

潮間帶（intertidal zone）是指「漲潮時海水升至最高點和退潮時退至最低點之間的區域」，是陸地與大海的交會，也是人們最常接觸的大海。潮間帶可依浸泡在海水或暴露在空氣中的時間，由上而下分成曝露時間最多、高潮線以上的「潮上帶（supratidal zone）」，以及較潮濕、位於低潮線左右的「中、低潮帶」。當我們走到海邊時，最先碰到的就是潮上帶。

潮上帶簡單來說就是海水每日潮汐最高水位以上的區域，有時也被稱爲上潮帶或飛沫帶。這區是潮間帶中離海洋最遠的地方，也是乾濕壁壘分明之處。此處由於暴露在空氣的時間多，最容易受到天氣的影響。當冬天時，東北季風帶來的寒流、冷雨、狂風，以及夏天時烈日的曝曬與高溫，將潮上帶塑造成一個極端的環境。然而即使如此，仍有許多生物在這種環境中存活下來，讓我們好好認識他們吧！

對抗烈日與高溫：陰涼之處避暑去

日間走在潮上帶，烈日和高溫常讓人忍不住戴上帽子，大口喝水。由於潮上帶離海最遠，極端的曝曬與乾旱使得此處不適居住也缺乏食物。乍看之下似乎沒什麼動物能生存在這嚴酷的環境。但只要走到岩壁的陰暗面，就可以享受陰影底下的涼爽，這時如果稍微往左右觀看，會發現許多小動物早已躲藏在陰涼舒爽的壁面上，可見許多螺和小型螃蟹。特別是被海風或生物侵蝕而鑿出的小凹陷中，更常累積一些殘存的水源，成爲這些潮上帶動物的重要躲藏地。

李承錄 攝

玉黍螺（李承錄）

方蟹（李承錄）

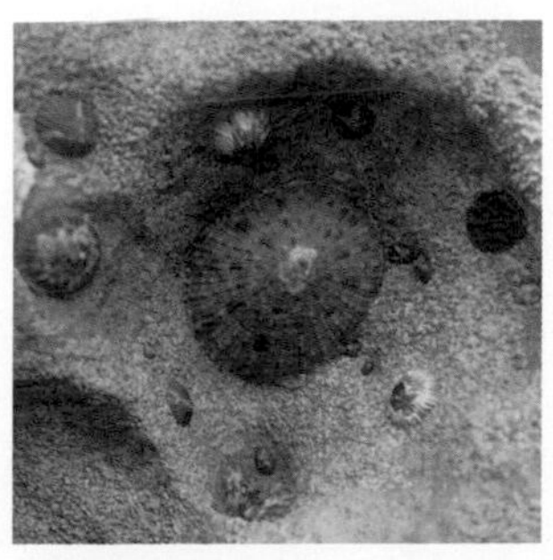

笠螺（李承錄）

潮上帶

找找看，離海最遠的潮上帶，您看過哪些生物呢？（答案請見p.82揭曉）

林群 繪

樓上樓下分清楚：帶狀分布

潮上帶大多時間暴露在空氣中，環境乾燥，因此對棲息於此的海洋生物而言，漲潮時帶來的海浪成爲重要的水分來源。在此處，「距海遠近」成爲許多海洋生物決定在何處落腳的重要因子。

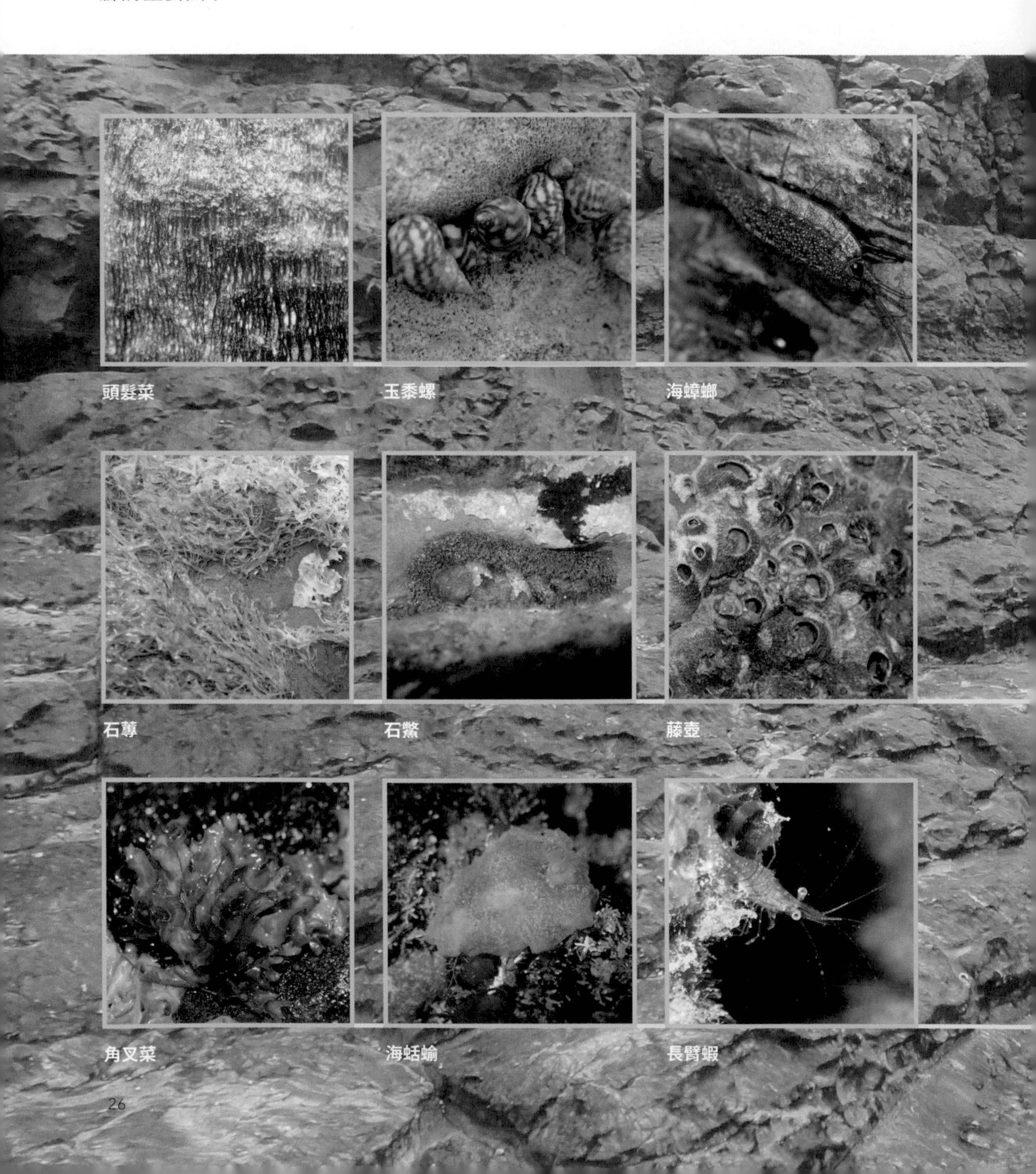

頭髮菜　玉黍螺　海蟑螂

石蓴　石鱉　藤壺

角叉菜　海蛞蝓　長臂蝦

許多能抵抗乾燥與炎熱的生物，如海蟑螂、玉黍螺等，能居住在暴露時間較長，位置較高處的岩礁上；而許多需要海水、保持濕潤或不耐高溫的生物，如大多蝦蟹和魚類，就必須待在能保有海水的區域中。這些生物選擇棲息的差異性，成爲潮間帶地形中最重要的「帶狀分布（zonation）」。特別是在有垂直壁面的地形，帶狀分布的情形會更加明顯。

背景底圖：方佩芳 攝
牡蠣照片：陳彥豪 攝
其他照片：李承錄 攝

吸得緊緊保生機：吸力超群的生物

退潮的潮上帶環境乾熱，但漲潮時吹來風浪又常會造成強烈的衝擊，這兩種極端的威脅是許多潮上帶生物每天所面臨的生存問題。爲了同時解決保水和防浪，許多螺類如笠螺、蜑螺會緊緊地用腹足吸附在岩石上，就像是強力的吸盤，既可以在退潮時保持濕潤，還能在漲潮時防止被海浪沖走。

潮上帶許多螺類都具有強大的吸力攀附在岩石上。（李承錄）

蜑螺還具有厚實的口蓋可保持水分。（李承錄）

有些生物更進一步特化出黏附在岩石上的能力，成爲與岩礁合爲一體的「固著生物」。像是如小火山般的藤壺與鋸齒狀邊緣的牡蠣，他們緊緊固著在岩石上不怕海浪的衝擊，還能趁機過濾海水中的食物。退潮時他們則緊閉殼口，避免乾旱與高溫的危機。

固定在岩石上不動的牡蠣與藤壺皆為潮間帶代表的固著生物。（左：陳彥豪，右：李承錄）

海風烈日下的跑者：海蟑螂和方蟹

潮上帶最易引起大家注意的，應該就是速度飛快的海蟑螂和手腳修長的方蟹了。他們是最適應潮上帶環境的生物，不但善用岩壁之間的細縫躲藏，這些甲殼類還具有較好的視覺和觸覺，能夠敏銳感知周遭動靜。若感覺有危險，如鳥類或人類接近時，他們能迅速地移動並逃入岩石之間的隙縫中躲起。如果情況危急，他們還會直接跳入海中並划水逃生。由於潮上帶食物來源較少，他們通常以潮水送來的藻類碎屑爲主食。但若有較大的動物屍體，如擱淺的魚蝦飄來，也會成爲他們的豪華大餐。這種投機的特性，讓他們成爲潮間帶重要的清道夫。

成群的海蟑螂在潮上帶數量龐大。（李承錄）

速度飛快的方蟹是適應潮上帶的生存好手。（李承運）

潮間帶 ② 中低潮帶

一沙一世界，一池一天地

陳彥宏 攝

中低潮帶的位置比潮上帶更接近海面，因此長期受到大浪與海風的侵蝕，塑造出許多崎嶇不平的地形。有些區域形成平坦寬大的海蝕平台，有些則被侵蝕成凹凸不平的奇岩怪石。走入退潮後的中低潮帶，可見許多低窪區還殘留海水，形成大大小小的水窟，而這些就是所謂的「潮池（Tidal pool）」。

潮池是潮間帶中很重要的棲地，與外部洶湧的大海隔絕，潮池中較安穩的環境吸引許多生物在此安身立命。特別是許多魚蝦的幼生，能讓他們在此躲避大型掠食者，安穩成長。跳入潮池中，您可以見到各種五顏六色的藻類、優游自在的魚兒，幸運的話還能找到許多美麗的海蛞蝓。現在，就讓我們一起來觀察，看這自然塑造的水族館中，有什麼生物吧！

打開你的心眼：潮池中的微觀世界

一個直徑7公分的小岩洞，居然棲息著瓷蟹、盤管蟲、海葵等各種生物。（席平）

潮間帶地形多變，潮池中的岩石常受海浪與生物的侵蝕，而產生許多坑洞或隙縫。潮池裡頭除了顯眼可見、會動的魚類和蝦蟹外，其實那些不起眼的隙縫間，也是一個精彩無比的微觀世界。

靜下心來，仔細觀察潮池中的各種坑洞、石礫、隙縫、藻叢，就會發現許多不為人知的小動物：美麗精緻的海蛞蝓、藏在狹縫中的瓷蟹和鴨嘴螺、如花朵般綻放的海葵或盤管蟲，還有許多躲在洞中的鰕虎魚或鳚魚，正等待大家來好好認識他們。

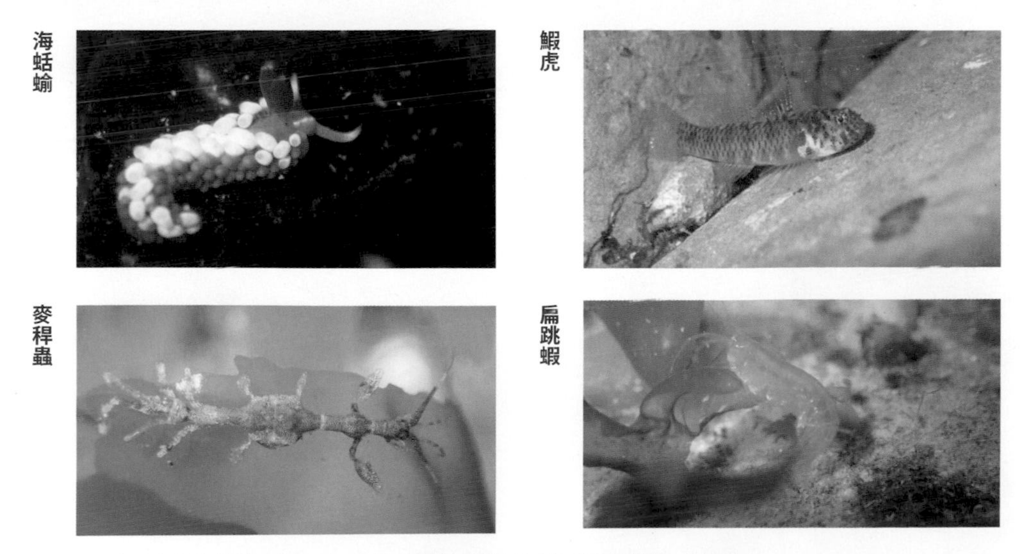

許多潮間帶的生物體長都不到3公分，需要仔細觀察才能發現他們喔。（李承錄）

中低潮帶：白天

退潮後仍然有水的潮池，是生物最理想的容身之處。白天的潮池裡面有哪些生物呢？（答案請見p.82揭曉）

徐言凱 繪

隨季節變化的藻類森林

北部海域長年受到中國沿岸流的影響，加上冬季東北季風的吹拂，使得水溫較低，正好成爲各種藻類繁盛生長的環境。每年冬末春初時，在潮間帶可見各種藻類茂盛地生長，尤其是翠綠的石蓴，常常鋪滿整個海蝕平台，綿延成一片綠色的地毯。而在潮池之中，各種顏色與造型的藻類也常將潮池點綴得花團錦簇。

在豐富的藻叢中常可找到各種躲藏其中的生物。
背景底圖：林祐平 攝
生物照片：李承錄 攝

單角蟹

海兔

鳚魚

這些豐盛藻類為許多海洋生物帶來「季節限定」的盛宴，像是可愛的海兔常隨著藻類繁盛而在潮間帶上大啖藻類。茂盛的藻類也成為許多動物賴以維生的庇護所。在潮池中能看見各種小魚穿梭藻叢，也可以見到蝦蟹或貝類躲藏在藻類上，甚至還能發現許多利用藻類躲藏或偽裝成藻類的奇特動物。北部潮間帶的藻類常隨著春季的結束與夏季的到來而有變化。許多喜好冷水環境的藻類逐漸死亡，由較喜好高溫的藻類所取代。也因如此，不同季節來到潮間帶都有不同的藻類組成與不同的生物棲息在藻類上。

蠑螺

小海膽

表裡日夜大不同：夜間的海岸派對

潮間帶的陽光爲潮間帶帶來光、熱、還有大量的紫外線。對於許多生物而言是非常大的刺激，也讓他們容易暴露於顯眼的位置。因此在日間許多潮間帶動物常躲藏在陰涼的岩礁陰涼處，或者是乾脆直接藏在岩石底下。有時我們翻開潮池中的石頭，就可以發現正在休息的蝦蟹、螺、陽隧足。而當您翻動石頭進行觀察之後，請記得一定要把石頭回復成原來的狀態，盡量把人爲的干擾降到最低。

由於畏光的特性，許多潮間帶生物都是夜行性。在日落後，白天活躍的魚類開始躲入隱蔽處睡眠，而那些白天躲藏的動物反而紛紛出來活動。而有些害羞的生物們，也只有在夜間才較容易發現，比如紐蟲、活額蝦，還有大名鼎鼎的藍紋章魚。各位請仔細看看，在入夜之後，剛剛的潮池發生了什麼樣的變化呢？又有那些生物跑出來了呢？

日間翻開岩石可見許多躲避陽光的無脊椎動物們。（謝采芳）

日間動物

雀鯛（席平）

條紋細棘魚（林祐平）

䲁魚（李承運）

寄居蟹（李承錄）

夜間動物

曙光無溝紐蟲（陳致維）

藍紋章魚（李承錄）

眼斑活額蝦（李承錄）

刺冠海膽（李承錄）

中低潮帶：夜晚

夜晚的潮池也很熱鬧！跟白天出現的生物有什麼不同呢？
（答案請見p.83揭曉）
徐言凱 繪

Suit up!!

潮間帶觀察裝備

Spark 攝

除了腳印什麼都不留下，除了照片什麼都不帶走，是我們對大自然的承諾。結束觀察後，請順手帶走所有人造物喔！

4

2

3

5

1

1

適合的防滑鞋

潮間帶的岩礁除了被海水打濕之外，春夏時會長滿藻類而更加濕滑，穿著鞋底具有粗糙面的防滑鞋才能確保安全。很多人到海邊都會穿著夾腳拖甚至是光腳行於潮間帶，這是非常危險的行為，除了容易滑倒外，也很容易被尖銳的岩礁割傷，造成感染的風險。建議選擇較粗厚質感如菜瓜布底的防滑鞋，一般橡膠鞋並無防滑效果，在潮間帶上很容易滑倒！

2

手套

潮間帶地形崎嶇不平，活動時難免需要「手腳並用」。這時一雙防護力良好的手套，能保護雙手免於被岩礁割傷。在岩礁之間觀察生物時，也能避免受到尖銳的牡蠣、藤壺、海膽等生物刮傷。

3

水分補充

在烈日之下進行海洋生態觀察時，記得適時地補充水分，防範中暑。特別呼籲大家可以盡量自備環保水壺，重複利用，避免購買一次性的保特瓶等塑膠容器來增加環境負荷，造成海洋環境的破壞！

4

防曬工作

潮間帶多半沒有遮蔽物，春夏季在烈日底下活動，常讓人酷暑難耐，因此防曬工作也是必要的。我們可以準備帽子、墨鏡、頭巾、以及可伸縮的袖套以保護裸露在外的皮膚。雖然防曬乳也能防曬，但許多防曬乳內的化學物質會傷害珊瑚與魚類，因此現在愈來愈多人響應不使用防曬乳，盡量降低對於海洋的影響。

5

防水相機

來到潮間帶觀察，相信大家都想好好欣賞小動物，身為專業的自然觀察家與優秀的公民科學家，我們不會使用網子等具有攻擊性的採集道具去捕捉生物。現今有許多小型的DC相機具有防潑水、甚至裸機下水拍攝的能力，非常方便！有些相機還具有微距對焦的功能，能夠拍攝清楚生物的細節以及體型細小的生物。

潮下帶

浪濤之間、生意盎然

京太郎 攝

潮間帶繼續往下，我們來到大潮時最低水位的低潮線。再往下，就是退潮時也不會露出水面的「潮下帶（infratidal zone）」。為了一窺這片神祕地帶，我們可以載上面鏡與呼吸管，來到充滿浪潮的世界。

潮下帶環境整年受到海浪的直擊與拍打，雖然時時承受無情的強烈衝擊，但優點便是不會受到退潮後的乾旱與炎熱所影響，還能享有豐沛的氧氣、涼爽的溫度，以及隨浪送來的食物。因此，潮下帶也是一個充滿生命力的環境。在此浮潛的人們欣賞海中景色時，還可以看見迎面而來的魚群、岩壁上豐富的藻類、各種固著在岩石上的奇異生物。現在就讓我們來看看到底有什麼生物在此出現吧！

浪花中的祕密：隱身在水表的動物們

您以爲水面總是一片安靜嗎？在浮潛時，很多人的視線立刻就朝下觀賞五光十色的珊瑚，與色彩繽紛的魚兒，卻錯過了貼在水表面，隱身在浪花中的魚類，如鯔魚、鶴鱵、沙丁魚、銀漢魚等！在海面下，有許多魚類爲了融入浪花和水色之中，特化出銀白色的鱗片，能夠反射周遭光線，將身體隱入海洋的藍色裡。他們的體色大多是背部較深、腹部銀白，能同時讓海面的海鳥與水底的大魚不易發現。除此之外，這類的魚兒往往成群結隊，透過群體聚衆的方式來增加自己的生存機率，也算是另類的生存策略。

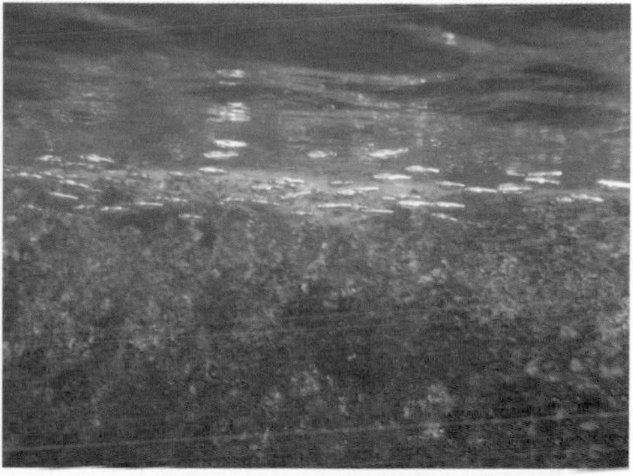

成群結隊的沙丁魚（左）與鯔魚（右）都是擅長在水面活動的小型魚種。（左：林祐平、右：李承錄）

細長的鶴鱵常利用銀白的鱗片反射水中的光線。（李承錄）

潮下帶

在海陸交界、浪花拍打的潮下帶，生活著固著力強、會隱身的生物，您找得到他們嗎？（答案請見p.83揭曉）

林群 繪

漂浮的來訪者：漂浮物上的驚喜

每當漲潮時，海水往往帶來許多海面上的漂浮物，如浮木、竹叢，還有具有浮囊的褐色馬尾藻。近年來常帶有不少海漂垃圾如保麗龍、廢魚網、塑膠袋、寶特瓶⋯⋯各種人爲不可分解物體。這些東西往往互相堆疊、纏繞，形成一團團髒兮兮的漂浮團。然而這些看起來不怎麼舒服的漂浮物，對於許多棲息在海面的小型生物來說，卻是他們的庇護所。因此我們有時可看見漂浮物附近躲藏著許多小魚蝦，偶爾甚至能發現珍稀的飛魚、石鯛，甚至躄魚。

雖然這些漂浮物給予生物棲息的空間，但其中的人造垃圾卻會纏繞在生物身上造成窒息，而塑膠類垃圾破碎後產生的塑膠微粒，更是毒害許多海洋生物的元凶。因此來到潮間帶看見各種垃圾時，不妨舉手之勞將它們帶走，並且在生活中減少製造塑膠垃圾。

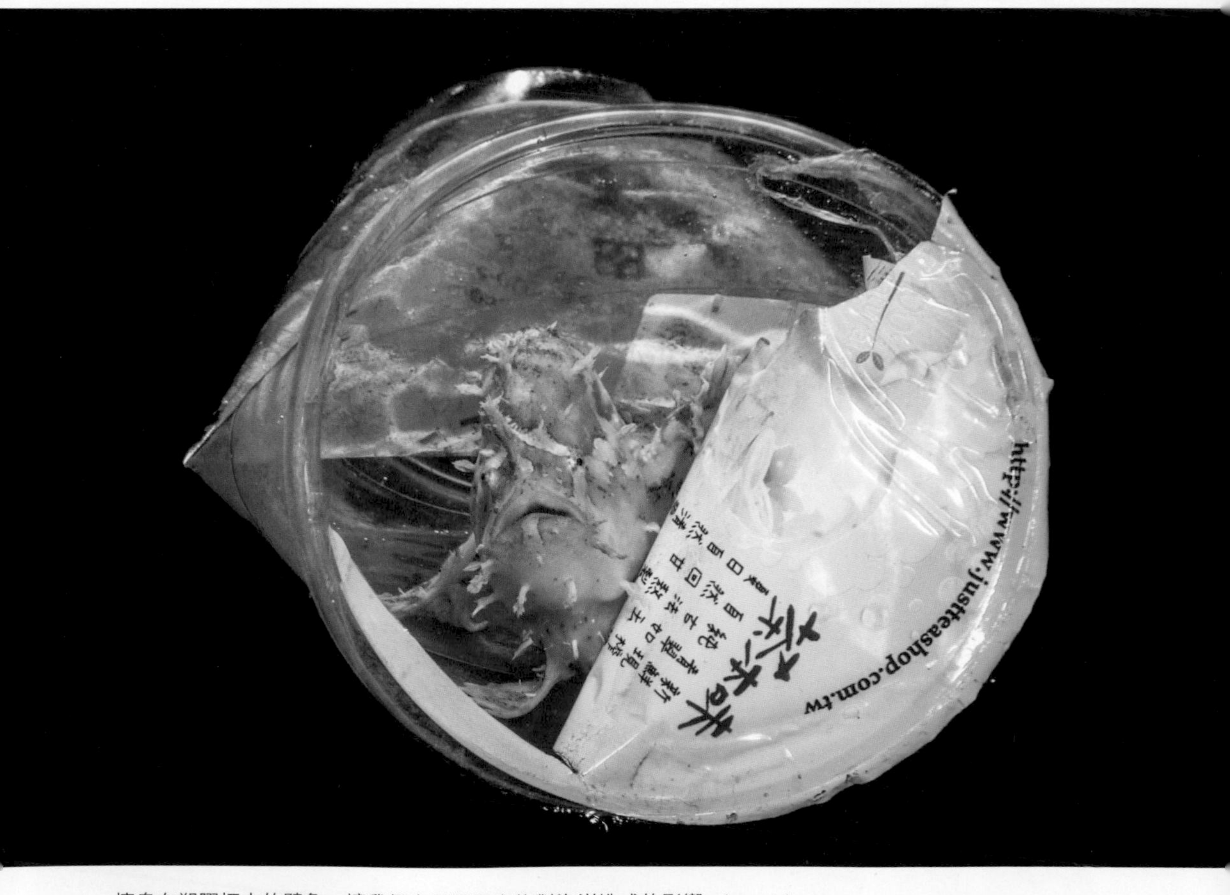

棲息在塑膠杯中的躄魚，讓我們省思塑膠產物對海洋造成的影響。（Macro）

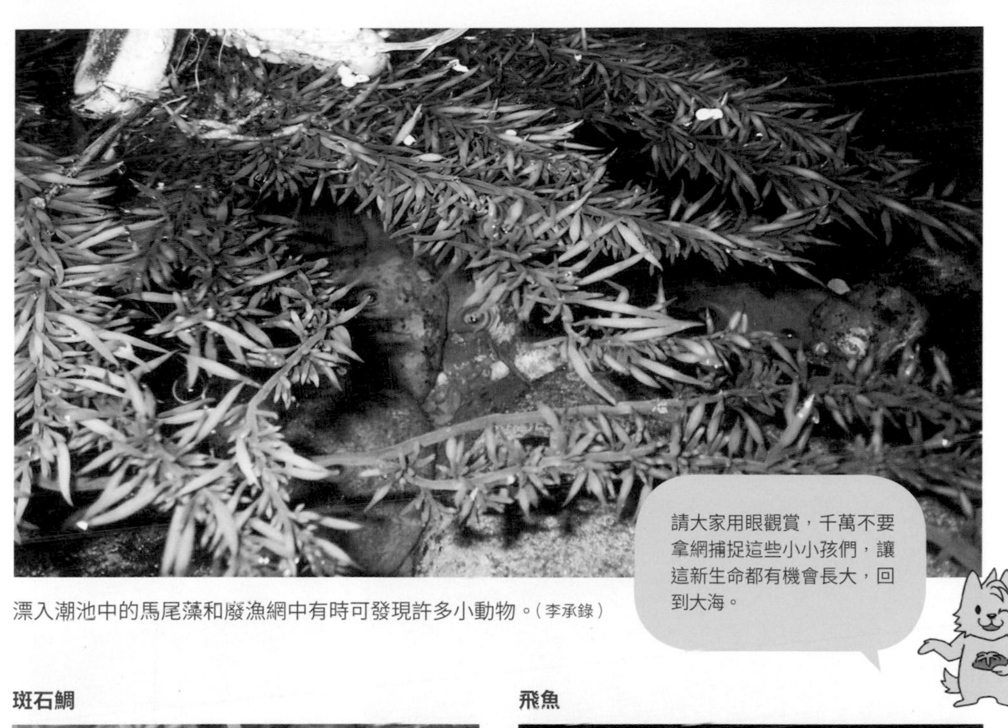

漂入潮池中的馬尾藻和廢漁網中有時可發現許多小動物。(李承錄)

請大家用眼觀賞，千萬不要拿網捕捉這些小小孩們，讓這新生命都有機會長大，回到大海。

斑石鯛

飛魚

雜色舵魚

圓眼燕魚

許多大型魚類的幼魚會依附在漂浮物之下尋求庇護。(李承錄)

固著生物與他們身上的房客

潮下帶是大海的第一線，相較於潮間帶海浪作用更劇烈。這個區域的生物若不具強大的游泳或運動能力，就只能依賴岩礁的庇護，固著在岩礁上。在浪花之下，可以看見各種生長在岩石上的藻類、形形色色的海葵、菟葵、藤壺，還有珊瑚。

這些長在岩石上的固著生物，又會各自形成特殊的底質，吸引不同生物棲息其上，將原本貧脊的岩石，轉化爲繽紛的生物群落。如分支的珊瑚上常可見到躲藏的小魚蝦，偶爾還可見到吃珊瑚的白結螺；較大型的海葵，偶爾可見共生蝦或小丑魚棲息其中。所以，在此活動時別忘了這些岩石上都滿布生命，別任意踩踏和攀折他們喔！

石珊瑚（李承錄）

白結螺（陳致維）

蝴蝶魚（李承錄）

海葵和小丑魚（陳致維）

安邦托蝦（李承錄）

小丑魚（楊寬智）

岩壁上的天然公寓：海膽的侵蝕作用

在潮下帶的岩壁上，您會發現居然有許多大大小小的孔洞，其實這是海膽的傑作。海膽不像藤壺或海葵具有固著能力，但他們能在岩礁上鑿出許多溝槽狀的孔洞。梅氏長海膽、尖棘紫叢海膽、口鰓海膽等是最常在岩礁上挖洞的海膽，他們會分泌酸性成分，有助於在岩礁上侵蝕。而他們身上棘刺也可一點一點地在岩礁上鑿出洞來。隨著海膽的成長，這些洞也愈來愈大，其刺棘長度常配合所居的岩穴大小，能剛好卡在洞穴中，不易被海浪或掠食者掏出。

這些洞穴不但是海膽的家，在海膽死後這些洞穴更成爲許多小動物的棲所，成爲一格格如公寓般的家園。海膽優秀的鑿洞能力，在岩礁上創造出多孔隙的環境，讓更多生物獲利，使他們贏得「生態系工程師」(ecosystem engineer)的美稱。

潮下帶岩礁上千瘡百孔的凹洞都是各種海膽所侵蝕出來的傑作。(左：楊寬智、右：席平)

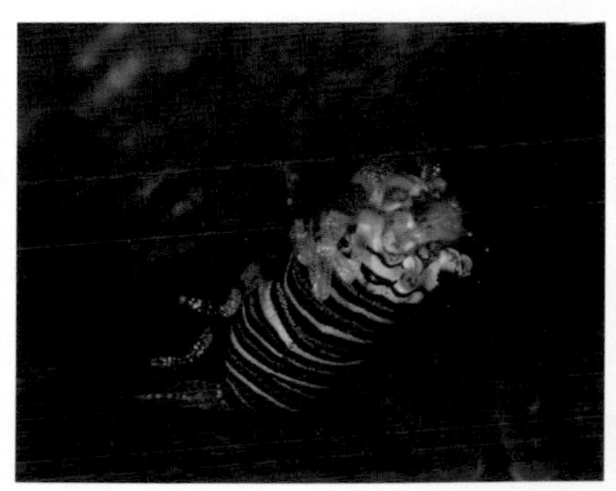

海膽的洞穴可成為許多動物的家園，包括喉盤魚、蝦蟹還有石鱉。(中：陳致維、左與右：李承錄)

Suit up!!

潮下帶觀察裝備

楊寬智 攝

1 防滑鞋與手套

潮下帶與潮間帶一樣，岩礁上常有滑溜的藻類與尖銳的岩石，因此在防滑和防護上，建議還是穿著萬全以保護身體安全。在潮下帶游泳時亦可穿著蛙鞋，但在較淺且礁石較多之處，則不建議使用蛙鞋，因為容易受到海浪的衝擊而卡在岩礁中，也容易踢斷淺水處的珊瑚。

2 面鏡與呼吸管

在潮下帶活動時，常需要整身趴在海水中，因此能在水中通透的面鏡、可透過水面呼吸的呼吸管是必備的裝備。面鏡在配戴時需要注意與臉部的密合性，防止海水灌入；呼吸管讓人臉部埋在水中時，仍可透過口部呼吸。需注意的是，穿戴著面鏡與呼吸管時，鼻子不需呼吸，而是以口呼吸，透過露出水面的管口吸收空氣。呼吸管若不小心進水也別慌張，只要浮上水面時朝咬嘴大力呼氣，就能將留在管中的海水排除。

3 防寒衣或水母衣

在潮下帶活動時，身體大部分都會泡在海水中，為了做好保護，最好穿上一層貼身衣物。水母衣具有彈性和透氣性，能達到防曬、透氣與基本的保護作用，以及防止水母、水蛗等生物的螫傷。但面對較銳利的岩礁與固著生物，建議還是穿上較厚的防寒衣，如此更能保護身體，還能較有效的隔絕海水，維持自身體溫，是許多人在水下活動時必備的貼身裝備。

4 防水相機

與潮間帶一樣，攜帶能防水的相機，或是將陸地上的相機裝防水殼後潛入海中使用，記錄海中的各種生物。由於潮下帶地區常有海浪拍擊，為了保持相機的安全，建議在相機或防水殼上安裝失手繩，以免相機從手上流走或沉入海中而難以拾回。

亞潮帶

深幽海底、充滿驚奇

Macro 攝

潮下帶再往下移動，我們得背上氣瓶、穿上BC，來到較深的「亞潮帶（subtidal zone）」。亞潮帶較不受海面的直接影響，但也會因漲退潮或洋流影響潮流走向和水文環境。由於北部海域侵蝕作用強，還有許多大小河流排出的泥沙，所以海水中常聚集大量的懸浮顆粒，清澈度不佳。加上許多亞潮帶海床皆爲厚厚的泥沙，很容易受到潮流攪動而更爲混濁。因此，北部海底的能見度僅有3至5公尺以下，無法與清澈的綠島和蘭嶼等珊瑚礁生態相比。尤其是在梅雨與颱風之後，海水常呈混濁的黃綠色，常被戲稱爲「味噌湯」。

然而，就是這麼不清澈的水質，塑造北部海域獨特的生態。沖刷進大海的不只有混濁的泥沙，還有許多豐富的營養物質，加上在此較冷的中國沿岸流與較暖的黑潮支流交會，而孕育了生產力旺盛的浮游生物。這些豐沛的食物，造就這裡各種軟珊瑚、岩礁生物等豐沛的生態。甚至在春夏季支持數量龐大的魚群，以及許多以他們爲食的大型魚類。

迷彩世界的生存戰：隱身高手們

亞潮帶的岩礁區也和潮下帶一樣，覆蓋各種色彩繽紛的固著生物。在這個錯縱複雜的世界中，許多生物爲了躲避天敵或埋伏獵物，發展出許多精湛的隱身能力。許多善於僞裝的螃蟹身上會附著藻類或海棉，讓自己像是一團長著固著生物的石塊。不少海蛞蝓、躄魚、鮋科魚類身上，還具有類似藻類或海棉的結構，如果不動的話，幾乎無法發現其存在。在這些僞裝高手之中，又以頭足類的烏賊和章魚，具有最高超的技巧。他們不但能自由收放表皮的色素細胞變換體色，更能快速改變表皮質地的光滑或粗糙程度，幾秒間就消失在這花花綠綠的海底世界。

俗稱娃娃魚的康氏躄魚體色就像是生長在岩壁上的海綿。（梁郁卿）

拉氏擬鮋（楊寬智）

粗糙蝕菱蟹（李承錄）

虎斑烏賊（楊寬智）

截尾海兔（陳致維）

海底有著各種不同的隱身高手，您有發現他們躲在哪兒嗎？

亞潮帶
北部海域受潮流等因素影響，擁有豐沛的生態系，這裡孕育有哪些生物呢？（答案請見p.83揭曉）
徐言凱 繪

迷霧森林：北部海域的軟珊瑚森林

北部海域受到冷冽的中國沿岸流與東北季風影響，平均水溫低於台灣其他海域。冬天水溫通常在20度以下，加上水質混濁與風浪衝擊，不利於大多造礁性的石珊瑚生長，因此也無法形成大範圍的珊瑚礁。儘管如此，北部海域溫度較低且營養豐富的海水，卻成爲了各種非造礁珊瑚，尤其是各種八放珊瑚：軟珊瑚、柳珊瑚、海鞭等絕佳的成長環境。他們柔軟而富有彈性的身體構造，能適應北部海域亞潮帶的潮流，並在此大量生長。迎著海流，他們常在混濁的水中張開珊瑚蟲捕捉水中的浮游生物或懸浮顆粒。這些在混濁水域中盛開的軟珊瑚們，就像是迷霧中蓬勃生長的彩色森林，形成繽紛多彩的生態。北部海域有些區域，還能看見整個岩壁上長滿各式各樣的八放珊瑚，宛如一片壯觀的「花牆」。這些特殊又迷人的生態景觀，引來許多小動物躲藏其中，也吸引絡繹不絕的潛水客前去造訪。

海扇與各種八放珊瑚是北部亞潮帶舞台上的主角。（林祐平）

俗稱「海雞頭」的穗珊瑚盛開時，整個岩礁頓時成為一片美麗的花園。(Macro)

各種柳珊瑚與鞭珊瑚將亞潮帶的世界點綴得花團錦簇。(左：楊寬智、右：李承錄)

一期一會的饗宴：浮游生物帶來的盛宴

北部海域由於季節交替明顯，加上潮水中的營養物質混合，每年冬末春初，東北季風開始減弱、水溫逐漸升高時，這片生產力旺盛的大海，會開始孕育大量的浮游生物。在此期間限定的大群浮游生物，成為許多魚類一年一度的盛宴。

若此時潛入還稍有涼意的海裡，我們能在水層中發現眾多以浮游生物為食的魚類大群集結，包含俗稱沙丁魚的鯡魚、體色變化多端的烏尾冬、在水中閃爍光芒的天竺鯛、游動飛快的鰺科魚類，以及大群在珊瑚礁上聚集的雀鯛。他們常在這時聚集龐大的數量，有時成千上百的魚隻組成驚人的魚牆或魚河，通過水面時甚至遮天蔽日，好不壯觀。

這些魚群的到來，開啟了每年北部海域的潛季，邀請大家進入海中參與這場精彩的盛宴。

春季浮游生物大量繁衍後，竹筴魚、沙丁魚和雀鯛們也跟著一起大量發生。
（左、中：林祐平、右：楊寬智）

春夏季壯觀的烏尾冬人群是北部海域許多潛點的盛事。(林祐平)

見證食物鏈：隨魚群而活躍的掠食者們

浮游生物的增生引來大量魚群，同時，這些壯觀的魚群，也吸引了許多比他們體型還大的掠食者，加入這場一年一度的盛宴。水溫漸暖後，常可見體型碩大的杜氏鰤與長鰭鰤尾隨在魚群之後，飛快地捕捉小魚的驚人畫面。被追趕的小魚們爲了躲避追捕，也會將魚群轉變出各種姿態，好不壯觀。進入岩礁區，成群的烏尾冬、天竺鯛和雀鯛，也常吸引石斑、石鱸、笛鯛等大型魚共襄盛舉，一同覓食。

大型的杜氏鰤成群追捕烏尾冬的場景令人驚嘆。（京太郎）

這些掠食行爲，見證了海洋生態系中的食物鏈與能量傳遞：最小的浮游藻類被浮游動物吸收，再被成群的小魚所濾食，最後傳遞至更大的肉食性魚類。然而，因爲人類濫用殺傷性高的流刺網，常將小魚大魚全部通殺，加上各種盜獵事件頻傳，北部海域能見到如此豐富生態的海岸已經不多，僅在幾個海洋保育區才有機會看見這些壯觀的大型魚類活動。

豹紋刺鰓鮨（楊寬智）

少棘胡椒鯛（楊寬智）

羅氏笛鯛（林祐平）

海洋保育區內的大型石斑和笛鯛，為健康海洋生態系重要的指標。

海底沙漠不孤寂：沙泥中的奇幻世界

由於潮流和河川的沖刷，北部海域亞潮帶的海床常累積一層厚厚的泥沙，有些是由碎石研磨成的細沙，有些是更細密的粉泥，而水流較緩的內灣地區甚至會沉積不少黏膩的泥土。有時受到風浪或潛水員蛙鞋的干擾，還會揚起混濁的泥沙。這些底質常在海床綿延，彷彿一望無際的大沙漠。放眼望去，沙底常常什麼也沒有，安靜而孤寂。

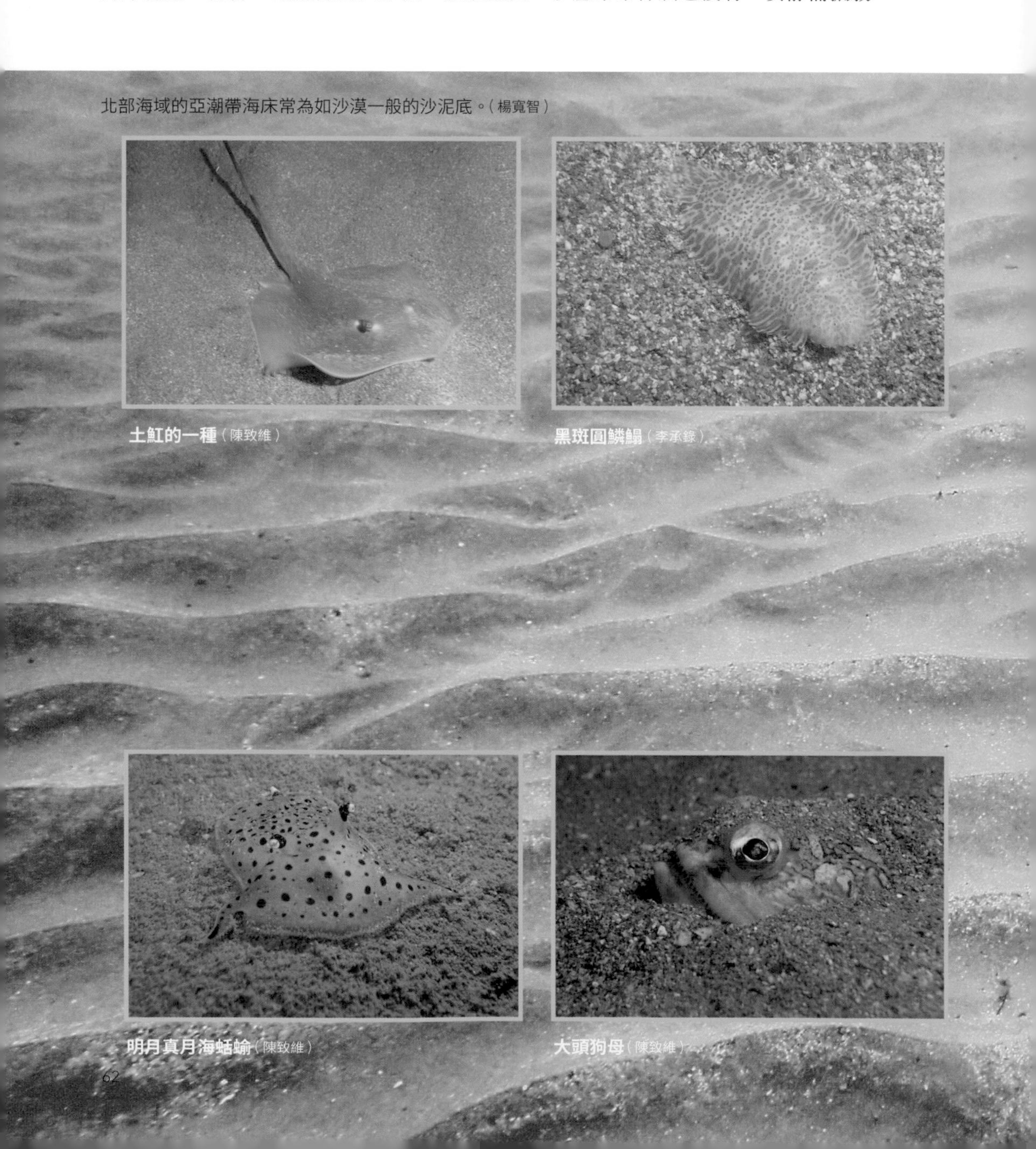

北部海域的亞潮帶海床常為如沙漠一般的沙泥底。（楊寬智）

土魟的一種（陳致維）

黑斑圓鱗鰨（李承錄）

明月真月海蛞蝓（陳致維）

大頭狗母（陳致維）

其實，泥沙底可是北部海域最豐富的生態環境之一。像沙漠般的底沙雖然看似毫無生氣，但仔細觀察卻是生意盎然。有許多小型無脊椎動物常躲藏在沙底，以收集沉積在海底的有機碎屑為主食。沙底也藏有很多魚類，包含尾部有毒性的土魟、體色變化多端的比目魚、只露出兩顆眼睛埋伏的狗母魚，還有衆多在沙地上吸食有機碎屑或小型動物的各種魚類。

各種鬚鯛（李承運）

善泳蟳（李承錄）

沙蛸（陳致維）

稜鬚蓑鮋（陳致維）

Suit up!!

亞潮帶觀察裝備

楊寬智 攝

1

BCD、氣瓶與調節器

人類為了潛入海中，發展出一套能在水中呼吸空氣的系統。背心的**BCD**（**1-1 Buoyancy Compensator Device**）可與沉重的氣瓶連結，藉由充氣和排氣調節在水中的浮力，非常方便。而調節器如潛水員的生命線，可將氣瓶內的空氣傳導至口部，供應水下的呼吸。**調節器**（**1-3**）也會連結儀表板，讓潛水員知道當下水中深度、**氣瓶**（**1-2**）殘壓、所在方位等事關安全的資訊。

2

電腦錶

由於亞潮帶水深較深，海中的壓力會使人體的氮氣溶入血中，而在上浮的過程這些氣泡可能會在血管或關節內生成，造成危險。為了潛水時安全，潛水電腦錶是必備的裝備。良好的電腦錶能夠計算出潛水時間、深度、溫度、免減壓停留等重要資訊，也能在上升過快時進行提醒，還有告知回水面上後該休息多久等訊息，維護潛水員的安全和健康。

3

蛙鞋

在海水中的阻力較大，若無輔助，很難在水中快速前進，因此我們可以穿上有如魚鰭的蛙鞋。寬大的蛙鞋能提供潛水的動力，透過擺動雙腿，可在水中輕易達到身體平衡、節省體力，並順利在水中游動。不過在踢動蛙鞋時，需注意經過的周遭環境，避免踢到其他潛水員，或者揚起沙塵嚇跑周遭的生物，也要小心別踢斷海中珍貴的珊瑚。

4

配重鉛帶

由於人體自身密度本來就略小於水，我們只要吸一口氣就能浮在水面上，如果再穿上浮力極佳的防寒衣等裝備便更難沉入海中。因此若想要進入亞潮帶的世界，就必須在身上裝置配重，讓身體能夠下沉。配重的種類繁多，常見有圍在腰圍的配重鉛帶，也有放在BCD口袋的鉛袋，可依個人習慣而搭配。

5

相機防水殼與閃光燈

海洋越深，水壓越高，即使是防水相機，也無法承受亞潮帶較高的水壓。為了能記錄繽紛的海洋世界，我們可為相機裝上能抵禦水壓的防水殼，以便於海中操作應用。另外，由於海水會吸收太陽光，因此愈深的海水通常光線愈昏暗，加上北部海域的海水較混濁，在亞潮帶若無適當的閃光燈補助，便只能拍出一片黑藍色的黑暗世界。因此可以裝上外部的閃光燈，補充拍照對焦時所需要的光源。若有水中手電筒補助更佳，能清楚照亮昏暗的海底。

PART 2

何處尋海？北部海岸的精華地段

Spark 攝

北部海域以堅硬的岩礁底質爲主，由於長年受到東北季風的狂風浪濤侵蝕，因此在各處海岸形成各種海蝕平台與灣澳岬角，壯觀非凡，非常値得一遊。考慮到安全性、普及性與方便性，在此介紹北部四個比較適合進行水域活動和生態調查的場所。

新北．石門

透過醒目的海蝕洞望向大海，是石門最著名的景致。（Spark）

越過海蝕之門，一起走入潮間帶吧！

石門沿線是北台灣相當有名的水域活動景點，具有寬廣的潮間帶，周圍設有停車場與沖洗區，對大眾而言十分便利。此區退潮時，在潮間帶上可見錯落大大小小的岩石，以及中高潮帶的潮池。此處較適合進行潮間帶觀察，較淺的潮溝也能浮潛，可發現許多蝦蟹與海參；春季綠藻繁盛時，也能在藻類中發現不少海兔和海蛞蝓。

春季是最適合走訪石門潮間帶的時節，此時綠色的石蓴大量生長，把岩石塗上一層美麗的翠綠。本區也是北部海域最容易觀察軟珊瑚的地點，走近低潮線浪花拍打的邊際仔細觀察，可在岩礁上發現眾多奇形怪狀的軟珊瑚，還有五顏六色的菟葵與各種藻類。石門的底質混著許多被海水侵蝕後的粗沙和碎石，常見許多蕩皮參與扇蟹在沙上覓食。本區的亞潮帶也有許多軟珊瑚與柳珊瑚所組成的景觀。

鄰近景點

石門附近有不少可進行潮間帶觀察的景點，如春季潮間帶有綠藻繁盛的老梅石槽。而鄰近的白沙灣，是北部海域少見的灘地地形，假日常戲水的人潮眾多。鄰近白沙灣的麟山鼻為北部知名的岬角地形，雖然潮間帶短小，但在其獨特的藻礁地形，也能找到不少生物。沿著海岸的步道走著，還能欣賞沿海美麗的景緻。

本區海岸常見由東北季風侵蝕所形成的風稜石，散落在潮間帶上。（Spark）

石門低潮線可觀察到各種五花八門的菟葵、軟珊瑚與藻類。（李承錄）

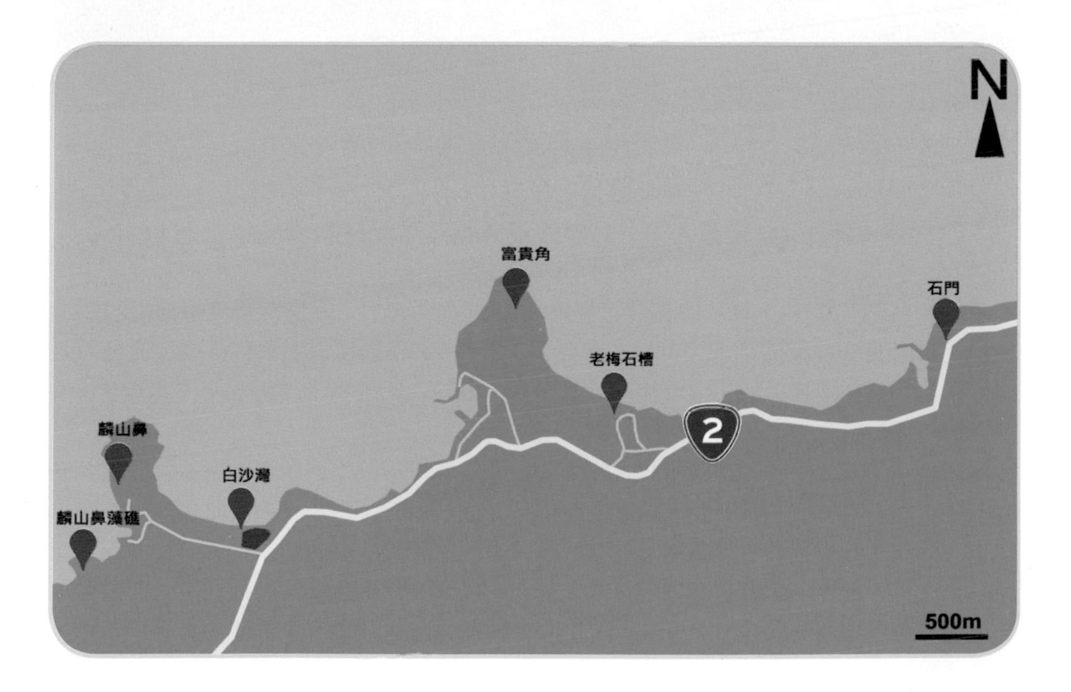

INFORMTION

地點位置：新北市石門區，沿著台二線即可在路旁看見著名地標：海蝕洞「石門洞」

適合活動：潮間帶觀察、浮潛

注意事項：本區水質較混濁且海流較強，不適合初學者進行潛水活動。

基隆．潮境

潮境公園為基隆最著名的海岸景點，也是台灣最知名的海洋保育區。（Spark）

守護大海，北部最優良的海洋保育區

潮境又名「望海巷」，坐落在基隆市與新北市的交界處。走過橫跨長潭里漁港的平浪橋後，可看見一片潮間帶與海灣。本區自2016年劃定爲漁業資源保育區後，便進行嚴格的管制，任何捕撈與採集都會被取締並罰款。由於執法確實，經過數年休養調息後，已成爲北部海域生態最豐富的海岸景點。

本區潮間帶短小平坦，卻聚集豐富的生物，尤其春季藻類繁盛時可在潮池中發現各種海蛞蝓，還有美麗的藍紋章魚。此處亞潮帶更充滿生命力，春夏常有豐富魚群隨浮游生物進入海灣，吸引更多大型魚類。在其他海域被捕捉殆盡的石斑、笛鯛、裸胸鯙，在潮境都很常見。此外，本區還曾發現衆多珍稀的生物，包括大法螺、各種躄魚、紫僞翼手參、松球魚、侏儒海馬等，吸引無數海人前來朝聖，一睹這些海洋明星的風采。

鄰近景點

本區沖洗或購物都十分方便，惟假日時人潮眾多，須注意交通安全。附近有國立海洋科技博物館，亦可安排參觀。潮境海岸對面隸屬瑞芳區的深澳岬角，適合進行水域活動，其中象鼻岩與昭明宮是熱門景點。深澳海岸環境和潮境公園類似，還有美麗的石珊瑚群落；但本區缺乏有效執法與經營，常見漁民在境內射魚或布置流刺網。因此深澳海底的景色雖美，但生物豐富度遠低於潮境。

春夏時壯觀的烏尾冬群，常吸引許多潛水員觀賞。（林祐平）

跨越長潭里漁港的平浪橋後，右側的潮間帶具有豐富的生物相。（Spark）

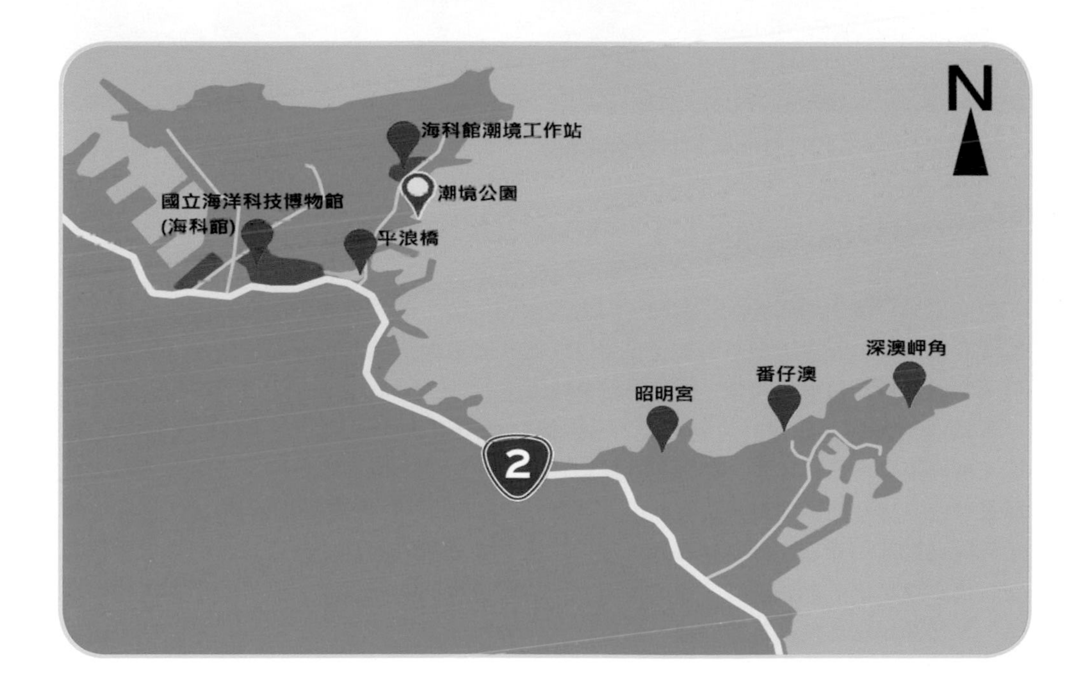

INFORMTION

地點位置：基隆八斗子半島東側，基隆市與新北市交界

適合活動：潮間帶觀察、浮潛、水肺潛水

注意事項：假日人潮眾多，停車空間有限，需注意停留時間與人車安全。本區為漁業資源保育區，捕撈、採集將被取締並罰款。

新北．龍洞

新北市貢寮區和美國小外的下水點，是潛水活動的熱點。（李承錄）

潛進亞潮，一探精彩壯麗的海底龍宮

龍洞灣是一個腹地不大的小海灣，因內灣水域平緩，很早就成爲北台灣潛水勝地。本區潮間帶短小，不少海蝕平台被先民開挖成九孔養殖池，能進行潮間帶觀察之處較少。但本區亞潮帶卻是東北角數一數二的精華地帶！

本區亞潮帶具有壯麗的岩礁地形，緊接龍洞灣中廣大的沙地。在這種沙岩交錯的環境，曾發現許多珍稀生物，如魟魚、蛇鰻、躄魚、海龍、擬態章魚等，吸引衆多潛水員前來尋寶。盛夏時常有潛水員在此設立號稱「軟絲產房」的竹叢礁，吸引俗稱「軟絲」的萊氏擬烏賊前來產卵。除了軟絲外，箭天竺鯛、獅子魚、河魨、燕魚等魚類都常會棲息在竹叢的陰影下，熱鬧非凡。龍洞周圍海域擁有豐富的海洋資源，但目前未劃定爲保育區，許多漁民常在此區進行獵捕，該如何在開發與保育之間取得平衡，是本區域持續經營的重要課題。

鄰近景點

龍洞鄰近潛點包括穿過鼻頭隧道後的鼻頭角，以及位於台二線82.5K處的南雅子母岩，都是夏季人潮旺盛的潛水勝地。鼻頭角環境類似龍洞，內灣處因水流平緩，是北部少數石珊瑚豐富的海灣。而子母岩又被稱為「海蛞蝓天堂」，一趟潛水能看見十幾種海蛞蝓，吸引許多攝影者前往朝聖。

龍洞周圍常見許多九孔池，許多屬於私人土地，請勿任意進入池中活動，以免引發糾紛。（Spark）

夏季在海底放置由竹子組成的竹叢礁，吸引軟絲來產卵成為龍洞每年潛季的盛事。（李承運）

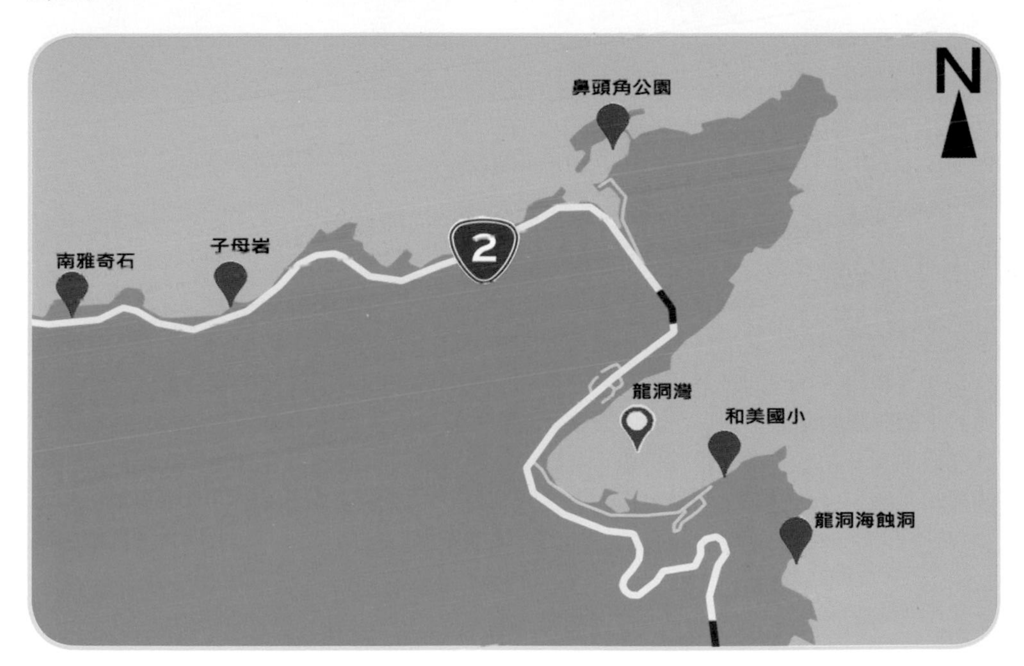

INFORMTION

地點位置：新北市瑞芳區與貢寮區交界

適合活動：適合潛水、浮潛、水肺潛水

注意事項：人潮眾多，腹地狹小，且緊鄰車流量大的台二線，因此假日找停車位與人車衝突常造成不便，務必注意交通安全。本區漁民常放刺網，也要小心。

新北．馬岡

馬岡幅員廣大的潮間帶，非常值得來此觀察生態。(Spark)

地勢平坦且安全的潮間帶入門聖地！

馬岡位於貢寮鄉，接近台灣本島極東之處的三貂角，是座寧靜的小漁村。此處的潮間帶廣大且地勢平坦，退潮後常露出寬廣的海蝕平台。由於地勢平坦、上下方便，非常適合初學者和親子在潮間帶進行觀察。除了冬季風浪強烈的時間外，全年皆適合活動。不同的季節此處的潮間帶都有不同的面貌，能在海蝕平台的潮池中發現多樣的海洋生物。

此處冬末春初時，潮間帶常覆蓋大量綠藻，非常壯觀，此時可在潮池中發現許多有趣的海洋生物，包括寶螺、海星、海膽、螃蟹、海兔，以及眾多海蛞蝓。本區周圍有許多適合進行水上活動的景點，包括鄰近的卯澳與萊萊皆有海蝕平台，都很適合進行潮間帶活動。

鄰近景點

靠近馬岡的卯澳是一平靜的小海灣，此處亦為北部海域的漁業資源保育區，潮間帶與亞潮帶有豐富的生物資源。本區潮間帶較短小，但也有許多潮池能進行觀察。此外，卯澳灣內灣水流較平緩，非常適合進行浮潛或潛水。其中福連國小外側海蝕平台有一大型潮池，宛如天然游泳池。本區水深較淺，周圍的岩盤起伏不高，非常適合親子戲水，池中有豐富的藻類與海葵，常有小魚棲息，有時還能見到小丑魚與海葵共生的畫面。只要利用浮潛裝備，就能輕易潛入海中，觀賞美麗的潮下帶景致。

馬岡海蝕平台上散落大大小小的潮池，每一個都是精采的小小世界。（謝采芳）

新北市貢寮區福連國小外的天然海水泳池，水流平緩且不深，可以安全地進行水上活動。（Spark）

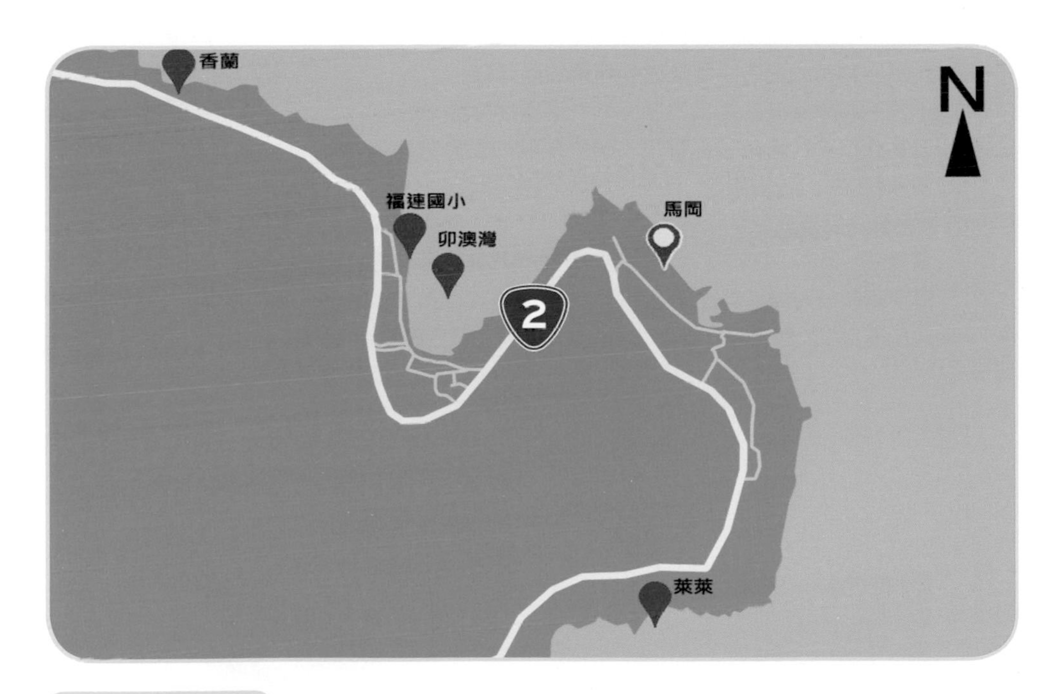

INFORMTION

地點位置：貢寮鄉，接近三貂角

適合活動：潮間帶觀察、浮潛、潛水

注意事項：本區為保育區，請勿任意捕捉生物，以免觸法。本區除了卯澳海灣內適合潛水外，其餘地區海流較強須注意安全。

Watch out !!

Wox的小叮嚀

相信看完本書前面章節的介紹，您應該已經躍躍欲試，想前往海邊進行生態觀察了吧！但在出發前，務必注意幾個在海邊活動時需要留心的小細節，能在進行生態觀察時更加安全，並當一個友善環境的生態觀察家！

1

勿跑防跌倒

由於海水長期浸潤，海岸地形大多濕滑，隨著季節不同，藻類附著程度也有差異。因此在岸邊行動時，建議穿著鞋底較粗糙的防滑鞋。千萬不要只穿夾腳拖或塑膠涼鞋，這樣會非常容易跌倒。行走時站穩腳步、切勿奔跑，是在海邊觀察的一大重點。

另外，妥善穿著手套等護具，也有助於減少碰撞和傷害。如果行動的過程中會跨越激浪區，記得等潮水退後，可清楚看見水下地形時再開始移動，以免跌落至段差較大或水深較深的潮溝之中。若在潮間帶不慎跌倒，除了疼痛外，更可能被尖銳的藤壺或牡蠣割傷，嚴重甚至會引發感染，造成危險。

綠藻所鋪成的綠毯，是許多人在海邊滑倒的原因。（洪麗智）

岩礁上尖銳的牡蠣，常導致人們受傷。（陳彥豪）

2

注意不踩踏

不管是在岸上的潮間帶或較深的亞潮帶，建議任何動作盡量輕巧溫柔。即使是一小塊礁岩或潮池，都可能有許多蝦蟹、海蛞蝓、小魚住在其中。對這些小小動物而言，我們人類宛如進擊的超大型巨人，任何踩踏都會造成毀滅性的傷害。而在潮下帶以深的區域，我們踢動蛙鞋時也要注意底下，別踢斷那些珍貴的珊瑚。當一個友善海洋的生物觀察家，就從自己做起！

對海濱生物而言，我們人類都是超大型巨人。（謝采芳）

小巧的海蛞蝓可能一不小心就被踩死了。（方佩芳）

潛水時請不要踢斷珍貴的珊瑚。（李承錄）

3

翻石請復原

潮間帶有許多生物喜歡棲息在較陰暗的岩石之下，因此翻開岩石常可見形形色色的生物。若為了觀察需要而暫時搬起石頭或改變地形，請務必在觀察後恢復原狀。因為許多生物容易因為陽光的高熱和曝曬而死。

在將岩石復原時也請將動作放輕、放慢，不要直接重摔或重壓，以免壓死棲息在岩石下的生物。我們來到海邊就是過客，盡量維持到來前的樣貌，不要影響長期居住在這邊的小生命。

翻開岩石常有許多驚奇的收穫，但請在觀察後輕輕將岩石復原。（謝采芳）

4

不懂不要摸

海邊有許多迷人的生物，往往會吸引人去觸摸，但這是一個不好的習慣。首先，對許多嬌小的海洋生物而言，我們的觸摸和抓握力量都太強，一不小心就會將他們弄傷甚至捏死，造成無謂的犧牲。另外，有些生物為了在多變的海洋生態系中存活，發展出自我防衛的利器，例如背鰭帶有毒性的鮋、具有劇毒齒舌的芋螺，就連看似無害的海參，許多物種都有毒性黏液，會引發人的過敏反應。因此，如果您對海洋生物不甚了解，請不要去觸碰，這樣做既是保護海洋生物，也是保護自己！

鮋、芋螺和海參，都是海岸常見的有毒動物。（上：楊寬智、左：李承運、右：陳致維）

5

不捉不傷害

許多人全家大小來到海邊，都會準備網子和水桶進行採集、捕捉，準備玩賞各種海洋生物，但這是扼殺生態的陋習。許多海洋生物都十分脆弱且需要清淨的海水，用網子等器具捕撈或捕捉時，往往已經傷害了他們的身體；關在窄小的水桶中，常會造成生物之間的摩擦和窒息。捕捉的結果往往造成大量肢體斷裂的蝦蟹、棘刺掉光的海膽，以及在狹小容器中窒息的魚隻；就算只是把玩後放生，也已造成不可挽回的嚴重傷害。這種觀察方法不但殘害生命，也是最失敗的生命教育。來到海洋生物的家園作客，沒必要因為好玩就去傷害他們。放下網子，拿起相機，才是真正愛護海洋的優秀觀察家。

全家大小來到海邊捕捉生物，往往造成潮間帶生物大量傷亡。(李承錄)

被放在水桶中曝曬，導致蟹類和海參奄奄一息。(李承錄)

請各位發揮愛心，不要因為一時好玩殘害生命喔！

6

注意潮汐來

在海岸活動，特別是進行潮間帶觀察時，最重要的是注意氣象與潮汐。由於太陽與月亮的引力，潮間帶每天會經歷1-2次的漲潮與退潮。在出發去海邊活動的前幾天，建議先上中央氣象局的網站，觀看氣象、潮汐時間與風浪大小等海況資訊，以此規劃抵達時間和回程時間。在潮間帶活動以退潮時為佳，可避免風浪的干擾，較安全地行走其中。一旦開始漲潮，就要準備往回走，以免回去的路被潮水掩蓋而造成危險。於亞潮帶浮潛和潛水時，也需要注意潮汐狀況，了解漲退潮時潮水流動的方向，以策安全。

退潮

漲潮

潮間帶地區漲潮時會被海水所淹沒。（左：洪麗智、右：李承錄）

水位升高後會伴隨許多危險，最好避免在此時活動。（席平）

天氣好但海況不佳的時候，也不建議進行水域活動。（洪麗智）

插圖生物解答

大家有找到這些動物嗎？

p.24解答

潮上帶有什麼生物？

1. 黑鳶
2. 玉黍螺
3. 白紋方蟹
4. 紫菜
5. 石磺
6. 石蓴
7. 海蟑螂
8. 藤壺

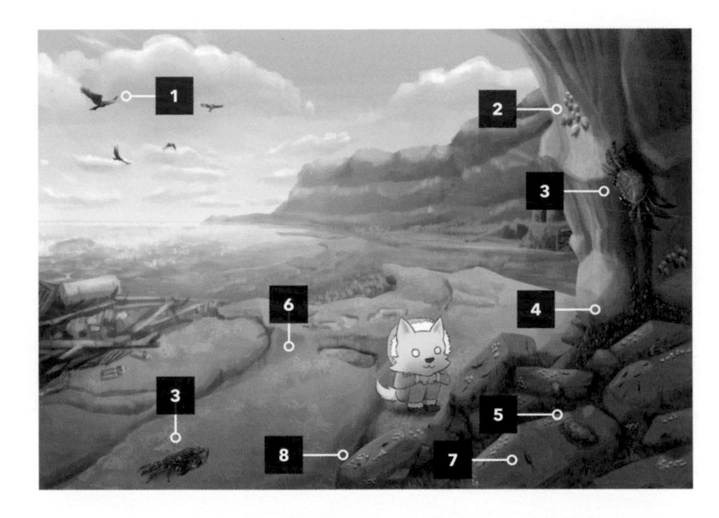

p.32解答

白天潮池有什麼生物？

1. 海兔
2. 寄居蟹
3. 褐藍子魚
4. 深鰕虎
5. 條紋矮冠鳚
6. 豆娘魚
7. 圓眼燕魚
8. 馬尾藻
9. 石蓴

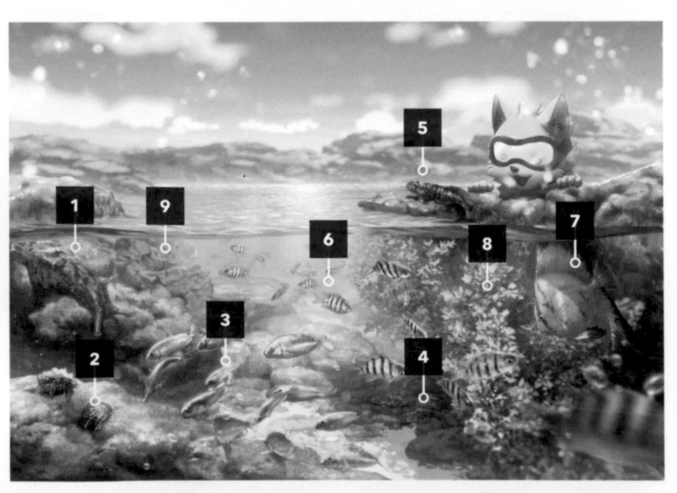

p.38 解答

夜晚潮池有什麼生物？

1. 石蓴
2. 密紋泡螺
3. 藍紋章魚
4. 白棘三列海膽
5. 織錦芋螺
6. 豆娘魚
7. 石磺
8. 細角瘦蝦
9. 呂宋棘海星
10. 馬尾藻

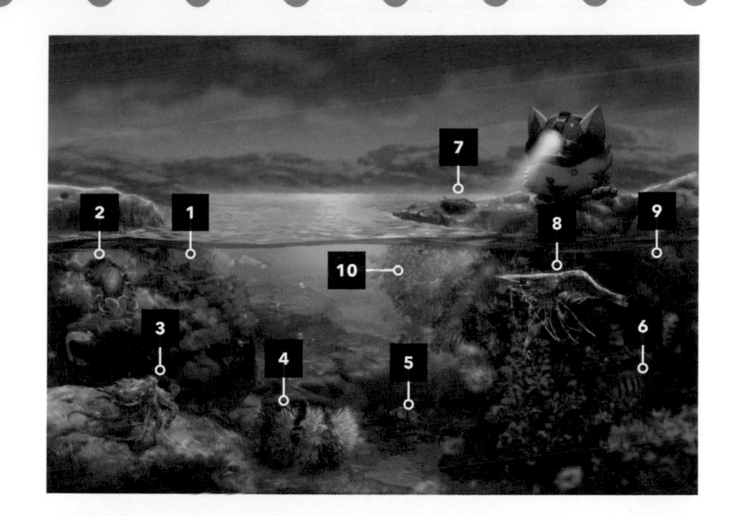

p.44 解答

潮下帶有什麼生物？

1. 管星珊瑚
2. 口鰓海膽
3. 霓虹雀鯛與藍新雀鯛
4. 克氏雙鋸魚
5. 三點圓雀鯛
6. 四色蓬錐海葵
7. 萼柱珊瑚
8. 安曼石花菜
9. 六斑二齒魨

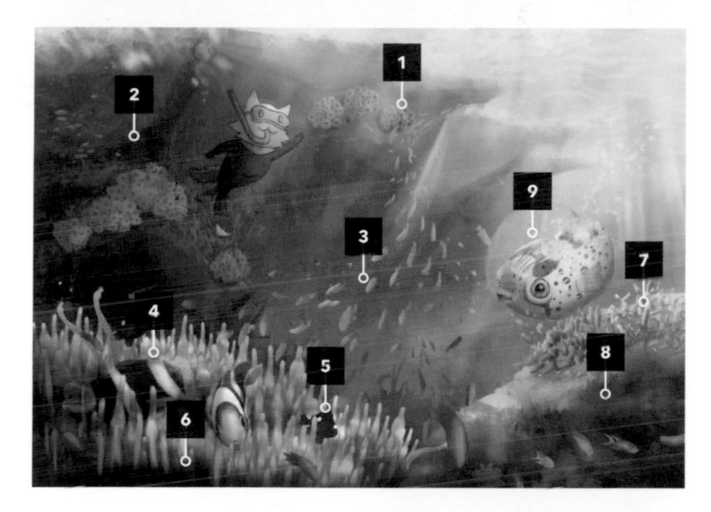

p.54 解答

亞潮帶有什麼生物？

1. 長鰭鰤
2. 雙帶鱗鰭烏尾冬
3. 點帶石斑
4. 大法螺
5. 魔斑裸胸鯙
6. 五線笛鯛
7. 克氏海馬
8. 海鞭珊瑚
9. 柳珊瑚
10. 桶狀海綿
11. 綠蠵龜
12. 穗珊瑚

北部海岸的一年

由於每年10月起受到東北季風的影響，北部海岸有半年的時間是被巨浪和寒風所籠罩，環境險峻且十分危險。因此如果想要來北部海岸做一趟生態之旅，最適合的時間是水溫不會太冷且海況平靜的5-9月。

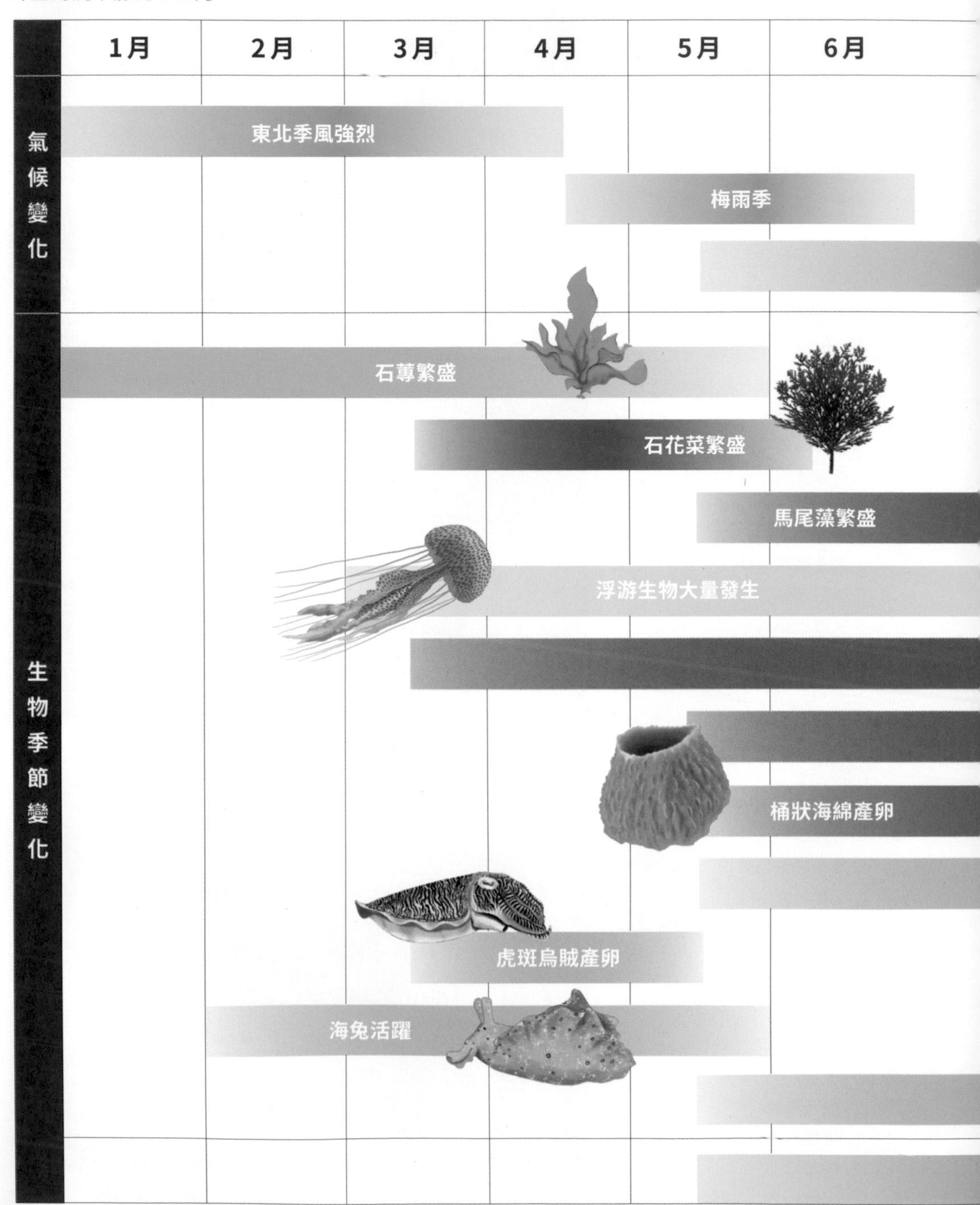

由於季節變化的影響，北部地區許多生物的出現有明顯的時程變化，可以在出發之前參考本表，並參閱氣象局的海況和潮汐預報後安排行程，可以更有效率地觀察到精彩的海洋生物喔！

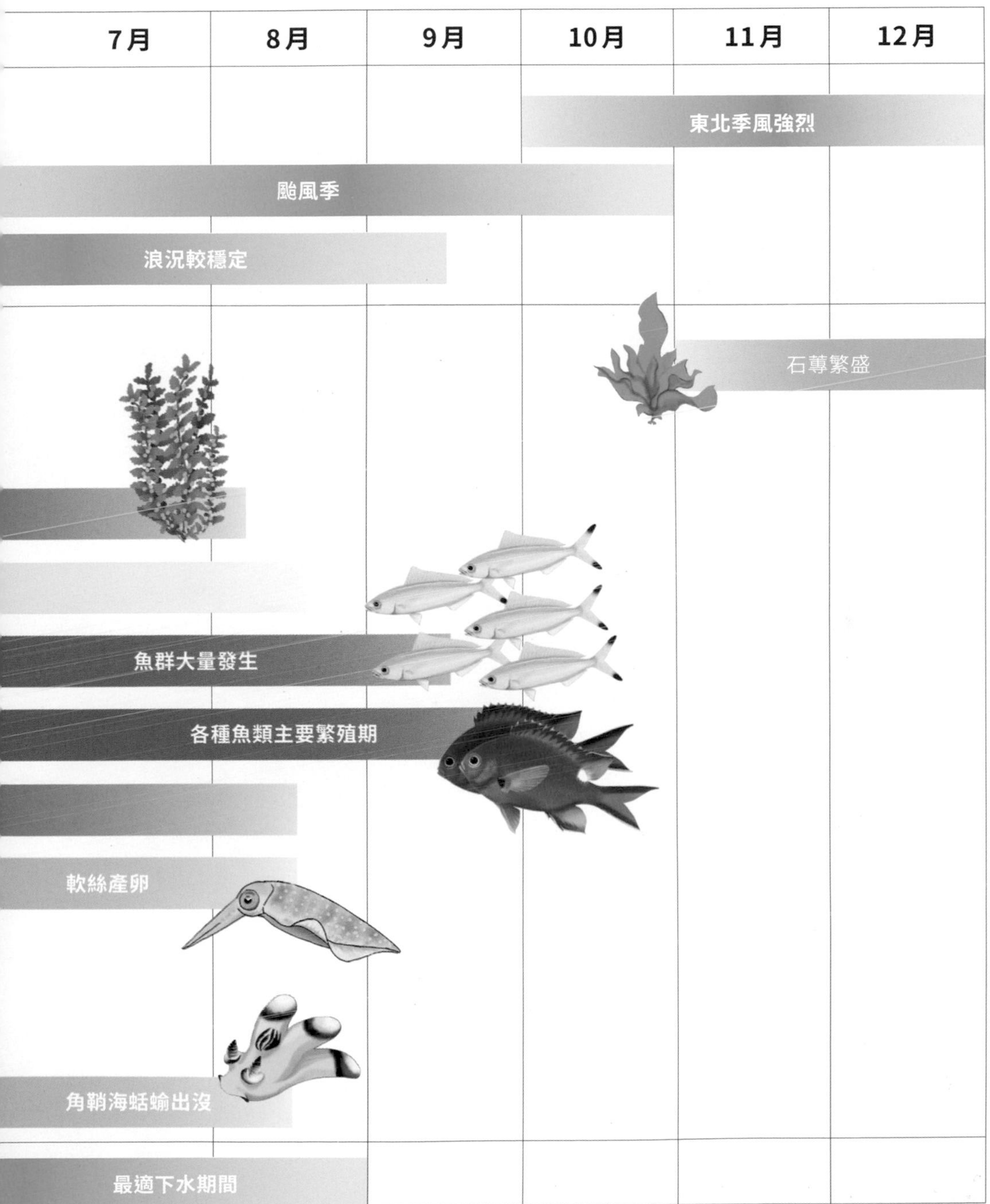

PART 3

北部海域生態圖鑑：藻類篇

李坤瑄 攝

季風吹拂，來自東北的寒風之下，一場色彩繽紛的盛宴正悄悄地蔓延開來。
爬上岩壁、掠過岩礁。
派對的主辦人用綠色、褐色、紅色，肆意在海岸塗上燦爛的色彩。
在浪花的交奏之下，繽紛春宴一路延續，最後才依依不捨地在炎夏前落幕。
他們是藻類，海中最美麗的植被，海岸最偉大的生產者！

〔大型藻類〕Macroalgae

大海重要的綠色能量

藻類為海洋生態重要的生產者，他們喜愛在水質清澈的水域行光合作用而成長。藻類屬於真核生物，包含了眾多單細胞與多細胞的藻類。本書所介紹為多細胞的大型藻（Macroalgae），通常具有葉狀體、附著器等特徵。雖然外觀上與植物類似，但他們沒有根莖葉的分化，也不具有維管束組織。大體上可依藻類體內色素的組成，將藻類分成綠藻、褐藻、紅藻與藍藻四大類。

春初繁盛，炎夏消退

台灣的藻類物種繁多，在北部海域的潮間帶也有豐富的藻類。由於受到冬季東北季風和夏季的降雨影響，北部的藻類有非常明顯的季節變化。在冬末春初時，水溫由低逐漸升高，大量的藻類生長繁盛，此時的潮間帶被各種藻類點綴得綠意盎然、花團錦簇。隨著夏季的降雨和酷熱，大多藻類都會逐漸消退，僅存部分能忍受高溫的物種。

礁膜 *Monostroma nitidum*

Green laver、Aonori
海菜、青海苔、綠紫菜、鵝仔菜、大葉青

膠膜的藻體僅有一層細胞構成，極薄且質地柔軟，一用力就會破碎。其邊緣不規則且多皺褶，能在離水時保持濕潤。通常僅在初春冬末短暫出現，氣溫升高後即消失。可食用，能製成可口的青海苔。

礁膜藻體極薄，透明度高。（李承錄）

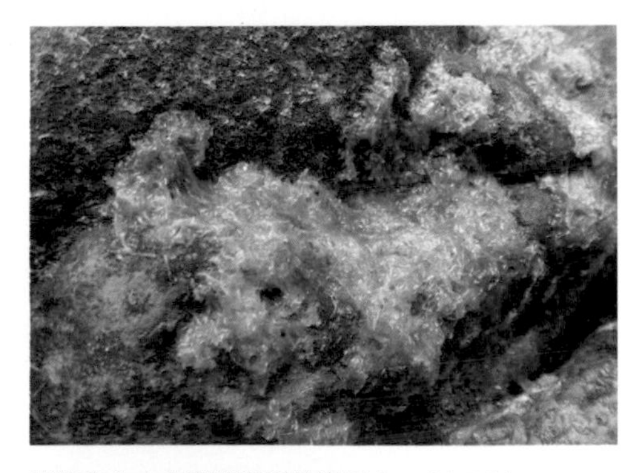

常棲息在中高潮帶潮濕的岩石上 。（李承錄）

春初短暫發生時常將潮間帶染上綠意。（李承錄）

石蓴 *Ulva* spp.

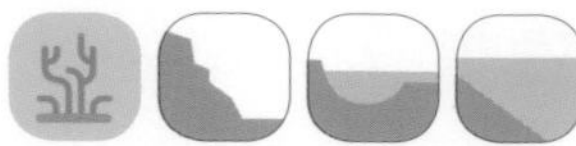

Sea lettuce

粗海菜、岩頭青、滸苔 (細絲狀物種) 、雞腸菜 (細絲狀物種)

石蓴 (音 : 純) 常在春天大量生長，將整個潮間帶染上一片綠意。與礁膜不同，藻體有兩層細胞構成，因此質地較粗厚，食用價值較低。石蓴物種繁多，片狀的大野石蓴 (*U. ohnoi*) 和長帶狀的裂片石蓴 (*U. fasciata*) 常在春天繁盛，在氣溫升高後逐漸被絲狀的滸苔 (*U. prolifera*) 與其他近似種取代。

大野石蓴為北部潮間帶常見的石蓴之一。(李承錄)

夏初部分曬死的石蓴呈現白色。(李承錄)

潮下帶的裂片石蓴藻體延長。(林祐平)

夏季後取代大野石蓴出現的各種滸苔。（李承錄）

絲狀的滸苔為夏季潮池的優勢種。（李承錄）

石蓴很滑，絕對不可以在上面奔跑喔！

春季時翠綠的石蓴將潮間帶染上一片綠意，有如一片綠色的原野。（方佩芳）

指枝藻 *Valoniopsis pachynema*

Astro-turf algae

夏初的優勢藻類，在石蓴與礁膜等綠藻消退後仍能看見他們生長在中低潮位的岩石上。藻體短小且質地堅硬，常互相交疊成緊密的結構，牢牢地攀附在岩石上。雖緊密交疊的質地堅固，但過度重疊的藻體常因海浪衝擊而脫落。

夏季低潮線的岩石上長有豐富的指枝藻。（李承錄）

藻體層層堆疊，質地堅硬。（李承錄）

連綿生長彷彿一丘丘綠色的小草皮。（李承錄）

硬毛藻 *Chaetomorpha* spp.

螺旋彎曲狀的藻體常互相交纏或纏繞在其他藻類上，有如散落在潮間帶的綠色鋼刷，常見有左圖的粗硬毛藻（*C. crassa*）與右圖的螺旋硬毛藻（*C. spiralis*）。（李承錄）

球松藻 *Codium mamillosum*

藻體顆粒狀且常聚集成不規則的球形，春季偶爾可在藻體上發現金邊柱海蛞蝓（p.287）。
（左：李承錄、右：楊寬智）

羽藻 *Bryopsis plumosa*

藻體為優美的羽狀，常以茂盛的叢狀生長，偏好水流較強的潮間帶岩礁，是許多囊舌海蛞蝓喜愛的食物。
（李承錄）

盾狀蕨藻 *Caulerpa chemnitzia*

Caulerpa
棒狀蕨藻

藻體有類似植物走莖的附著器，常沿著岩石生長成一片綠籬，通常生活在水流較緩和的內灣或潮池。外形多變，從盾狀、漏斗狀、圓粒狀、棒狀都有。蕨藻大多有蕨藻毒素（caulerpin）能抵禦草食動物。但有些生物，如囊舌海蛞蝓，能夠吸食蕨藻的汁液並將其化為自己的化學防禦。

常在岩礁上平鋪生長。（李承錄）

典型的盾狀植株。（李承錄）

即使同植株也常有不同造型同時出現。（李承錄）

褐舌藻 *Spatoglossum pacificum*

叢狀生長的藻體黃褐色且寬長，常隨水流擺動搖曳。外形有點類似小海帶，但本種藻體邊緣較粗糙，且通常棲息在水流較強的潮溝或潮下帶，退潮時不常露出水面。

植株較大，通常生長在水流較大的潮溝隨水飄動。（李承錄）

藻體寬長，且末端有分岔。（李承錄）

團扇藻 *Padina* spp.

少數能形成石灰質構造的褐藻，藻體上可見一圈圈白色的鈣質結構，形成同心圓的紋路。隨著成長藻體會捲起且互相堆疊，形成有如繡球斑的團狀。夏季較常見，棲息在水淺的潮間帶，通常在水流較緩處較多。

團團叢生的團扇藻有如繡球。（李承運）

圈扇藻 *Zonaria diesingiana*

外形與團扇藻類似，但無石灰質結構，且藻體扁平不捲曲。通常棲息在水深較深處，很少會露出水面。有時會在岩壁上層層堆疊，宛如木耳。

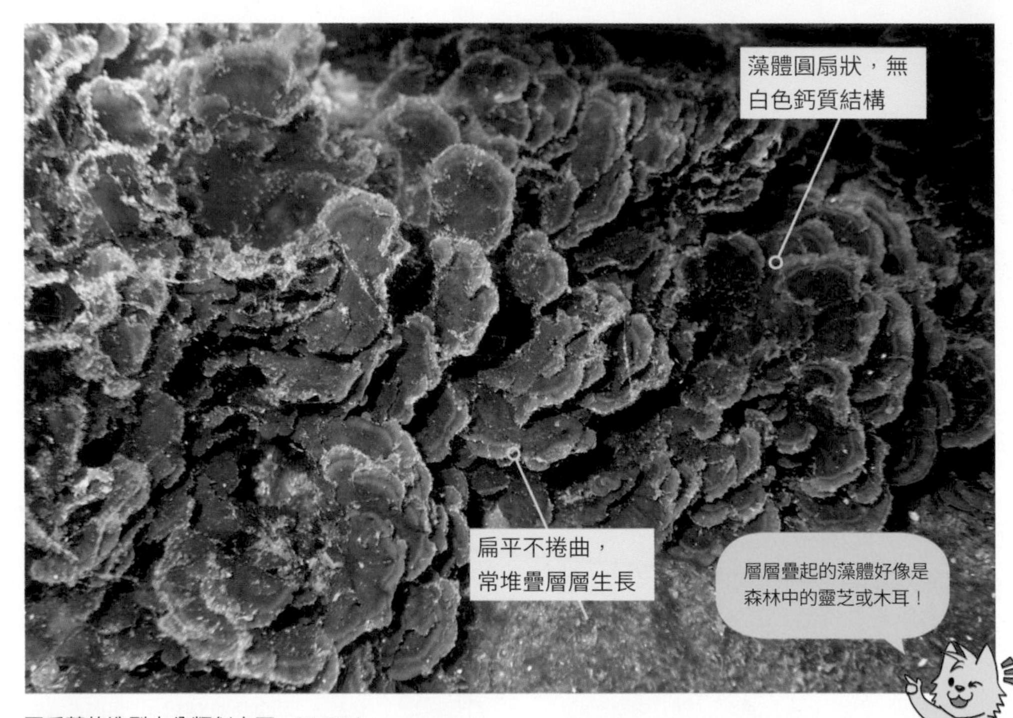

圈扇藻的造型十分類似木耳。（李承錄）

藻體無白色的鈣質結構。（李承錄）

潮下帶岩壁可見層層堆疊的圈扇藻。（楊寬智）

小海帶 *Petalonia binghamiae*

鵝腸菜、白毛菜、腳白菜、土海帶

溫帶物種，分布於水溫較低的北部海域。藻體光滑扁平，呈長帶狀，末端不分叉。常棲息在潮間帶較高位置的岩壁，常與石蓴一起垂掛。附著器堅固，能抵禦大浪的衝擊。可食用，東北角主要在初春生長。

在潮上帶與石蓴同棲的小海帶，質地光滑流線。（李承錄）

冬末春初會大量生長。（李承錄）

常生長在浪濤強烈之處。（李承錄）

囊藻 *Colpomenia sinuosa*

Sinuous ballweed、Oyster thief

囊狀中空且多皺摺的褐藻，生長在潮間帶海蝕平台。質地硬但有彈性，易受海浪等外力而破裂或漂走。本種為進入夏天之後常見的藻類，當水溫升高，大多藻類開始消退時，即可見到本種出現在岩礁上。

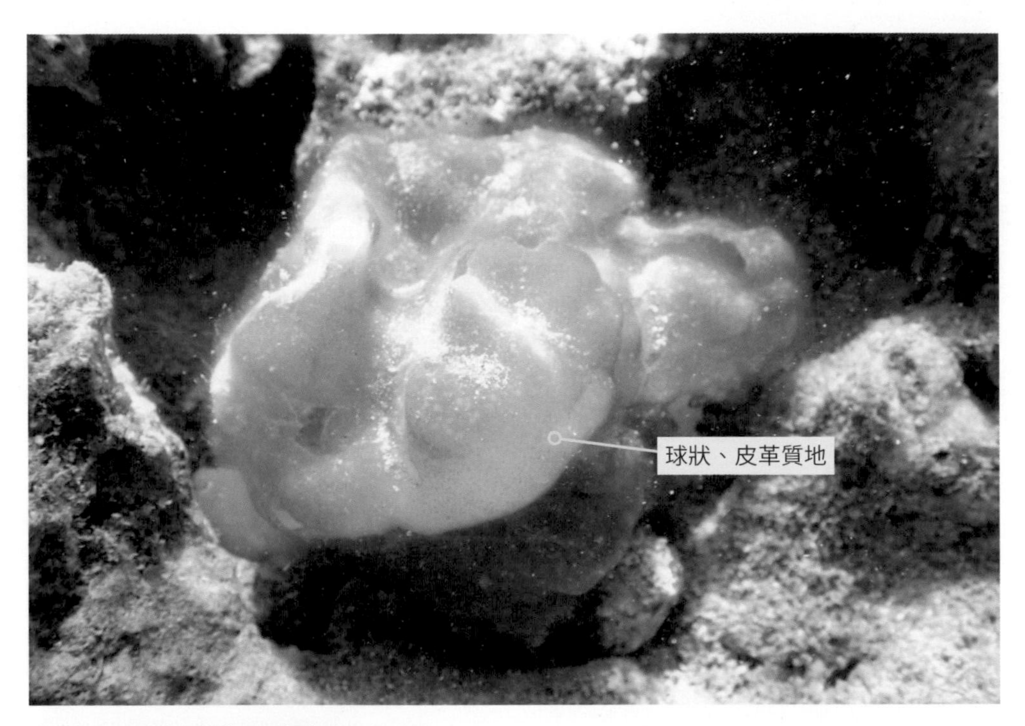

球狀的囊藻質地皮革狀且內部中空。（李承錄）

進入夏季後取代春季藻類出現。（李承錄）

藻體中空且重疊常吸引魚蝦棲息。（李承錄）

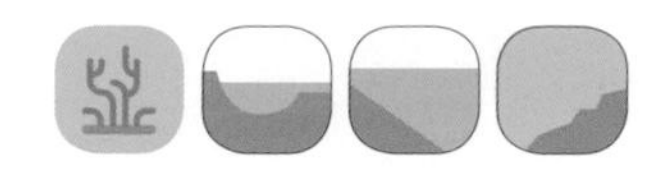

馬尾藻 *Sargassum* spp.

Sargassum、Wireweed

大型褐藻，藻體可高達數公尺。藻體角質革狀，不易斷裂或啃食。馬尾藻具有氣囊（Bladder）的構造，能維持浮力使藻體直立於海中以利吸收陽光，甚至能讓藻體斷裂後在海面上長時間漂浮。北部海域在春末夏初最為繁盛，會形成茂密的馬尾藻林。種類繁多，葉緣粗厚鋸齒狀的冠葉馬尾藻（*S. crispifolium*）最常見，其他如細長的羊栖菜（*S. fusiforme*）與冬季才飄來的銅藻（*S. horneri*）也都是馬尾藻的一員。

隨著潮水搖曳的馬尾藻林，常有許多小魚棲息其中。（楊寬智）

飄上岸的馬尾藻上可見一顆顆圓型的氣囊。（陳彥豪）

葉緣粗糙的冠葉馬尾藻最常見。（席平）

可食用的羊栖菜也是馬尾藻的一種。（李承錄）

冬季時從北方飄來，具有紡錘形氣囊的銅藻也是一種馬尾藻。（李承錄）

（李承錄）

頭髮菜 *Bangia atropurpurea*

Hair weed

紅毛菜、發菜、髮菜

屬於較原始的藻類，由細胞成束所組成。不耐高溫，冬天為生長季。喜好棲息在高潮位，略為乾燥的岩壁上。僅靠浪花帶來的些許飛沫維持其生長所需。可食用，但常與不具食用價值的絲狀藍綠菌混淆。

黑色絲狀的藻體是頭髮菜之名稱由來。（李承錄）

常與壇紫菜同棲在高潮帶，僅利用海風或浪花帶來的少量水分生存。（李承錄）

壇紫菜 *Porphyra haitanensis*

Laver seaweed、Purple laver、Nori

紫菜、烏菜

與頭髮菜關係相近的原始藻類，生長期和頭髮菜同在冬季。藻體呈現薄膜狀，隨著成長延長，退潮時會平貼在岩石上。棲息的位置較頭髮菜低，有時與石蓴或礁膜共棲。通常在初春的降雨後隨即消失，可食用。

冬季在潮上帶可發現豐富的壇紫菜。(李承錄)

退潮時平貼在岩石上保持水分。(李承錄)

較長的個體有時被稱為長葉紫菜。(李承錄)

安曼石花菜 *Gelidium amansii*

Jelly weed
石花菜、鳳尾菜、牛毛菜、寒天

藻體深紅，呈纖細的羽狀分支，質地光滑細緻，常形成濃密的植株。通常棲息在亞潮帶，較不會生長在退潮會露出水面的潮間帶地區。本種為東北角重要的經濟性藻類，能曬乾後抽取藻膠，做為工業用途或製成石花凍等食品。

本種為東北角重要的經濟性藻類，本種質地纖細，末端通常細小。（李承錄）

（李承錄）

春季時可見大量茂密的石花菜。（林祐平）

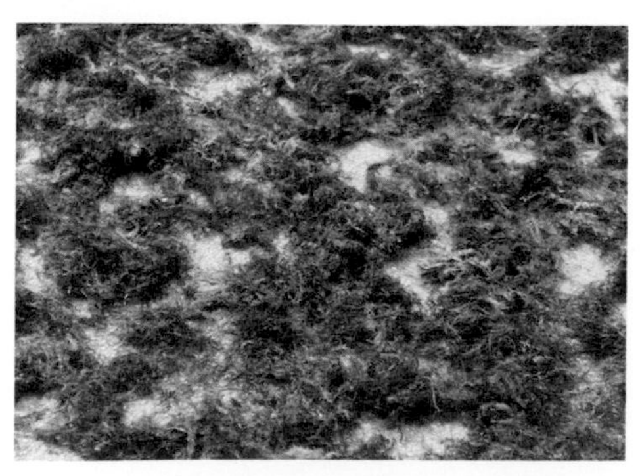

在街上曬乾石花菜是北部沿海的日常。（李承錄）

翼枝菜 *Pterocladiella capillacea*

Branched wing weed
雞毛菜

外形與安曼石花菜極相近，常被誤認。與石花菜不同，通常棲息在較淺的潮間帶至潮下帶，常在退潮時露出水面。本種藻體質地較粗糙，末端通常圓鈍，可與石花菜區別。本種產藻膠的質量不如石花菜，經濟價值較低。

翼枝菜常棲息在潮間帶的潮池中，本種質地較粗糙，末端通常圓鈍。（李承錄）

（李承錄）

退潮時常露出水面。（李承錄）

夏季過度曝曬時會呈現白色。（李承錄）

海膜 *Halymenia* spp.

Flame algae、Dragon tougue algae、Dragon breath algae
紅寶菜、火焰藻

扁平薄膜狀的紅藻，質地光滑且略有黏性。棲息在較深的亞潮帶，搖曳的姿態彷彿火焰。常見有分支發達的海膜（*H. floresia*），與捲曲片狀的平展海膜（*H. dilatata*）。

植株較大的海膜通常棲息在較深的水域。（李承錄）

飄逸的海膜宛如水中火焰。（李承錄）

平展海膜藻體上有金色的斑點。（林祐平）

蜈蚣藻 *Grateloupia* spp.

海大麵、菩提藻

溫帶藻種，台灣較常見於水溫較低的北部海域。藻體變化大，通常纖細且有許多與主幹垂直的分支，宛如蜈蚣。物種繁多，有纖細的蜈蚣藻（*G. filicina*）、質地光滑且喜好風浪大的繁枝蜈蚣藻（*G. ramosissima*），以及藻體扁平分支較少的稀毛蜈蚣藻（*G. sparsa*）。

蜈蚣藻因有許多與主幹垂直的分支得名，濃密的植株內常有許多小動物棲息其中。（李承運）

繁枝蜈蚣藻常生長在浪濤強勁處，植株直立於礁石上。（李承錄）

潮池中的稀毛蜈蚣藻的藻體寬扁且分支較少。（李承錄）

角叉菜 *Chondrus* spp.

溫帶藻種，台灣較常見於水溫較低的北部海域。藻體扁平且末端有分叉凹陷，質地堅硬，藻體邊緣常有不規則的角狀分叉。棲息在靠低潮線的潮溝，有時會在浪較大的區域生長繁盛。顏色常隨日照或曝曬程度有差異。春季為生長期。

退潮時露出水面的異色角叉菜常呈現黑褐色，末端的分叉凹陷明顯。（李承錄）

（李承錄）

呈現黃褐色的角叉菜。（李承錄）

不同顏色的個體共棲在潮溝中。（李承錄）

小杉藻 *Chondracanthus intermedius*

海茶米

平舖生長的小型紅藻，藻體尖細且柔軟，常有不規則的分支。在潮間帶靠低潮線大片生長，匍匐在岩壁表面。顏色隨日照或曝曬程度有差異。春夏之間為生長期。可食用。

潮間帶的岩壁上常有個頭嬌小但數量龐大的小杉藻。（李承錄）

退潮時乾枯的小杉藻宛如茶葉。（李承錄）

海木耳 *Sarcodia montagneana*

少數為綠色的紅藻，通常棲息在潮間帶至潮下帶的岩壁上。外形與角叉菜類似，但本種藻體末端常有大量圓形凸起、質地較柔軟，且通常不會露出水面。

海木耳為少數藻體綠色的紅藻。（陳致維）

藻體末端大量圓形凸起為本種的特色。（李承錄）

鋸齒麒麟菜 *Eucheuma serra*

Eucheuma weed、Guso
麒麟菜、珊瑚菜、章魚腳、石吸腳

暗紅色的藻體粗羽狀分支，多肉質地且有彈性，表面常有顆粒狀凸起。生長在較深的亞潮帶，常在礁岩上叢狀生長。許多草食魚類會食用其嫩芽，人類亦可食用。

鋸齒麒麟菜是春末夏初時潮下帶常見的大型紅藻。（李承錄）

常密集地形成茂盛的藻叢。（李承錄）

較嫩的尖端常被草食性魚類啃食。（李承錄）

沙菜 *Hypnea* spp.

海菜

質地細緻易脆，且有許多不規則分支的紅藻，常互相纏繞成團狀，或糾纏在礁石或其他藻類上。物種繁多，全年皆可發現不同種類的沙菜，通常在初春最為繁盛。常見有細密糾纏的長枝沙菜（*H. charoides*）、直立生長的簡枝沙菜（*H. chordacea*）、細長鮮黃的日本沙菜（*H. japonica*），以及具有特殊螢光藍色澤的巢沙菜（*H. pannosa*）。

長枝沙菜為潮間帶最常見的紅藻之一，常糾纏在礁石或其他藻類上。（李承錄）

簡枝沙菜僅在春末夏初短暫出現。（李承錄）

日本沙菜藻體黃色且延長。（李承錄）

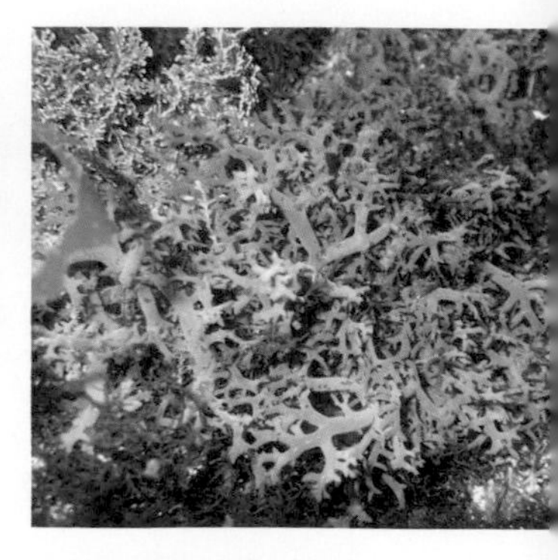

具有鮮豔螢光的巢沙菜全年可見。（李承錄）

異邊珊瑚藻 *Corallina abberans*

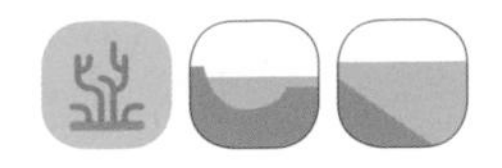

Coral seaweed
珊瑚藻

藻體具有較堅硬的石灰質，呈羽狀分支，末端常呈現箭頭狀，一般少有草食動物會啃食。常在冬末春初大量生長，將低潮線附近的岩石染上一層粉紅色。進入夏天後隨水溫升高，藻體會逐漸白化消退。

★ 同物異名：***Marginisporum aberrans***。

粉紅色的藻體叢狀生長，宛如美麗的水中花束。（李承錄）

春季時常見本種在低潮線上大量生長。（李承錄）

凋亡的植株中可見藻體內具有白色石灰質。（李承錄）

藻類也能形成礁

珊瑚藻目（Corallinales）的紅藻常見於各種岩礁環境，其中有許多藻類體內都含有石灰質，組成堅硬的藻體防止草食動物的啃食。這類珊瑚藻以石灰質組成的形式分成兩大類。一群為有節珊瑚藻，藻體內的石灰質為一節一節的構成，如上一頁的異邊珊瑚藻。死亡後藻體容易分解成粉末，不太會形成礁體結構。

另一群為無節珊瑚藻，又名殼狀珊瑚藻，藻體通常不分節，以平鋪或薄片狀的方式形成藻體。當無節珊瑚藻一層又一層堆疊起來，厚度就會逐漸增高。當這些無節珊瑚藻死亡後，這些層層堆疊所遺留下來成的礁體，就被稱為是「藻礁」（Algal Reef）。

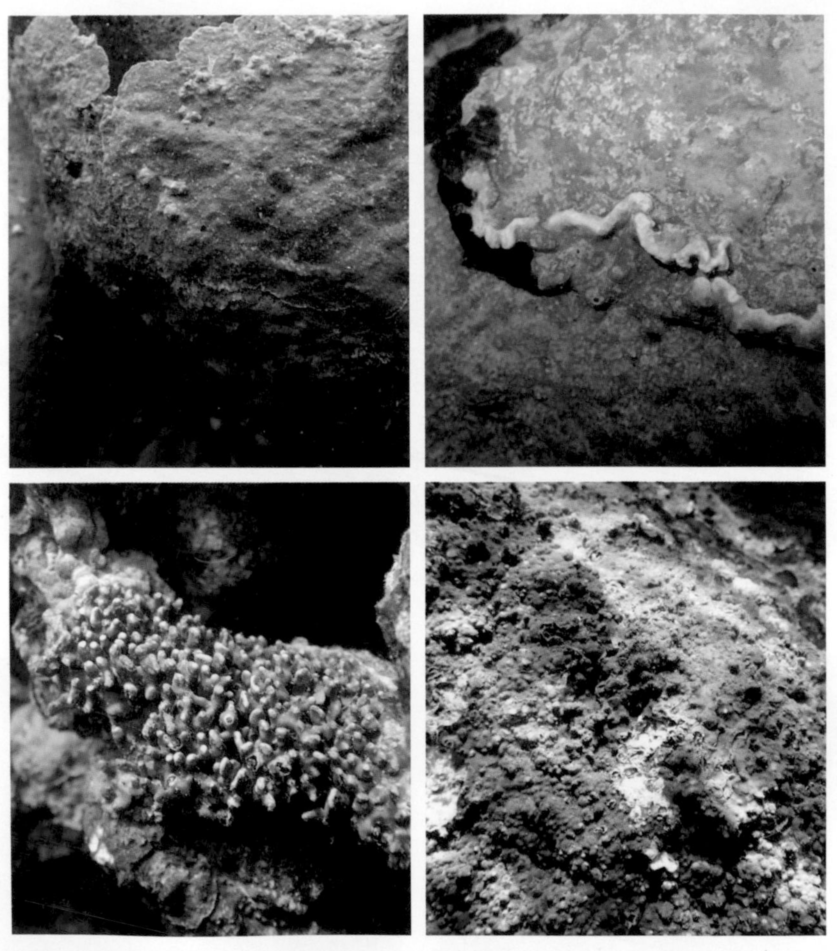

在北部海域潮間帶常見各種珊瑚藻在岩石上堆積的情形。（李承錄）

李承道 攝

PART 4

北部海域生態圖鑑：無脊椎動物篇

林祐平 攝

起於海、源於水。
從水中誕生的生命，如今成為穿梭大海的各方好漢。
有的附著岩石，抵抗潮浪、堅定不移。
有的身披盔甲，防如鐵壁，身懷絕技。
有的身輕如燕，擺動姿態、動如流水。
原始的無脊椎動物們不只是「沒骨氣」，更縱橫在海中「揚眉吐氣」

〔海綿〕Sponge

用身體過濾大海的原始動物

海綿為構造最簡單的多細胞生物，體壁僅有外層的皮層細胞（Pinacocyte）和內層含纖毛的領細胞（choanocytes）所構成。由於沒有明顯組織和器官分化，因此也沒有神經、循環、消化等系統。他們大多都是附著在岩礁上的固著生物，僅透過吸入周遭的海水，過濾水流中的有機物質為食，而過濾後的水會從較大的出水口流出。

堅硬的骨骼結構

大多海綿體壁會形成鈣質或矽質的骨骼，建構出堅硬的結構來保護自己。不同的物種會形成獨特的造型，有的覆蓋在岩石上，有的形成複雜的樹枝狀，還有的形成巨大的筒狀結構。而有些海綿體內會和藻類等微生物共生，或分泌不易消化的化學物質，防止其他海洋生物啃食。

海綿就是從這些出入水口過濾水中的食物喔！

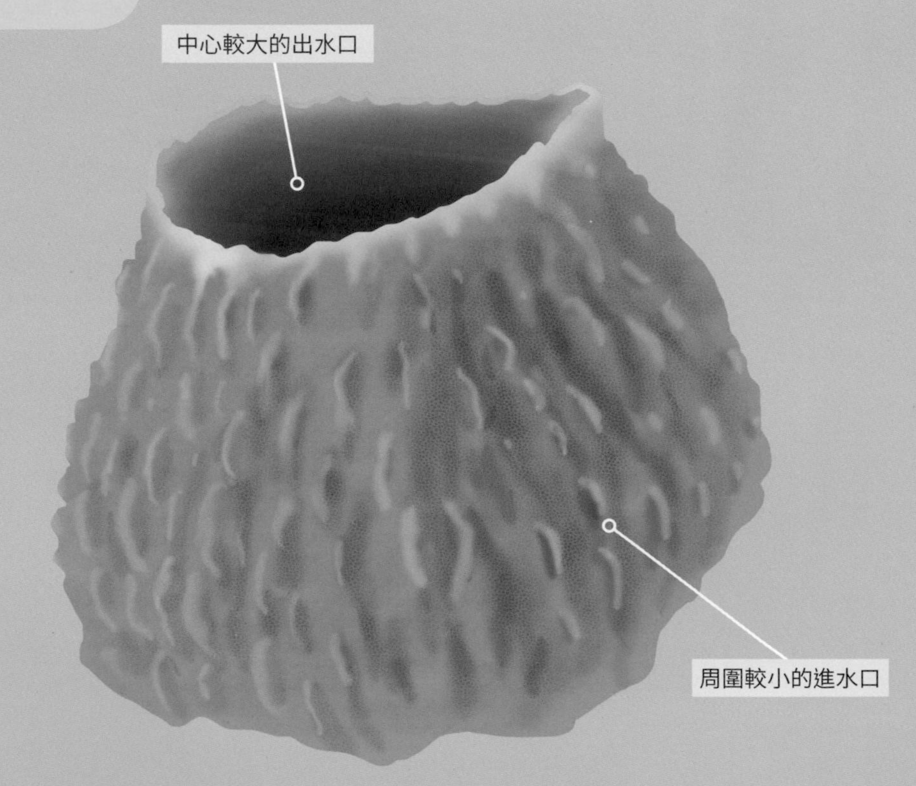

桶狀海綿 *Xestospongia spp.*

Barrel sponge
馬桶海綿

棲息在亞潮帶的大型海綿，質地堅硬。由於體型大，桶狀海綿之中的空間常吸引許多海洋生物棲息。為雌雄異體，春夏季潮水較強時，可觀察到集體生殖的現象。雄性會從出水口排出霧狀的精子，雌性會排出粉末狀的卵子。在生殖的同時常吸引許多海洋生物啄食其精卵。

碩大的桶狀海棉在礁石上十分醒目。（楊寬智）

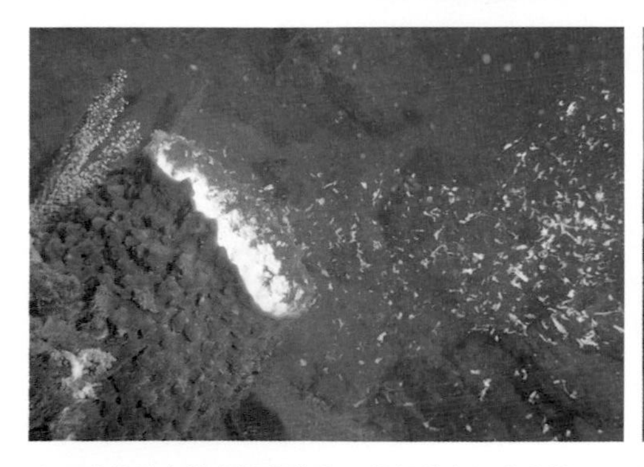

春夏時雌性會排出粉狀的卵，雄性排出霧狀的精子，卵與精子將在水流中結合。（林祐平）

利用桶狀海棉躲藏的魚類

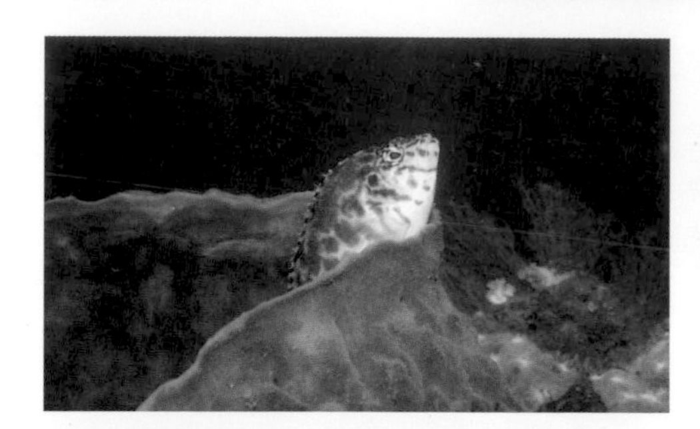

眺望遠方的斑金鰯。（楊寬智）

等待獵物經過的斑馬多臂簑鮋。（楊寬智）

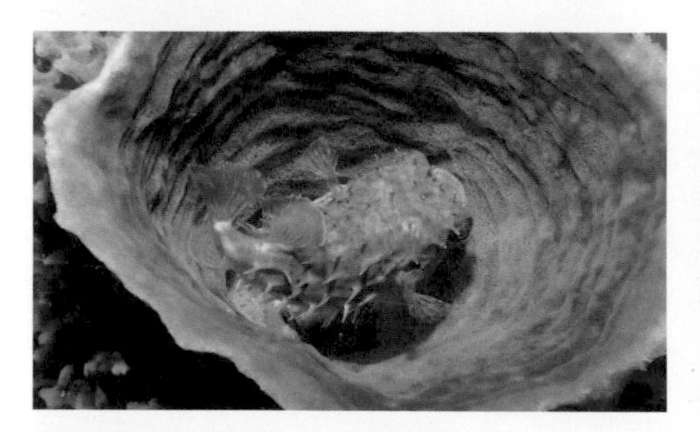

休息中的圓點圓刺魨。（楊寬智）

蜷伏在進水口中的六斑二齒魨。（楊寬智）

啄食海綿組織的褐帶少女魚。（林祐平）

取食海棉卵團的蝴蝶魚與蓋刺魚。（楊寬智）

夜間在海棉中睡眠的雙帶鱗鰭烏尾鮗。（林祐平）

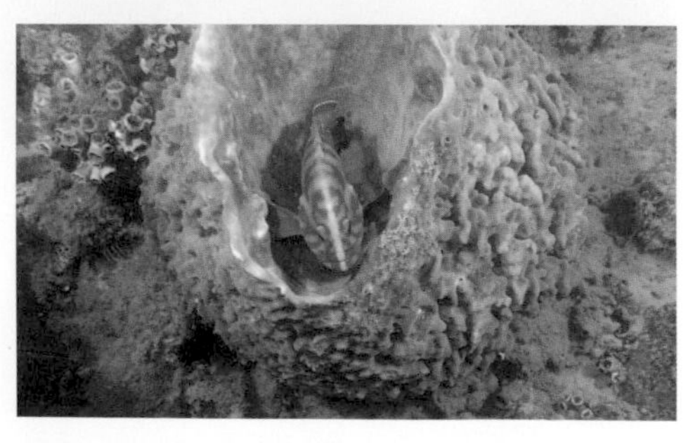

橫紋九刺鮨也喜歡停在海綿上。（林祐平）

柑橘荔枝海綿 *Tethya aurantium*

Golf ball sponge、Orange puffball sponge

常出現在潮間帶的小型海綿，質地有彈性。通常生活在岩石陰暗處，橘色球狀的外形十分醒目。會藉由母體上分裂出許多球狀的小型個體，分離後行無性生殖。

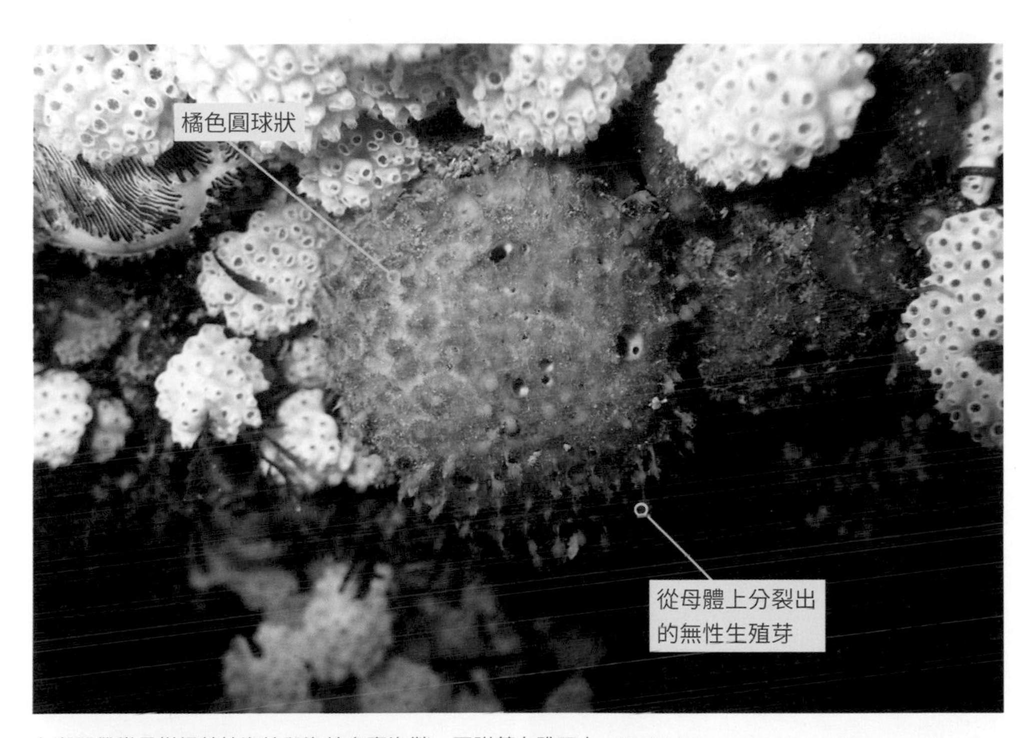

在潮間帶常見柑橘荔枝海綿與海綿多囊海鞘一同附著在礁石上。（李承錄）

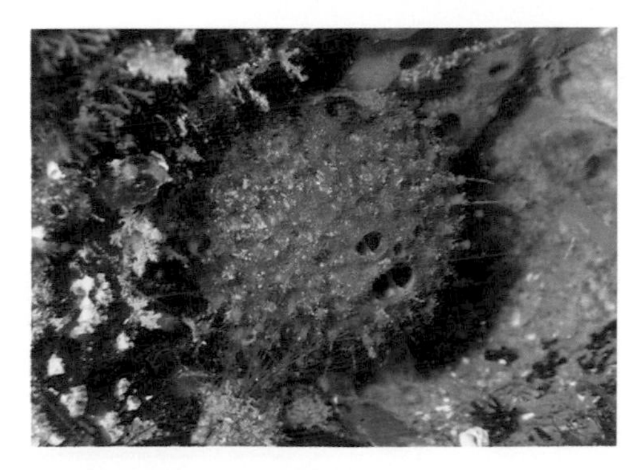

常有多個出水孔，不規則分布在表面。（席平）

凹凸不平的表面常生有無性生殖芽。（李承錄）

北部海岸生長著形形色色的海綿，包含柔軟的軟海綿與質地如橡皮擦的皮海綿。不同的物種的顏色、質地還有生長型態都有所不同。

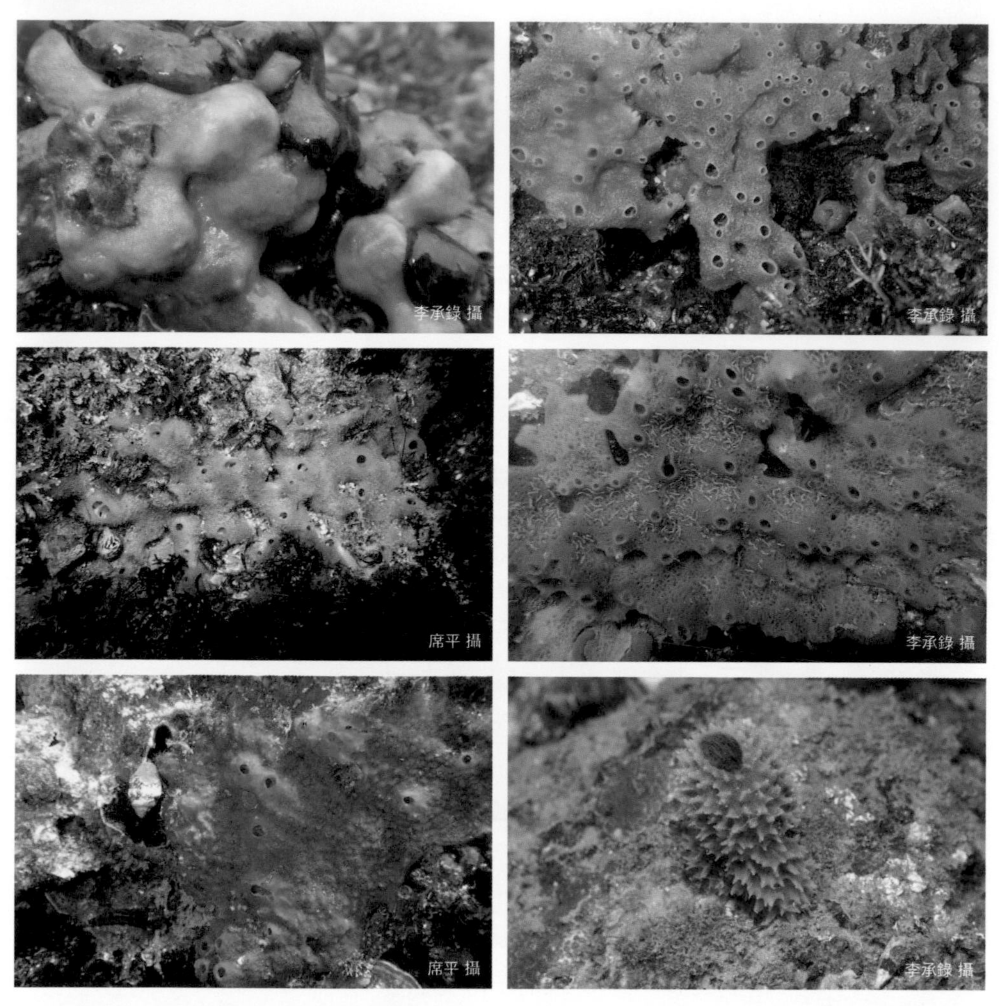

易脆圍脖海綿 *Dasychalina fragilis*

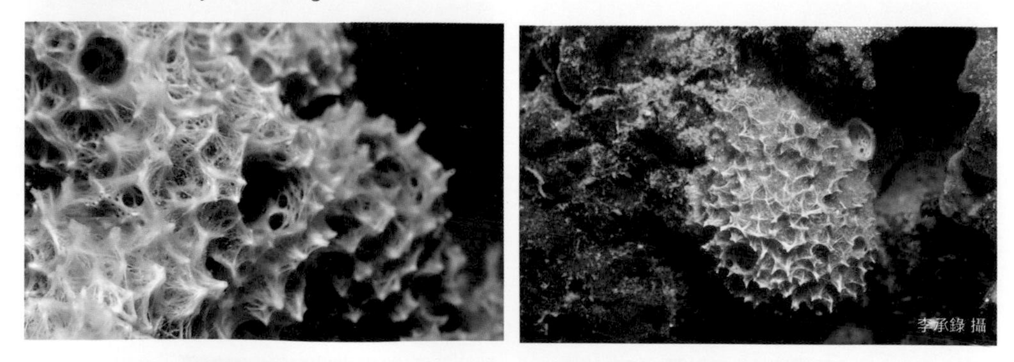

注意有些海綿如易脆圍脖海綿的質地堅硬且骨針銳利，切勿用力抓握這些海綿以防被刺傷。

〔刺胞動物〕Cnidaria

用刺絲胞捕捉獵物的海中花

刺胞動物舊稱「腔腸動物」，包含水螅、水母、海葵、石珊瑚和軟珊瑚等，是一群輻射對稱的原始無脊椎動物。大多為定棲在底質上的固著性動物，但也有像水母行浮游的生活。他們的共同點為觸手具有細小的刺細胞（cnidocyte）構造，能在接觸目標後射出並注入毒液並癱瘓目標，讓他們能順利制伏獵物。

進食與排泄共用口部

許多刺胞動物常使用他們的觸手進行獵捕，將獵物送入中央的口中。由於沒有肛門，刺胞動物在進食消化後，排泄物會再度從口中排出。

刺胞動物的進食和排泄都統一由體盤中央的嘴進出。（李承錄）

共生藻和石灰質骨骼

許多刺胞動物體內有共生藻（zooxanthellae）共生。不僅能擁有顏色，更能從透過光合作用獲得能量。而不少刺胞動物還具有產生石灰質骨骼的能力，軟珊瑚能在體內形成骨針，再藉由共肉組織形成其結構。而石珊瑚更是能集結成巨大的骨骼，在海底形成珊瑚礁。

海葵和珊瑚亮麗的體色常來自體內的共生藻。（李承錄）

石珊瑚由許多小珊瑚蟲組成，且能形成石灰質的骨骼。（陳彥宏）

刺胞動物家族

水母和海葵為最常見的單體刺胞動物，而有些刺胞動物如水螅、菟葵、珊瑚等常會數個單體聚合在一起形成較大的群體，甚至組織成樹枝狀、團塊狀、薄片狀等較大規模的群落。

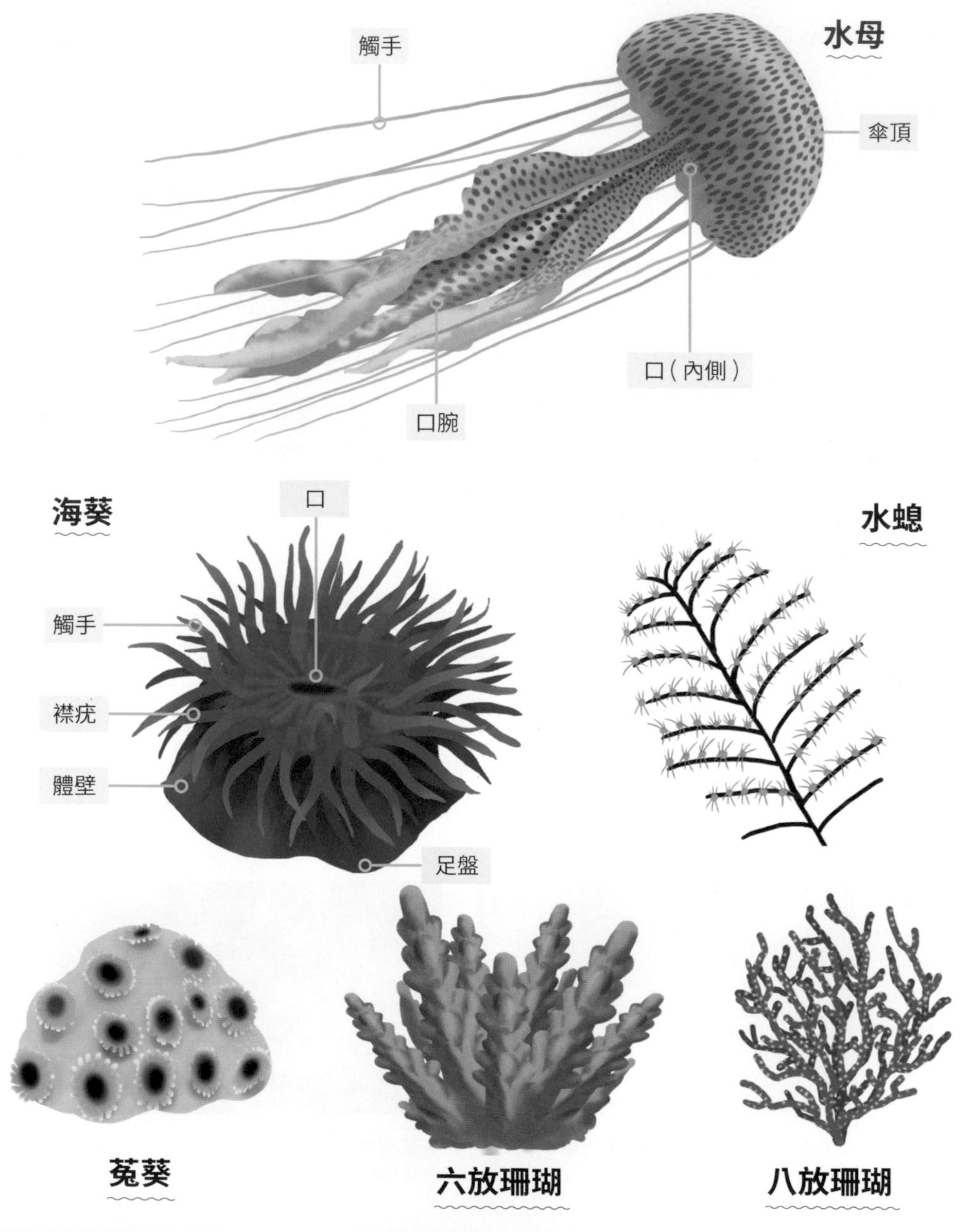

羽水螅 *Pennaria disticha*

Feathery hydroids

海羽毛

具有羽狀分支的結構，白色的水螅體均勻分散在分支上。水螅體觸手纖細，並帶有毒性，人體若觸碰會有激烈的紅腫和刺癢感。常在潮水流通良好的礁岩上大量生長，在水下活動時須注意不要觸碰他們。

常在水流交換良好之處大量生長。（李承錄）

細看水螅體可見細緻的觸手。（陳致維）

迎著水流用觸手捕捉浮游生物。（李承錄）

樹水螅 *Solanderia* spp.

Tree hydroids、Sea fan hydroids

具有發達的分支狀結構，常被誤認為海扇。但仔細看可見本種的水螅體構造為棒狀，與海扇等八放珊瑚花朵狀的珊瑚蟲不同。

樹水螅樣子看起來就像海扇。（林祐平）

從水螅的結構可與海扇區別。（李承錄）

也有枝幹是紫色的個體。（李承錄）

多管水母 *Aequorea* spp.

Crystal jelly、Belt jellyfish
水晶水母、果凍水母

具有透明的缽狀傘頂，邊緣有許多纖細易斷裂的觸手，有時會被海浪送到岸邊，擱淺時觸手大多已斷裂，只留下膠狀的傘頂，春夏季常在沿岸活動，捕食浮游生物。

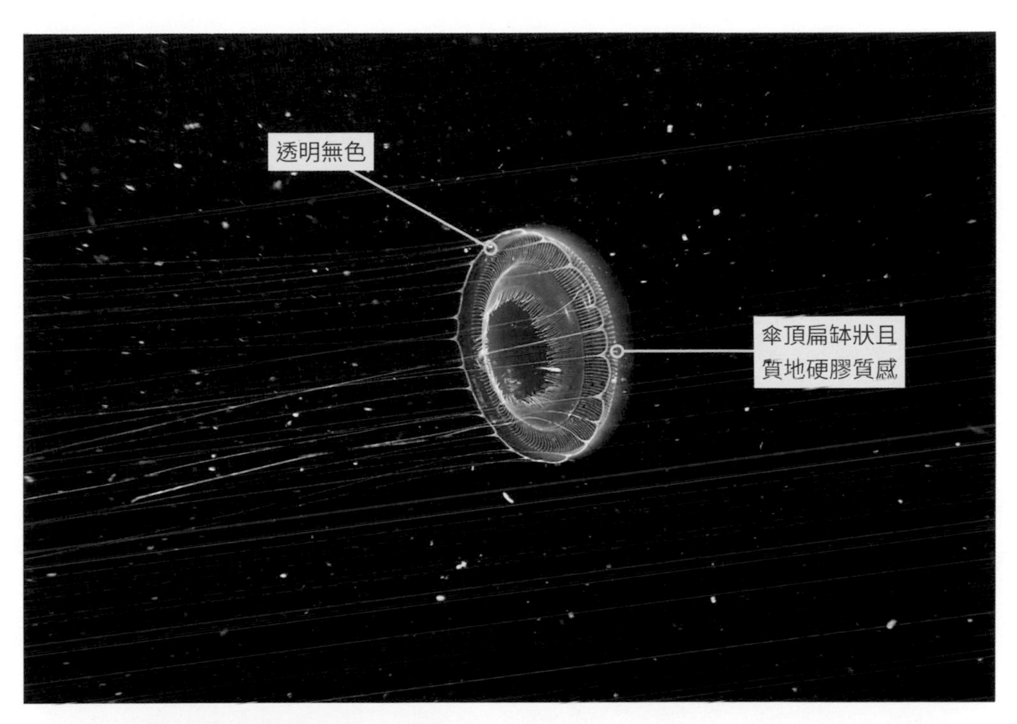

夜間在水中捕捉浮游生物的多管水母。(林祐平)

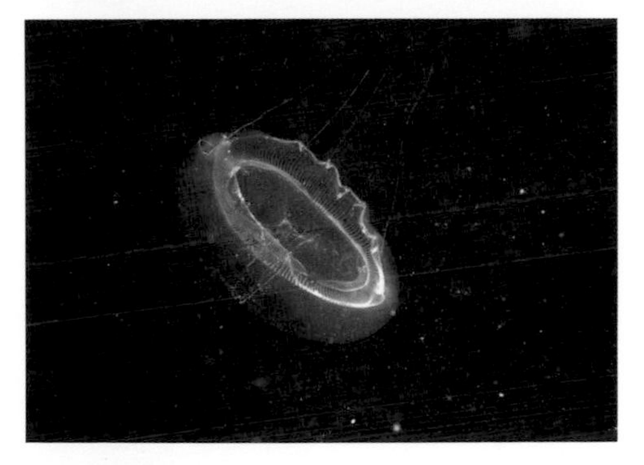

常見的個體觸手大多不完整。(楊寬智)

傘頂的質地堅硬且有彈性。(席平)

霞水母 *Cyanea nozakii*

Mane jellyfish
髮水母、鬃水母

口腕與觸手都非常發達的大型水母，活動時大量的觸手常隨著水流緩緩飄動，宛如蕾絲。觸手有毒，常利用觸手捕捉小魚或其他水母。身旁常跟隨許多共生的小魚以求保護。

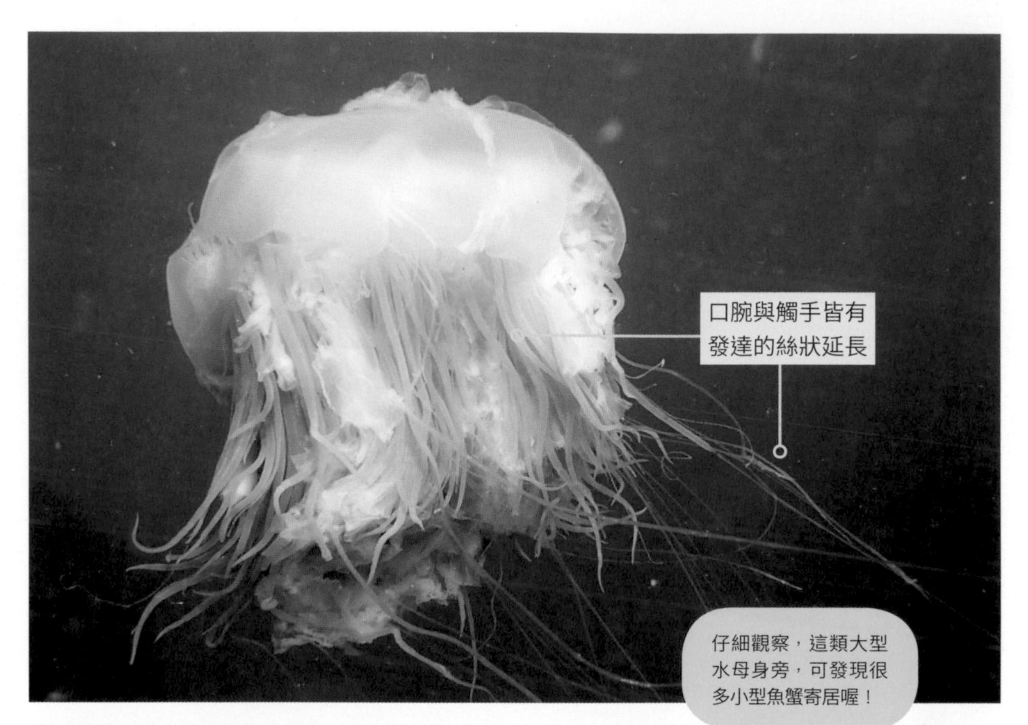

觸手修長的霞水母宛如在水中漂浮的白髮幽靈(楊寬智)。

仔細觀察，這類大型水母身旁，可發現很多小型魚蟹寄居喔！

絲狀觸手可達數公尺長。(林祐平)

觸手周圍常跟隨一群共生的小魚。(陳致維)

金水母

Chrysaora spp.

Sea nettle

口腕延長如緞帶的水母，傘頂邊緣常有黃褐色輪廓。春夏常在較深的水層緩緩游動，觸手旁常跟隨許多幼魚寄居。觸手有毒，接觸易引發刺痛。

本種為春夏季常見的大型水母。（林祐平）

雖有毒但有時會被蝶魚或單棘魨啃食。（楊寬智）

夜光游水母

Pelagia noctiluca

Mauve Stinger、Purple-striped jelly

遠洋水母

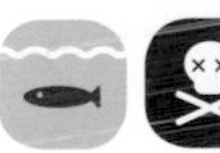
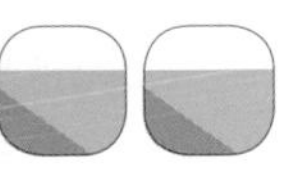

口腕延長如緞帶，體色粉紅透明，傘頂散布許多紫色小顆粒。夏秋數量很多，常在水面下的水層活動。觸手有毒，接觸易引發刺痛。

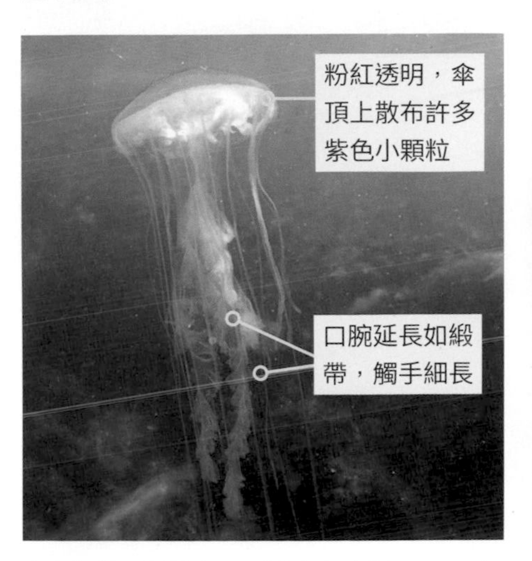

夜光游水母身體透明且帶有粉紅色澤。（林祐平）

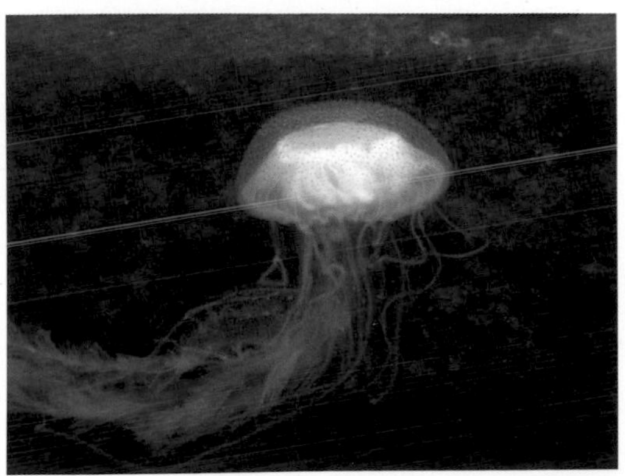

常隨潮水進入潮間帶。（李承運）

等指海葵 *Actinia equina*

Beadlet anemone、Sea tomato
草莓海葵、番茄海葵、紅海葵

北部潮間帶最常見的海葵，退潮時常縮成一團如果凍的球狀以保持水分。他們口盤邊緣光滑，球狀的襟疣平時不明顯。

等指海葵是北部海岸中最常見的海葵。（李承錄）

常移動，有時也會出現在石蓴上。（李坤瑄）

退潮緊縮的模樣有如果凍。（李承錄）

紅海葵 *Anemonia erythraea*

Red sea anemone

常見於潮間帶，棲息的水深較等指海葵深，通常退潮時不會露出水面。口盤邊緣有明顯凸起的襟疣，體盤上有放射狀的紋路，觸手顏色多變。較喜好在潮水流通較強的潮溝，捕捉由海浪送來的有機碎屑或小魚蝦。

本種足盤吸附力強，常棲息在海浪較強的岩礁區。(李承錄)

口盤可見放射狀的白色花紋。(李承錄)

觸手基部可見一列球狀襟疣。(李承錄)

布氏襟疣海葵 *Anthopleura buddemeieri*

Pink-spotted bead anemone　側花海葵

常見於潮間帶水流較緩處的岩石下，體壁有許多暗紅色斑點。行動較快，受到刺激會縮成一球後緩緩離開，或者乾脆從岩石上滾下隨潮水漂走。能以分裂的方式進行無性生殖，常在洞穴中經由分裂而形成小群體。

體壁暗紅色的斑點是本種重要的特徵。（李承錄）

口盤邊緣具有一粒粒的襟疣。（陳彥宏）

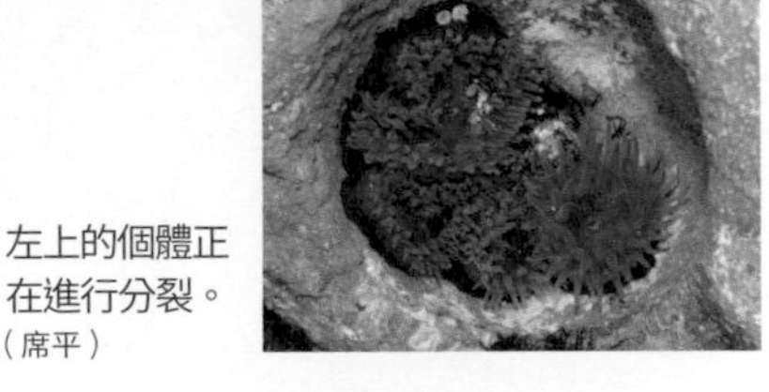

左上的個體正在進行分裂。（席平）

繡邊海葵 *Gyractis sesere*

Sesere's anemone　綠海葵

棲息在潮水較強的潮間帶岩礁區，常以無性分裂成群體，塞滿岩石的隙縫。體壁觸手具有許多吸附力強的疣，可牢牢地吸在岩壁或吸附沙石保護體壁。口盤常因共生藻而呈現螢光綠色，觸手的顏色變化很大。以潮水帶來的有機物質為主食。

常藉由分裂生殖形成鋪滿礁石表面的群體。（李承錄）

體壁表面的疣常吸附沙石穩固基部。（李承錄）

剛進行分裂生殖的個體。（席平）

四色篷錐海葵 *Entacmaea quadricolor*

Bubble-tip anemone

纓蕾篷錐海葵、奶嘴海葵、拳頭海葵

大型海葵，潮下帶的個體口盤直徑可達30公分，足盤常深深吸附在岩縫中。觸手常有放射狀紋路，尖端常膨大成乳頭狀，伸長時又會回復長條的樣子。觸手顏色多變，常因體內不同的共生藻而有不同的顏色。大型個體觸手中常有蝦蟹或魚類共生。

觸手尖端常有美麗的色澤與放射狀紋路。（林祐平）

奶嘴海葵的顏色常隨體內共生藻而改變，每隻都是獨一無二的！

亞潮帶的大型個體常有小丑魚棲息。（楊寬智）

觸手形狀常有變化，有時不一定呈現乳頭狀。（李承錄）

武裝杜氏海葵 *Dofleinia armata*

Armed anemone
條紋海葵、沙地海葵

棲息在沙地上的大型海葵，具有粗長的觸手。觸手上有許多白色小疣，其中富含豐富的刺細胞。為了適應沙地較少的獵物，特化出毒性偏強的刺細胞，觸手常觸碰到小魚蝦後立刻將之麻痺，緊接著送入口中進食。因毒性較高，較少有動物敢與本種海葵共生。

白天通常躲藏在沙中，夜間才會綻放長長的觸手捕捉獵物。（陳致維）

觸手上的小白點為高密度的刺細胞。（陳致維）

有些個體具有黑白相間的環紋。（陳致維）

光輝線海葵 *Nemanthus cf. nitidus*

Yellow brown whip anemone、Tiger anemone
虎紋海葵、豹紋海葵

附生在柳珊瑚或海鞭上的小型海葵，體色多變。日間常縮成一團，夜間才會展開觸手捕食浮游生物。以分裂的方式無性生殖，可迅速占領整株珊瑚的表面。

有黑白條紋的光輝線海葵常成群覆蓋在柳珊瑚上。（李承錄）

夜間展開觸手的樣貌。（林祐平）

常見占領整根柳珊瑚的情形。（林祐平）

蛻形美麗海葵 *Calliactis polypus*

Hermit crab anemone

共生海葵

本種體壁上具有白色的槍口，當受到刺激時會從中噴出絲狀的槍絲，內含高密度的刺細胞能螫傷天敵。本種常與寄居蟹共生，讓寄居蟹背負在貝殼上。寄居蟹因海葵的刺細胞而有抵禦天敵的能力，海葵也能讓寄居蟹背著走，帶往食物豐富的地區。

珠粒真寄居蟹的殼上背著一群蛻形美麗海葵。（李承運）

海葵的刺絲胞可幫助寄居蟹抵擋章魚、大型魚這類能咬碎甲殼的天敵！

受到刺激後槍口會射出槍絲攻擊敵人。（席平）

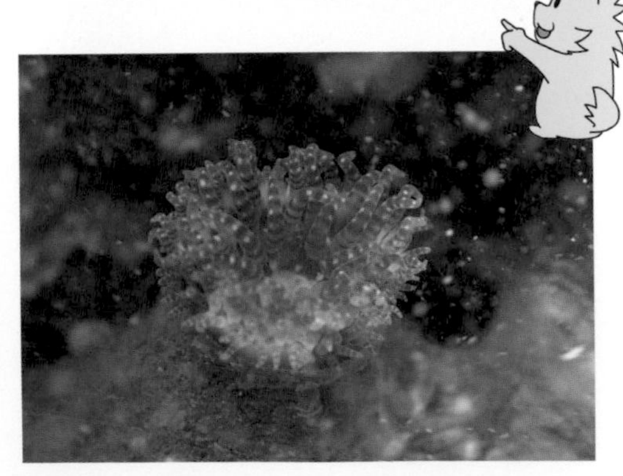

潮池中偶爾也有獨立棲息的個體。（李承錄）

絨氈列指海葵 *Stichodactyla tapetum*

Mini carpet anemone
迷你地毯海葵、地毯菇

體盤寬大，口盤有許多顆粒狀的小觸手，宛如一張圓盤形的地毯。短小的觸手黏性強且內含大量的刺細胞，能捕捉並吞食進入範圍內的小動物。觸手具有共生藻，常展現出斑駁的體色以融入環境。因毒性較高，觸碰會引發刺激性反應。

大型的絨氈列指海葵口盤直徑可達30公分以上。（席平）

小型個體有較多細長的觸手。（李承錄）

體色常隨共生藻而有變化。（李承錄）

瘤砂葵 *Palythoa tuberculosa*

Sea mat zoanthid

瘤菟葵

菟葵為一群藉由共肉組織連結而群體生活的刺胞動物，為海葵的近親。瘤砂葵體壁具有粗糙的沙質感，常藉由分裂大量覆蓋在岩石上。共肉組織因含有共生藻所以呈現黃褐色。觸手常受刺激而收縮，夜間才較活躍地綻放，捕捉水中的有機物質。具有菟葵毒（palytoxin）因此少有天敵。

瘤沙葵常用無性分裂滿滿覆蓋在岩石表面。（李承錄）

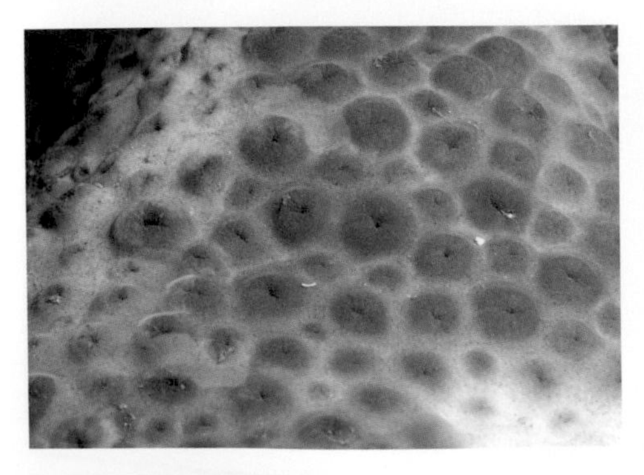

共肉組織粗糙的體壁有如沙紙。（李承運）

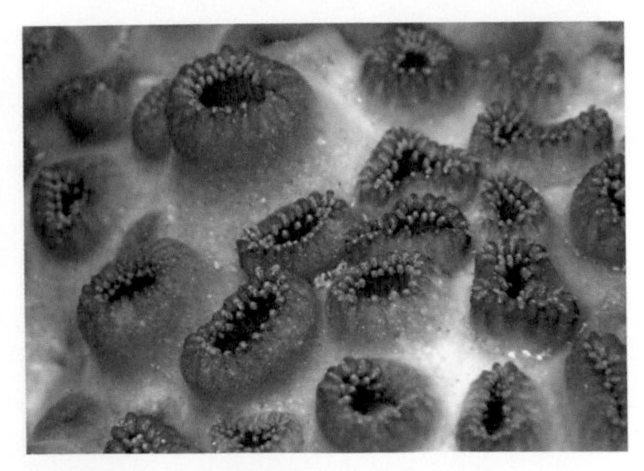

入夜後即將展開觸手覓食。（李承運）

菟葵 *Zoanthus* spp.

Zoanthids

鈕扣珊瑚

在潮間帶至潮下帶常見的群體菟葵，因體內的共生藻不同而有五光十色的色彩。退潮時會集體收縮成鈕扣狀，以保持濕潤。有許多不同的種類，體壁、口部的顏色是辨識的重要依據。體壁與分泌的黏液具有毒素，因此少有天敵。

潮水交換良好的海蝕平台是各種菟葵喜好生長之處。(李承錄)

菟葵退潮後為了保濕會收縮成一團團鈕扣狀。(李承錄)

受到觸碰時也會立刻縮起以保護脆弱的觸手。(李承錄)

大菟葵 *Zoanthus gigantus*

單體直徑大，可達1-2.5公分，縮起時可見體壁有螢光綠色的放射紋路。（左：陳致維、右：李承錄）

群體菟葵 *Zoanthus sansibaricus*

為最常見的菟葵物種。單體直徑較小，口部無色，口盤顏色常隨體內的共生藻而變化。（李承運）

越南菟葵 *Zoanthus vietnamensis*

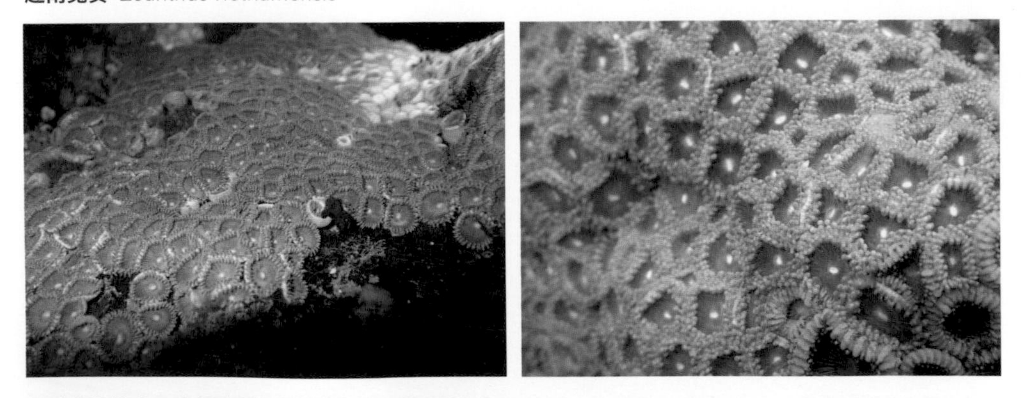

單體直徑較小，口部白色，口盤顏色常為粉紅色。（李承錄）

突瘤長菟葵 *Isaurus tuberculatus*

Knobbly zoanthid
岩菟葵

體壁呈長筒狀且體表有許多疙瘩狀的瘤，常平鋪生長在岩石表面，加上體表常有綠色的共生藻，常被誤認為是藻類。入夜後會一根根豎立起來，伸出觸手在水中捕食浮游生物。

日間平鋪在岩石上的模樣一點也不像是菟葵。（席平）

夜間觸手綻放時才會露出菟葵原本的模樣。（李承錄）

日間可利用共生藻行光合作用。（李承錄）

石珊瑚

Stony coral、Hard Coral
硬珊瑚

石珊瑚屬於六放珊瑚（珊瑚蟲觸手數為六的倍數），具有製作鈣質骨骼的能力。不同物種的骨骼造型各異，有些平鋪在岩石上，有些呈現團塊或片狀，更有些形成複雜的分支。石珊瑚通常生長在水質清澈的淺海，蟲體內因有共生藻而呈現繽紛的色彩，也讓珊瑚能透過光合作用獲得營養。但水溫過高時，共生藻就會離開珊瑚而使珊瑚蟲失去顏色，造成「白化」的現象。

萼柱珊瑚（*Stylophora pistillata*）是東北角常見的分支型珊瑚。（李承錄）

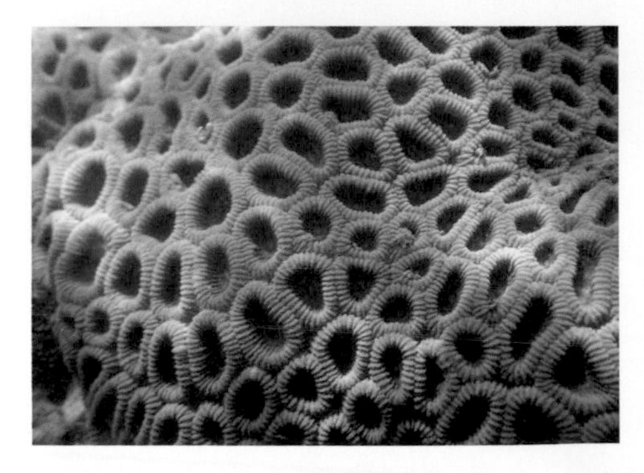

菊珊瑚（*Favia* spp.）為團塊狀珊瑚的代表。（李承錄）

環波紋珊瑚（*Pachyseris speciosa*）為典型的片狀珊瑚。（楊寬智）

軸孔珊瑚（*Acropora* spp.）具有複雜的分支，在北部海域的群落多半較小（李承錄）

夜間軸孔珊瑚的珊瑚蟲伸出觸手捕食浮游生物。（陳彥宏）

管口珊瑚（*Goniopora* spp.）的珊瑚蟲長管狀且常伸出骨骼外 。（陳致維）

伸出珊瑚蟲捕捉有機物質的管口珊瑚。（李承錄）

管星珊瑚 *Tubastraea* spp.

Sun coral

太陽花珊瑚

與其他石珊瑚不同，屬於體內無共生藻的非造礁珊瑚。棲地也和其他石珊瑚不同，大多在照不到陽光的洞窟等陰影處。珊瑚蟲常伸展捕捉水中的食物，看起來有如金色的花朵。不同個體的骨骼與珊瑚蟲形態皆有差異，可能有數個物種混於其中。

向陰性的管星珊瑚通常生活在礁石的陰暗面。（林祐平）

綻放觸手的珊瑚蟲有如一朵朵太陽花。（楊寬智）

受到刺激會集體將觸手緊縮。（楊寬智）

珊瑚不成礁

大多的石珊瑚仰賴共生藻的光合作用成長，因此需要在水溫溫暖且水質清澈的淺水環境，才有助於其生長。台灣北部海域由於全年中有一半的時間受到酷寒的東北季風影響，水溫偏低、水質混濁、海浪強勁，因此整體環境不利珊瑚生長。在北部海域大多珊瑚形成骨骼後又常被侵蝕，造礁活動並不發達。但在某些灣澳水流較平緩穩定的地區，仍有不少美麗的珊瑚群落。不管是石珊瑚或軟珊瑚，他們成長的速度都不快，因此若遭到破壞對他們是很大的傷害。因此從事水域活動時，一定要記得不觸摸、不踩踏、不攀折，讓我們的大海中能保有這片花團錦簇的美麗珊瑚礁。

鼻頭角灣澳內是北部海域少數有豐富石珊瑚的區域。（陳致維）

北部海域團塊狀或片狀珊瑚較多。（李承錄）

夏初入夜後準備開始產卵的角菊珊瑚。（李承錄）

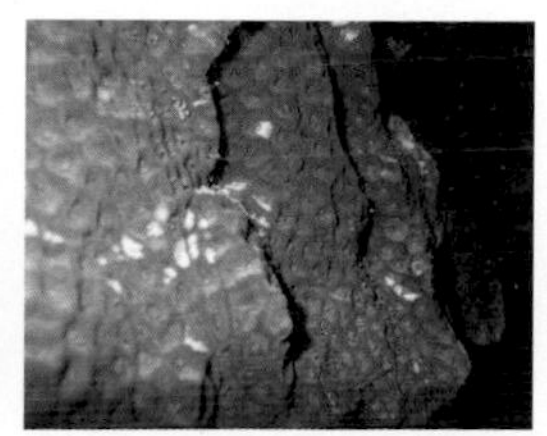

北部海域的珊瑚產卵期在夏初，通常規模不大。（李承錄）

軟珊瑚

Soft coral

軟珊瑚屬於八放珊瑚（珊瑚蟲觸手數量為八的倍數），不具明顯的鈣質骨骼，身體由微小的骨針與柔軟的共肉組織組成。他們也有共生藻，但較不依賴光合作用的養分，反而較常伸出珊瑚蟲捕捉水中的食物。許多物種可藉由斷裂進行無性生殖，在岩礁上生長成一大片。

指狀的軟珊瑚是北部潮下帶常見的八放珊瑚。（李承錄）

片狀的肉質軟珊瑚常藉由分裂布滿岩石表面。（楊寬智）

常伸出觸手迎著水流覓食。（李承錄）

穗珊瑚

Carnation corals

聖誕樹珊瑚、海雞冠、海雞頭

屬於八放珊瑚，具有直立的主幹與叢狀的珊瑚蟲，看似一棵繽紛的聖誕樹。共肉組織內有許多白色骨針支撐身體，不同物種的骨針結構也有差異。常成群生長，將岩礁點綴上繽紛的色彩，也成為許多魚蝦喜愛躲藏之處。

粉紅色的穗珊瑚常組成花團錦簇的群體。（京太郎）

細看穗珊瑚可見許多細小的白色骨針。（楊寬智）

有些穗珊瑚的骨針粗大甚至凸出表面。（李承錄）

北部海域有些地區有穗珊瑚所組成的壯麗「花牆」。（楊寬智）

柳珊瑚

Gorgonian、Sea fan

柳珊瑚、海扇、海樹

柳珊瑚為八放珊瑚，多棲息在海流較強勁的亞潮帶岩礁區。常組成複雜的樹狀或網狀結構，以利過濾水中的有機物質為食。在海中常見的海扇、海樹，大多是柳珊瑚的一員。他們種類繁多，許多類群仍有分類上的爭議。大多物種的鑑定需要觀察珊瑚蟲的構造和骨針的細微結構，不容易由顏色或外觀直接區分。

美麗的海扇網狀結構可過濾大量的海水。（京太郎）

近觀可見柳珊瑚上八根觸手的珊瑚蟲。（李承錄）

柳珊瑚有時會將珊瑚蟲收縮至體表內。（林祐平）

鞭珊瑚

Sea whip

海鞭

鞭珊瑚與柳珊瑚的親緣關係很近，不同的是他們的中軸骨混合柳珊瑚素與碳酸鈣，質地比柳珊瑚更為堅韌。常形成直立的鞭狀，有些單一直立，有些叢狀生長。白色的珊瑚蟲常在潮水流通時綻放，捕捉水中的食物。

直立叢狀的鞭珊瑚常隨潮水流動優雅地搖曳。(楊寬智)

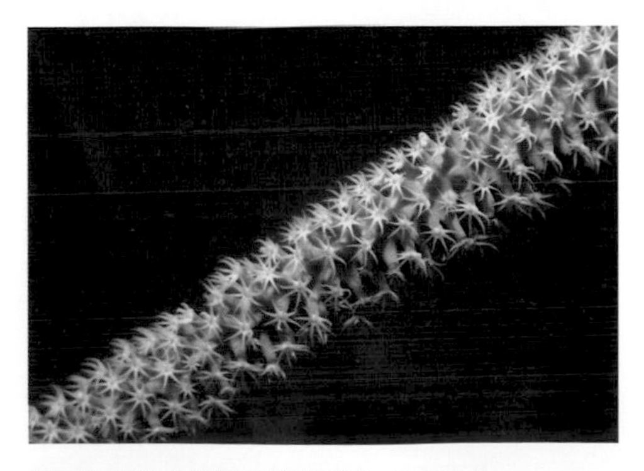

體表有許多白色觸手的珊瑚蟲。(楊寬智)

偶有珊瑚鰕虎棲息在鞭珊瑚身上。(楊寬智)

〔櫛水母〕Comb Jelly

溟海中披著彩虹波光的魔物

櫛板動物門的代表為櫛水母，形態與水母類似，但並無刺細胞，且具有原始的神經系統和特殊的櫛板構造。在水中游動時，櫛板常規則地擺動，在水中折射出有如彩虹般的光芒。許多種類具有發達的觸手和纖毛，能沾黏收集水中的浮游生物和有機物質。他們大多為浮游生物，也有少數物種為底棲生活。

排列在體側的櫛板是本群動物最大的特徵。（陳致維）

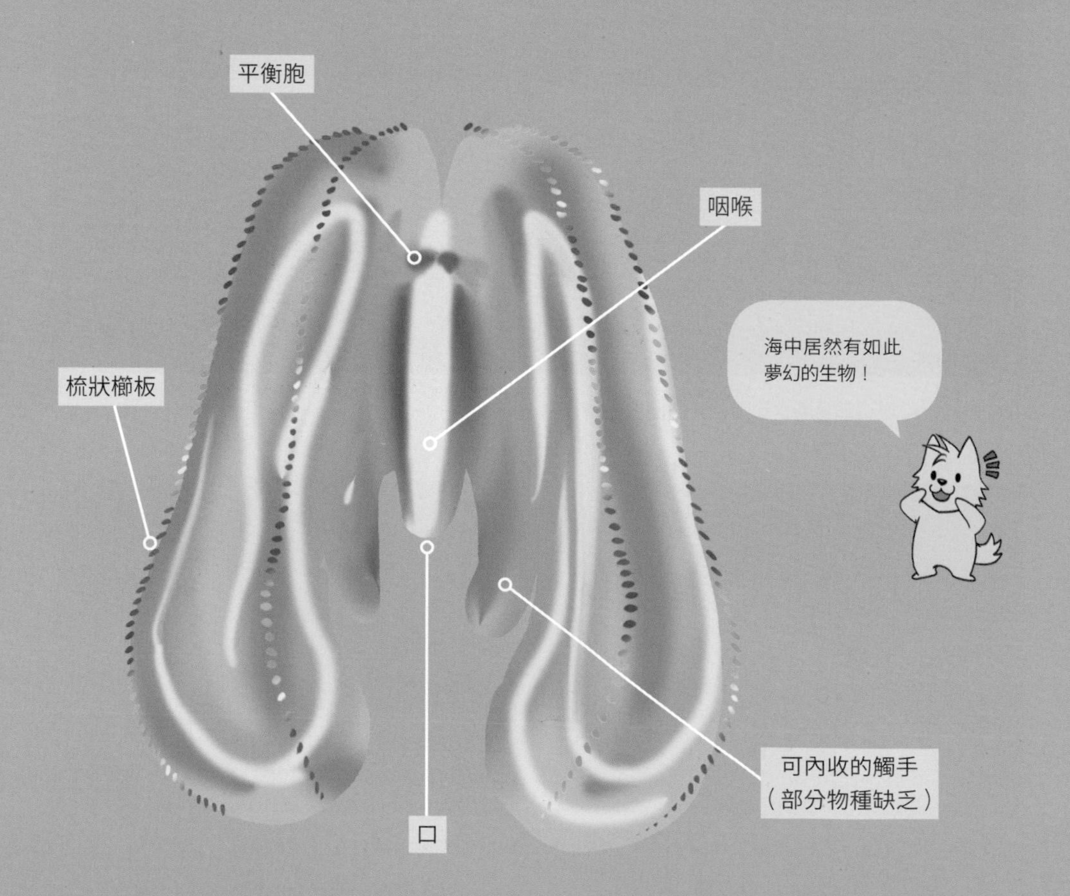

櫛水母

Comb jelly

瓜水母

櫛水母常在浮游生物豐富的春夏之際大量出現，有時會與水母一同活動，一起過濾水中的浮游生物。物種繁多，不太容易由外觀直接鑑定。

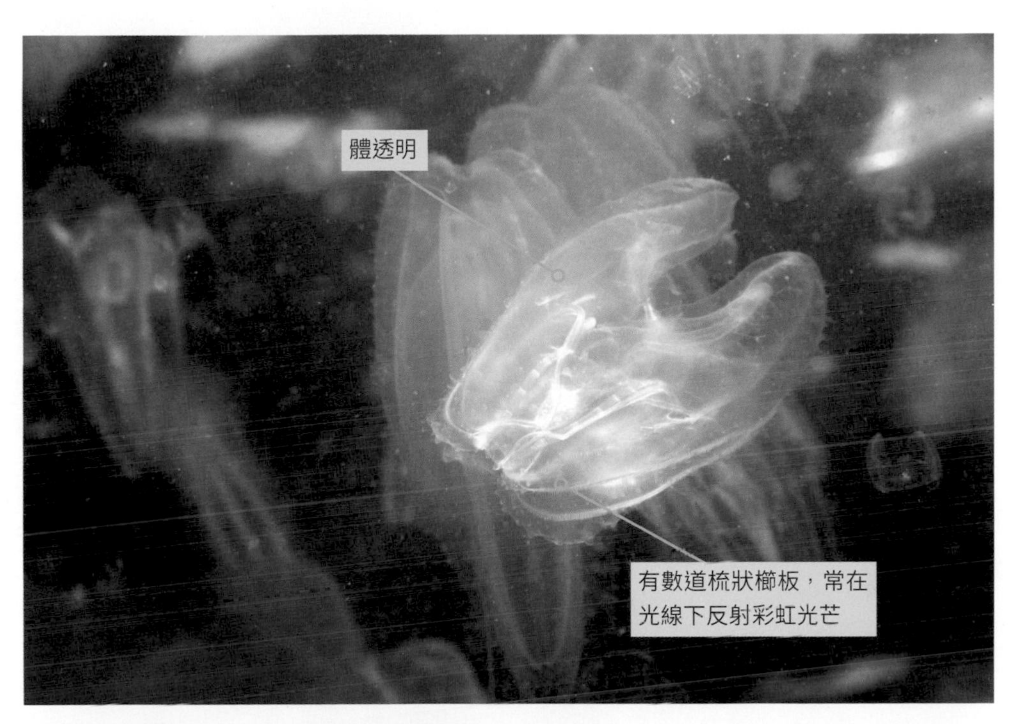

半透明宛如塑膠袋的瓜水母常隨潮水漂入沿岸環境。（李承錄）

擺動櫛板時常反射出七彩的光芒。（林祐平）

春夏季在水面常見成群的櫛水母。（楊寬智）

〔扁蟲〕Flat Worm

緩步潛藏在海底的肉食魔毯

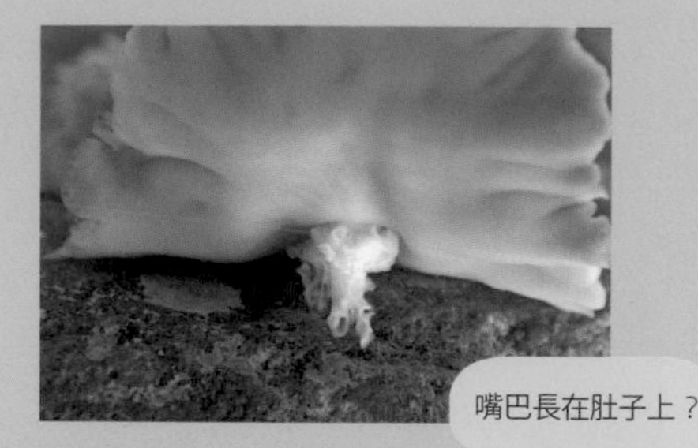

蟲的口部位於腹部正下方。
（方佩芳）

扁蟲屬於較原始的兩側對稱動物，無體腔分化。他們消化道僅有一個位於腹面的開口，能包覆獵物進行消化，許多物種體腔內布滿分歧如樹狀的腸道。許多扁蟲還能將食物如：海鞘的成分轉換成自身的毒性。扁蟲具有演化初期的分化神經系統，頭部有觸角或眼點，能稍微感知周遭的光源和水流。

由於體扁，扁蟲能任意折疊自己的身子，鑽入非常狹小的隙縫，因此不容易觀察。有些物種能藉由扭動身體做出波浪狀的運動，在水中游泳。有時遇到危險會進行自割，再藉由強大的再生能力復原。雌雄同體，交配時會透過口後的生殖孔進行交接。

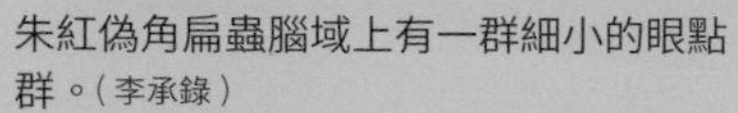
朱紅偽角扁蟲腦域上有一群細小的眼點群。（李承錄）

扁蟲家族

扁蟲的多樣性很高，主要可依腹部有無吸器（*haptor*）分成無吸器亞目（*Acotylea*）與吸器亞目（*Cotylea*）兩大類。其中吸盤亞目的偽角扁蟲頭部還具有類似海蛞蝓觸角的瓣狀構造，稱為「觸葉」，因此常會誤認為是海蛞蝓。可由是否有腹足或裸腮來進行分辨。（可對照海蛞蝓類p.208）

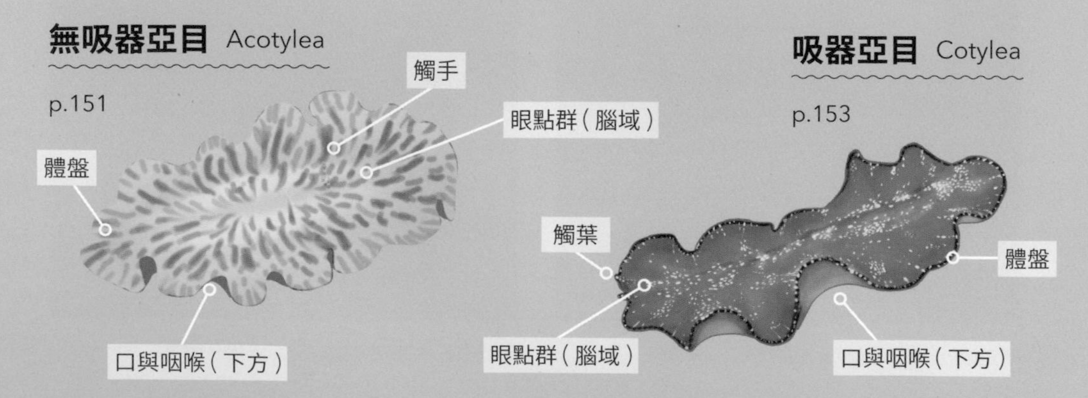

網平副扁蟲 *Paraplanocera oligoglena*

Flatworm

屬於無吸器類的扁蟲，體盤邊緣皺褶多且腦域生有一對小觸角。是常見的扁蟲，常在岩礁上緩緩爬行，受刺激會靈活地鑽入縫隙中逃逸。生性兇猛，常以體盤包覆小動物後吞食。

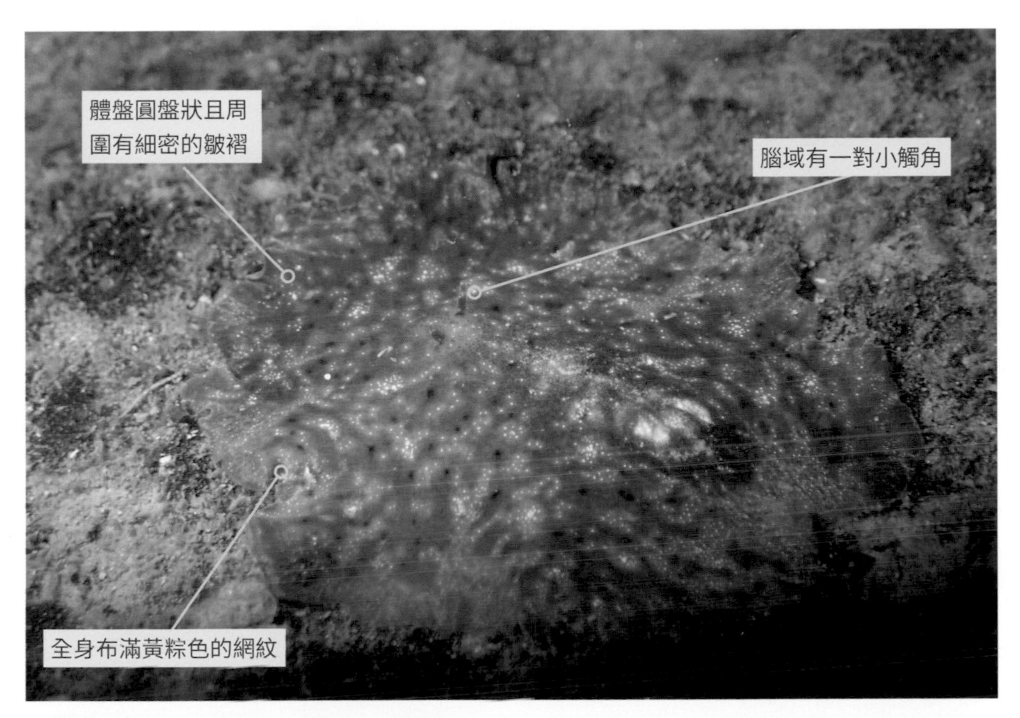

網平副扁蟲扁平的身軀可鑽入非常狹小的縫隙。（李承錄）

腦域周圍有兩根小巧可愛的觸角。（洪麗智）

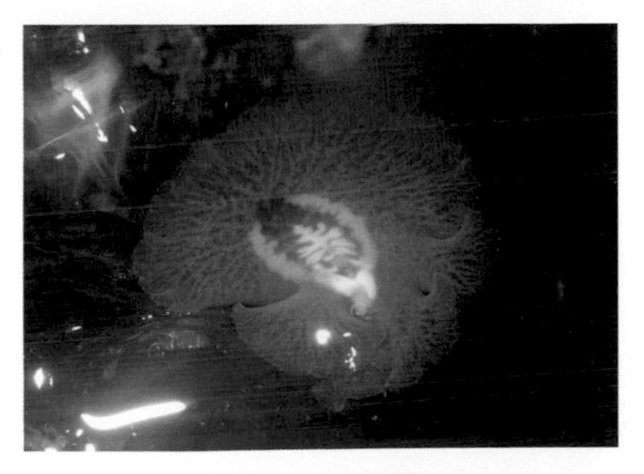

腹面可見咽喉與散布在全身的腸道。（李承錄）

吞下條紋柱唇海兔進行消化的的網平副扁蟲。（李承錄）

橙緣美麗扁蟲 *Callioplana marginata*

Orange margin flatworm 頸角扁蟲

無吸器類的扁蟲，體色黑且有美麗的邊緣，腦域周圍具有一對小觸角。通常夜間較容易發現，喜愛在底層覓食，吞食小型動物為食。

本種具有美麗的體色與醒目的觸角。（方佩芳）

因外形與動作有時會被誤認為是海蛞蝓。（方佩芳）

大盤泥平扁蟲 *Ilyella gigas*

Flatworm 大盤扁蟲

無吸器類的扁蟲，體型狹長且有許多深色斑點，偶爾有全身黑化的個體。生性兇猛，常捕捉甲殼動物或軟體動物吸食其體液，特別偏好螃蟹為食。

進食完的個體因吞下獵物咽喉部膨脹。（席平）

常在潮池中獵食螃蟹。（李承運）

碧藍圓扁蟲 *Cycloporus venetus*

Marine blue flatworm 碧砂扁蟲

有吸器的小型扁蟲，體色淺藍，常在岩礁上尋找小型海鞘為食。橘紅色的觸葉較圓鈍，且不常向上摺疊凸起。★ 種名 venetus 為碧藍色、海藍色之意。

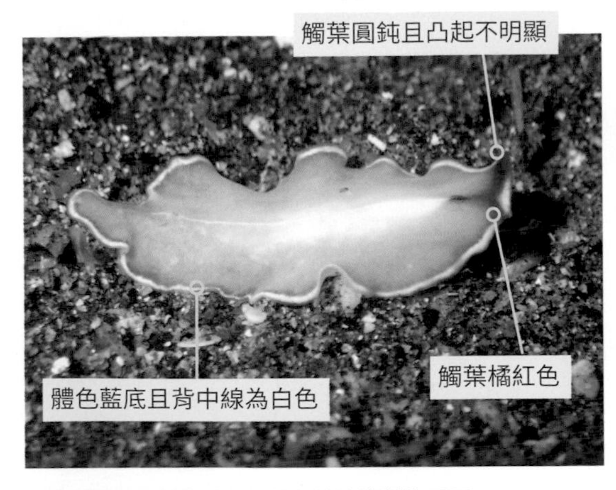

碧藍圓扁蟲美麗的藍色與黃色的邊緣對比明顯。（李承錄）

常在岩壁上尋找海鞘為食。（陳致維）

裙褶扁蟲 *Phrikoceros* cf. *katoi*

Kato's flatworm、Chili pepper flatworm
海扁蟲

體盤周圍皺褶發達的橘色扁蟲，常在夜間出現於礁石上。以海綿多囊海鞘為主食，進食時常將身軀包覆海鞘進行消化。

★ 屬名中的Phriko為皺褶之意，形容本屬觸葉邊緣如裙擺般曲褶。

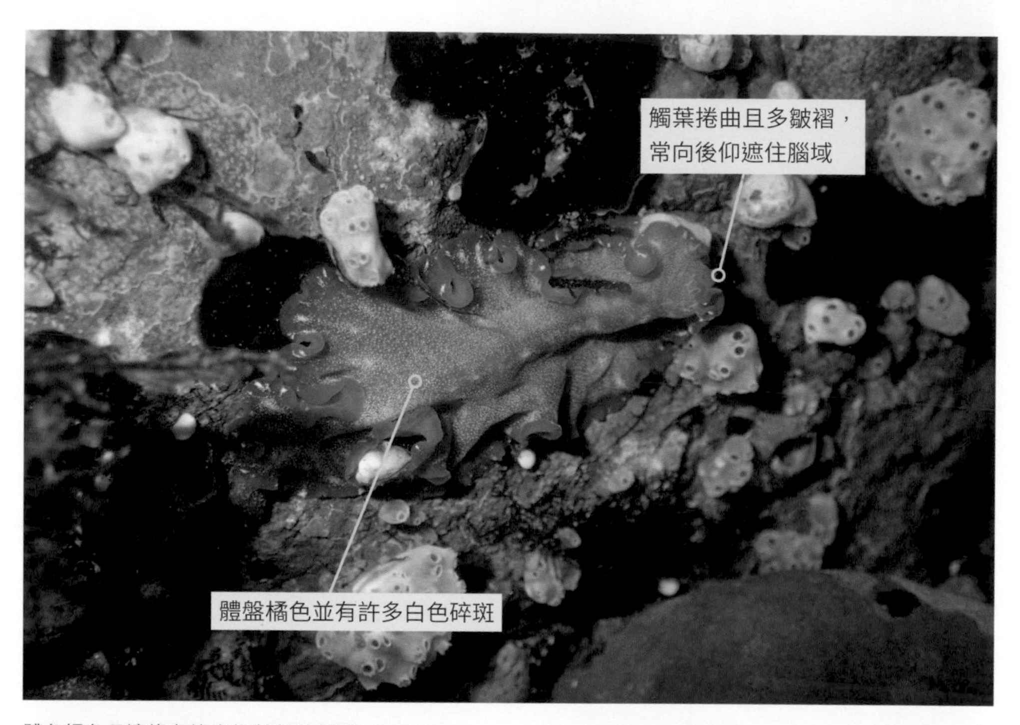

體色橘色且邊緣有許多如蕾絲的皺褶。（李承錄）

腦域觸葉捲曲，常往後仰遮住腦域。（李承錄）

不同個體身上的白色斑點有所差異。（李承錄）

偽角扁蟲 *Pseudoceros spp.*

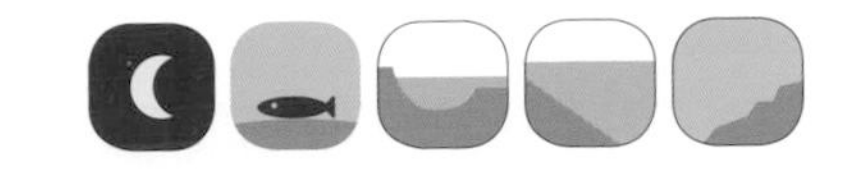

Sea flatworm
海扁蟲

本屬種類繁多，具有發達的觸葉，常被誤認為海蛞蝓。從潮間帶至亞潮帶都能見到本屬的扁蟲，常棲息在碎石、藻叢或岩縫等隱蔽處。夜間才會較活躍在礁石上覓食各種海鞘。

副寬帶偽角扁蟲（*P. paralaticlavus*）

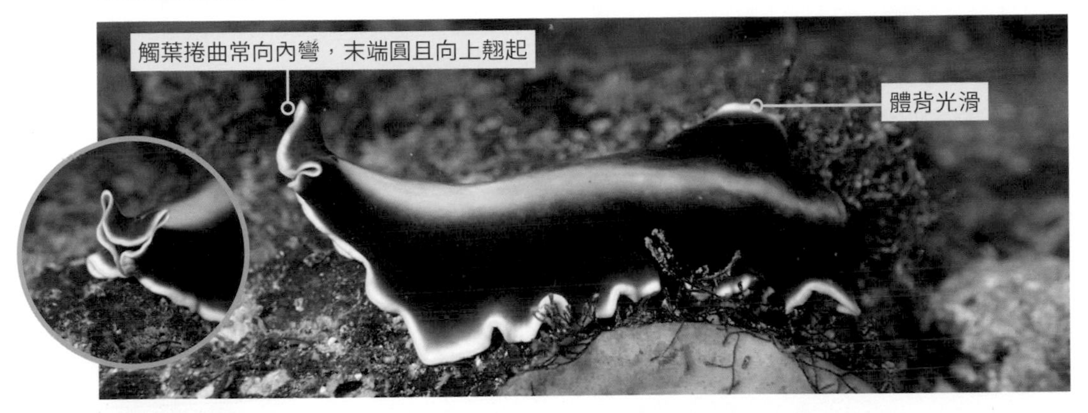

副寬帶偽角扁蟲具有典型的捲曲觸葉，常向內彎曲摺疊，正面看宛如一張笑臉。（李承錄）

朱紅偽角扁蟲（*P. rubronanus*）

嘉氏偽角扁蟲（*P. goslineri*）

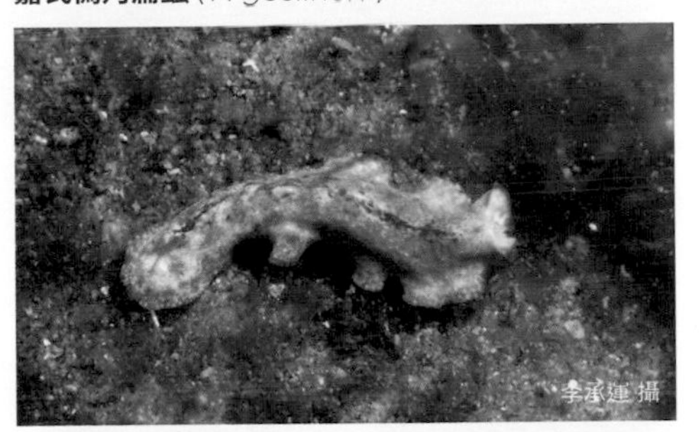

彩繪偽角扁蟲（*P. scriptus*）

彩繪偽角扁蟲（*P. scriptus*）

鼠灰雙孔扁蟲 *Pseudobiceros* cf. *murinus*

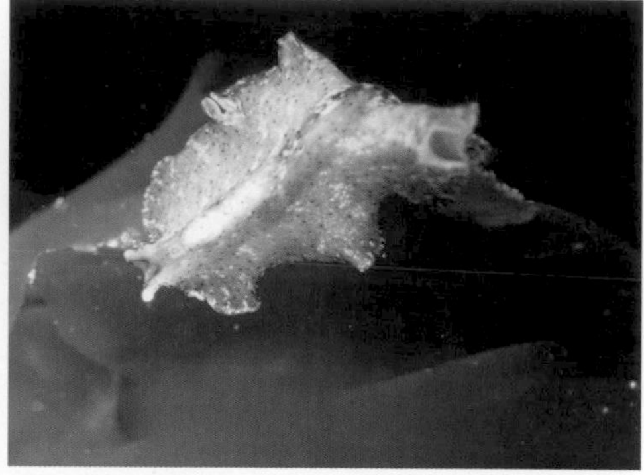

本屬為偽角扁蟲的親戚，但背部有明顯隆起。具有許多灰褐色的細點，常在潮間帶隙縫中快速移動。（李承錄）

貝氏雙孔扁蟲 *Pseudobiceros bedfordi*

體色鮮豔的雙孔扁蟲，有「魔毯扁蟲」的美名。常在岩礁區底層活動，偶爾會以波浪擺動的形式游於水中。（左：杜侑哲、右：陳致維）

布氏球突扁蟲 *Thysanozoon* cf. *brocchii*

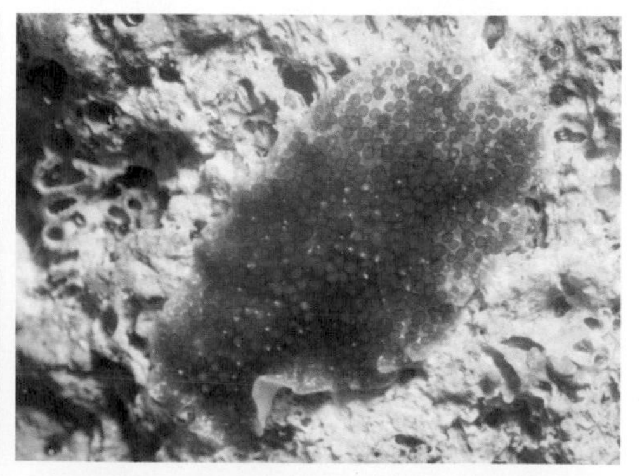

體背具有許多灰褐色球狀凸起，不同個體凸起的造型和顏色差異大，可能混有不同的物種。棲息在岩礁區底層，亦擅長游泳。（李承錄）

黑星球突扁蟲

Thysanozoon cf. *nigropapillosum*

Yellow-spotted flatworm

星點扁蟲、黃點海扁蟲

有吸器類的扁蟲，體色黑且有鮮豔白緣，體背有許多球狀的凸起且末端為金黃色，常在礁石隙縫和藻類之間活動。受到刺激常擺動體盤，以波浪狀運動在水中游動逃離。以海鞘為食。

本種背部鮮豔的球狀凸起引人注目。（李承錄）

能以波浪狀的姿態在水中起舞。（鄭德慶）

觸葉捲曲且向上翹起，彷彿兔耳。（陳致維）

眼睛位置大不同

偽角扁蟲家族體色鮮豔常引人注目，近觀可在他們腦域發現一群細小的眼點群。眼點構造簡單，僅能稍微感知光線的強弱。而不同屬的偽角扁蟲，他們的眼點排列也略有不同喔！其他像是觸葉與生殖孔的樣式也是扁蟲分類的重要依據。

注意他們的眼睛和背部！

裙褶扁蟲 *Phrikoceros*

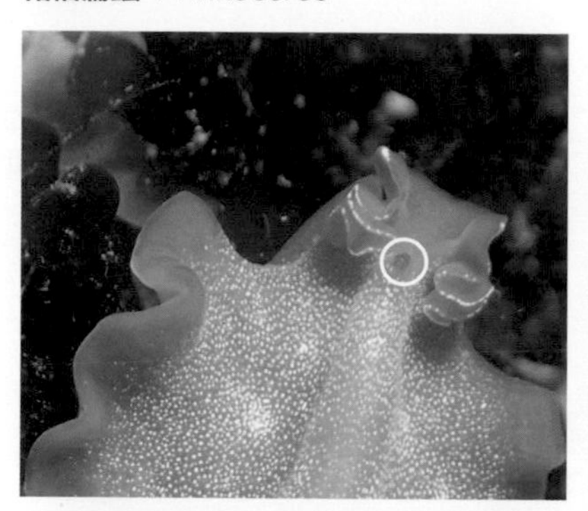

裙褶扁蟲屬腦域的眼點群圓形，背中線常隆起，體背不具明顯的顆粒狀凸起。（李承運）

雙孔扁蟲屬 *Pseudobiceros*

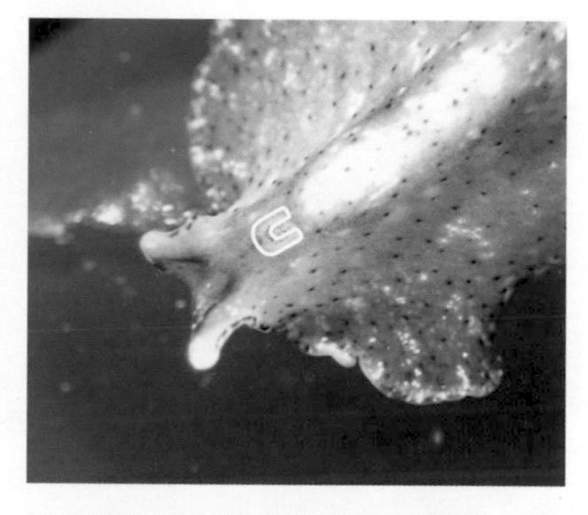

雙孔扁蟲屬腦域的眼點群略凸起呈「U」字形，背中線常隆起，體背不具明顯的顆粒狀凸起。具有2個雄性生殖孔。（李承錄）

偽角扁蟲屬 *Pseudoceros*

偽角扁蟲屬腦域的眼點群略呈愛心形，背中線不隆起，體背不具明顯的顆粒狀凸起。具有1個雄性生殖孔。（李承錄）

球突扁蟲屬 Thysanozoon

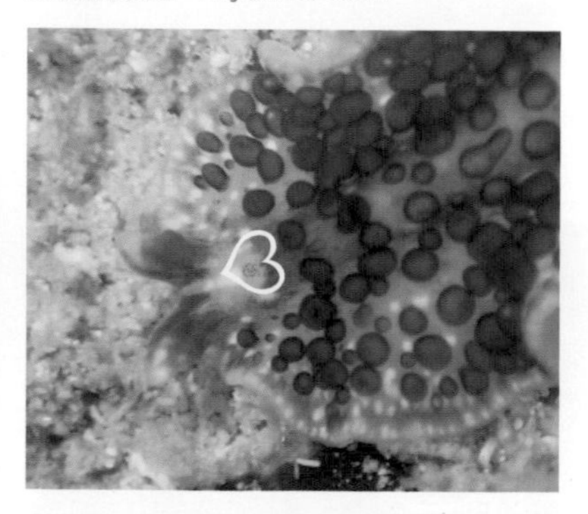

球突扁蟲屬腦域的眼點群略呈愛心形，體背具有許多明顯的顆粒狀凸起。具有2個雄性生殖孔。（李承錄）

〔紐蟲〕Ribbon Worm

體長如蛇，晝伏夜出的修長怪客

紐蟲的身體很長且具有彈性，與扁蟲一樣兩側對稱無體腔，但有完整的消化道以及口與肛門的分化，且為雌雄異體。他們為肉食性，白天通常躲藏在陰暗處，入夜後會活躍地穿梭在海底，以靈敏的感官尋找底棲動物為食。在潮間帶最常見到的通常為無溝科的大型紐蟲，體長可達一公尺。

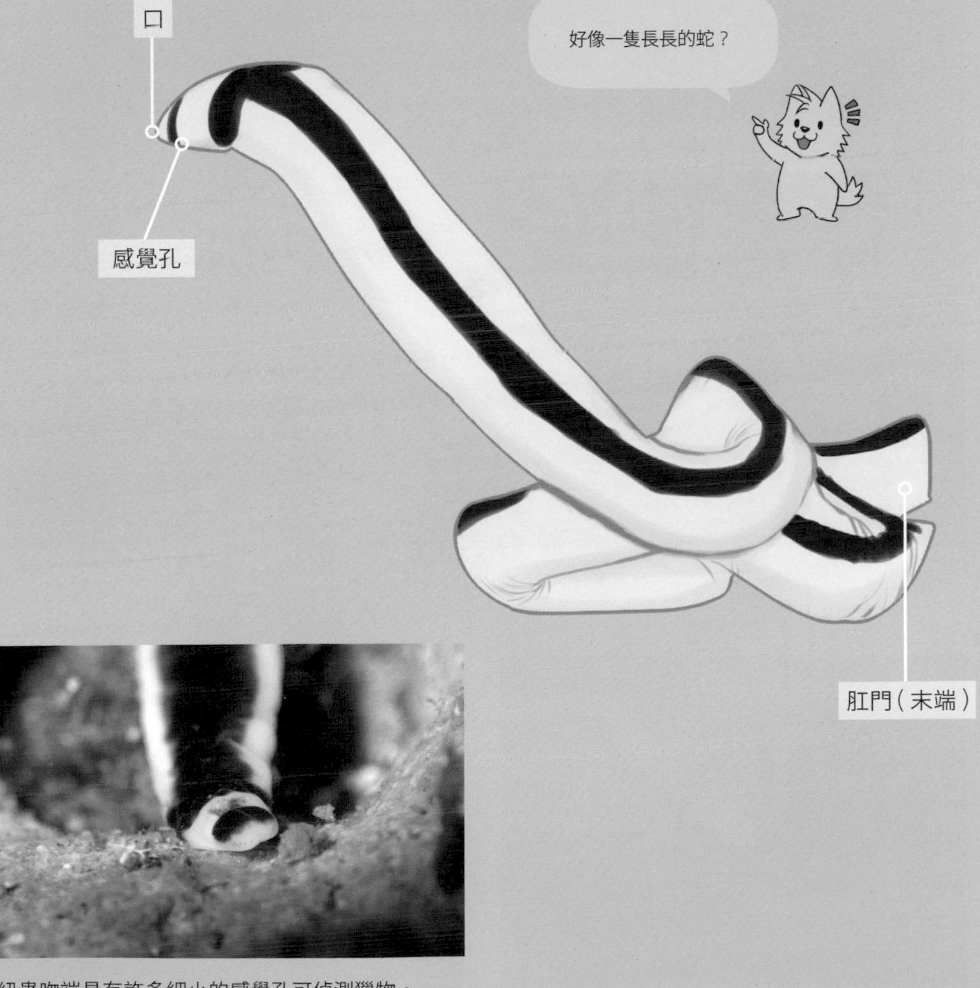

紐蟲吻端具有許多細小的感覺孔可偵測獵物。
（李承錄）

曙光無溝紐蟲 *Baseodiscus hemprichii*

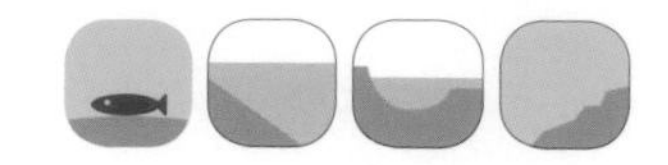

Striped ribbon worm

曙光紐蟲

常見的大型紐蟲，伸長時可超過1公尺，條紋十分醒目。受到刺激會將身體纏成一團，並卡在礁石隙縫中。日間躲藏在岩縫中，夜間才較活躍。

夜間在沙上活動的曙光紐蟲有如一條長蛇。（陳致維）

在岩縫或藻類中吸食小型底棲動物為食。（李承錄）

受到刺激會將自己纏成一團。（李承錄）

〔苔蘚蟲〕Bryozoa

群聚生長成美麗花園的海中藝術家

外肛動物門（Ectoprocta）的代表動物為苔蘚蟲，為一群附著在岩石或藻類上的小型底棲動物。他們會從膠質的體殼伸出冠狀的觸手，過濾水中的營養物質為食。有些物種還會收集水中的碳酸鈣，形成較穩固的鈣質骨骼。雖然看起來有點像海綿或水螅，但苔蘚蟲屬於有體腔且身體器官分化的生物，而且有完整的口部、腸道與外露的肛門所組成的消化系統。

單隻苔蘚蟲大多體型都很小，他們常常一大群生活在一起，組合群落。不同的物種組成的群落造型和顏色都有所差異，有些附著在岩石表面，有些組合成樹枝的形狀，還有的會形成類似花瓣狀的複雜結構，十分美觀。

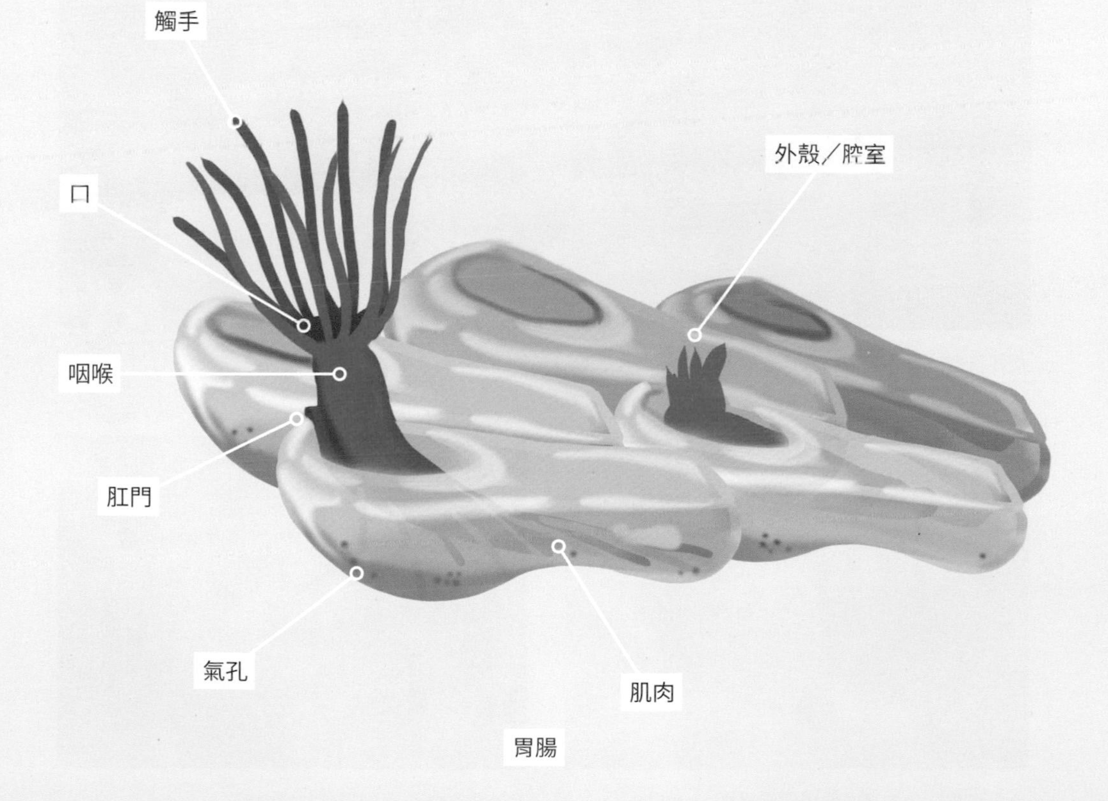

網孔苔蟲 *Reteporella* spp.

Lacy bryozoa

會形成鈣質骨骼的苔蘚蟲，群落薄片網狀，常組成花朵般的重瓣結構。在潮水流通較強的亞潮帶常見其生長在岩礁上，迎著潮水伸出觸手捕捉有機物質。

網孔苔蟲的群落薄片狀且常組成重瓣的構造。林祐平）

近看可見微小的蟲體伸出觸手覓食。（李承錄）

也有外殼為白色的群落。（陳致維）

頸鏈血苔蟲 *Watersipora subtorquata*

Red bryozoa

棲息在潮間帶岩石底下的苔蘚蟲，常組成平鋪圓盤狀的群落。常伸出觸手過濾水中的有機物質，蟲體顏色為鮮豔的血紅色。本種常附著在漂浮物上，也因此常被船運載往不同的海域散播開來。

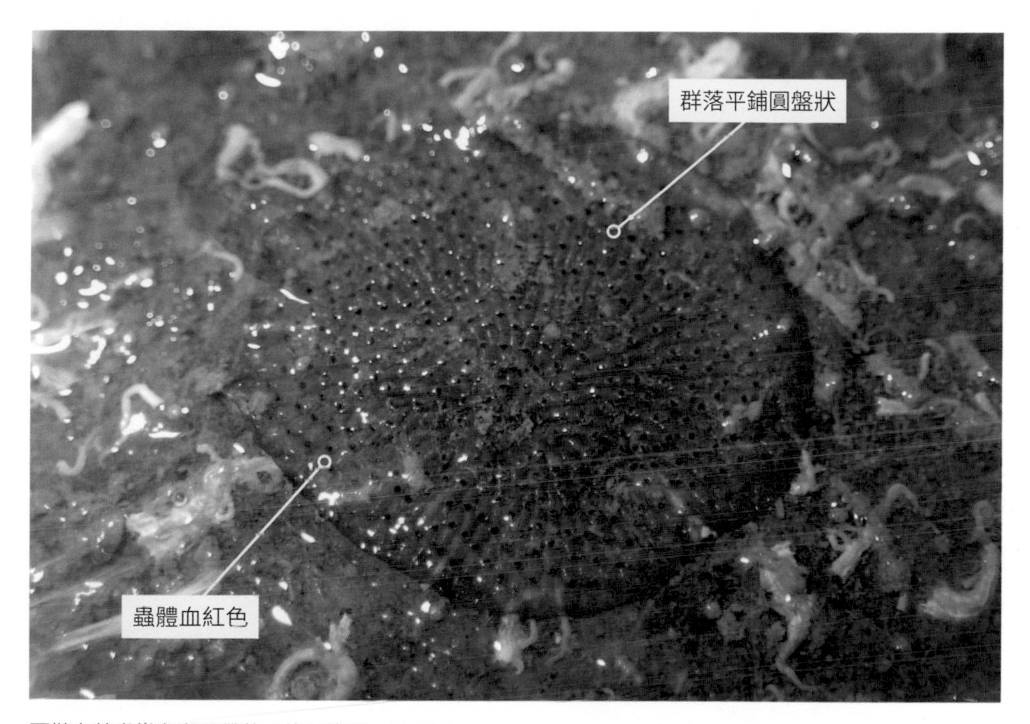

頸鏈血苔蟲常在潮間帶的石塊下發現。(李承錄)

密密麻麻地覆蓋在石頭表面。(李承錄)

觸手血紅色，十分鮮豔。(李承錄)

苔蘚蟲家族

潮水流通良好之處常見各種苔蘚蟲棲息在岩石上。（李承錄）

分支狀的苔蘚蟲常迎著潮水捕捉食物。（李承錄）

亞潮帶沙地上常見如花朵盛開的枝狀苔蘚蟲。（李承錄）

群體觸手全部盛開時表示正在覓食中。（李承錄）

亞潮帶常有五花八門的各種苔蘚蟲。（李承錄）

有名的角鞘海蛞蝓就以枝狀苔蘚蟲為主食。（李承錄）

〔環節動物〕Segmented Worms

身帶剛毛武裝，體組環節的機巧毛蟲

環節動物門（Annelida）具有分化的體節和體腔，與無體腔的扁蟲和紐蟲相比，有完整的循環系統、神經系統和消化系統。大多物種雌雄異體，但也有許多物種具有斷裂生殖等無性生殖的能力。海洋中的環節動物以多毛綱（Polychaeta）為主，又常被稱為多毛類或多毛蟲。具有發達的疣足（parapodia）與剛毛（septa）等構造。生活型態具有很高的多樣性，有遊走、固著、浮游，甚至行寄生的物種。遊走的類型常俗稱「海蟲」，固著的類型會收集水中的物質構築蟲管棲息，俗稱「管蟲」。

環節動物家族

海蟲 遊走的類型

p.167

多毛類每段體節上都有疣足，而有些疣足上還長有發達的剛毛。（羅賓）

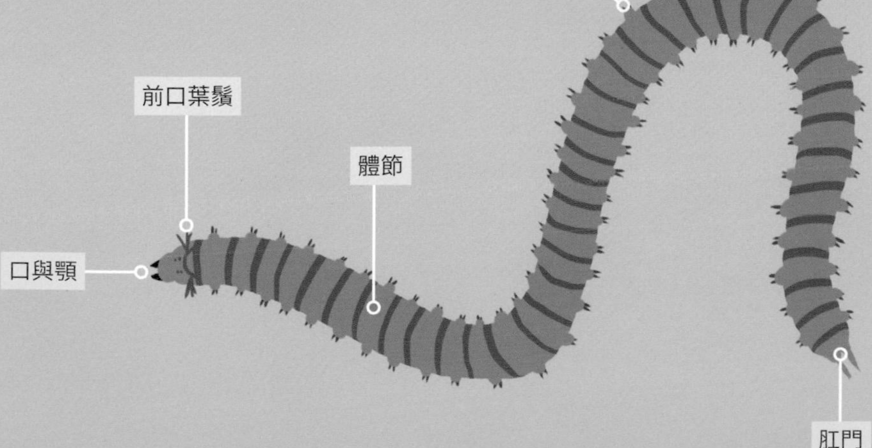

管蟲 固著的類型

p.168

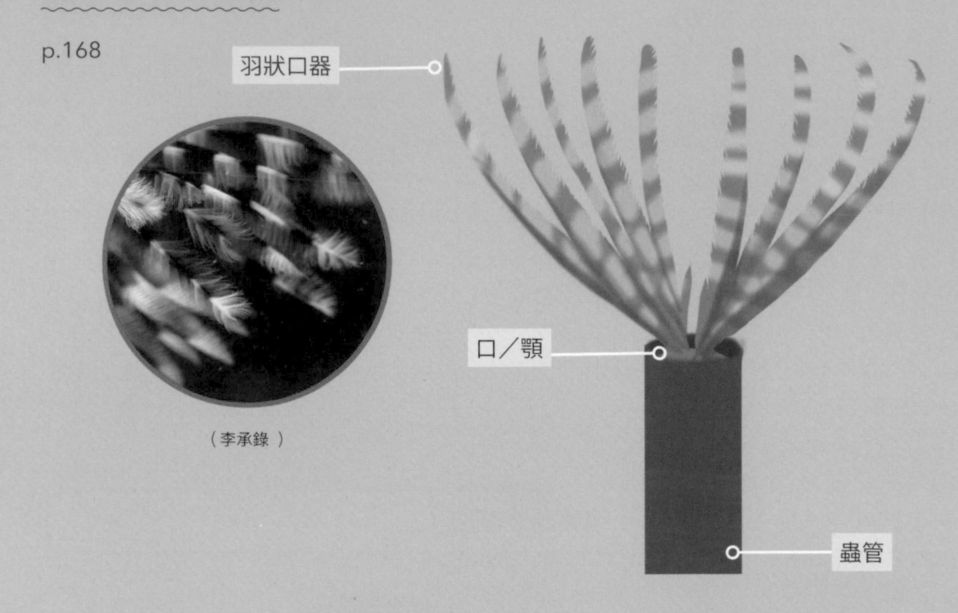

（李承錄）

還有一群環節動物稱為螠蟲（Echiuroidea），他們是一群體節退化的環節動物，看起來像一根大香腸。螠蟲的口器特化成薄片狀的口前葉，可伸長在底質上刮食或沾黏有機碎屑後再收回進食。有些螠蟲甚至演化成固著在岩礁深處幾乎不動，只伸出口前葉覓食。

螠蟲 體節退化

p.173

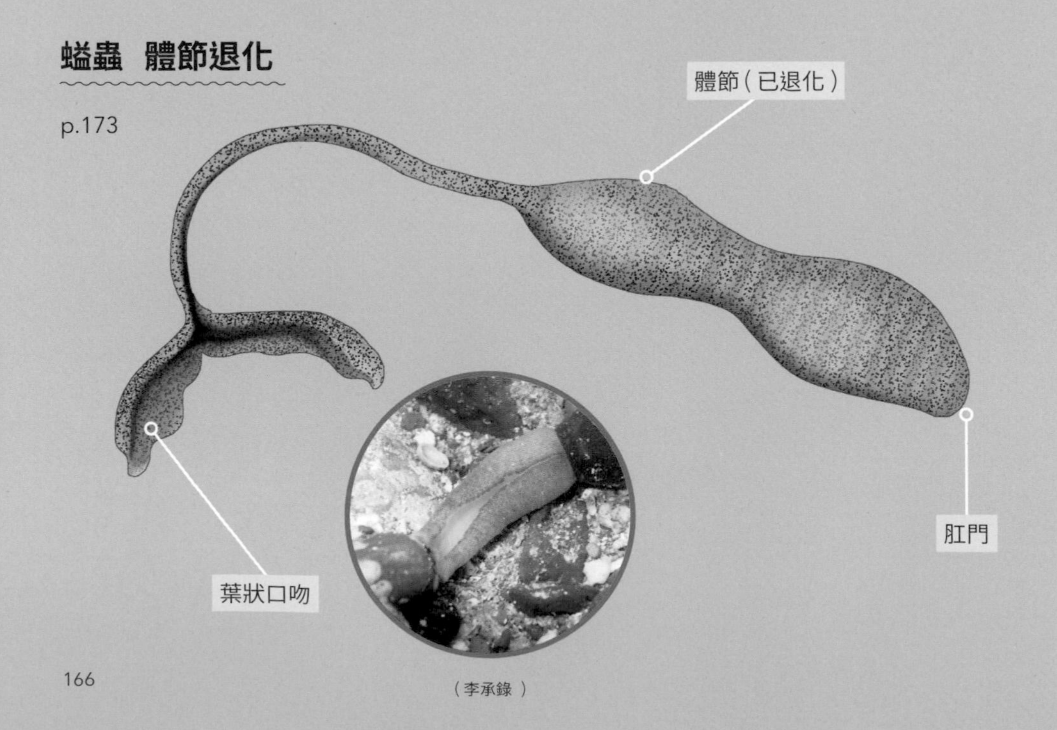

（李承錄）

扁猶帝蟲 *Eurythoe complanata*

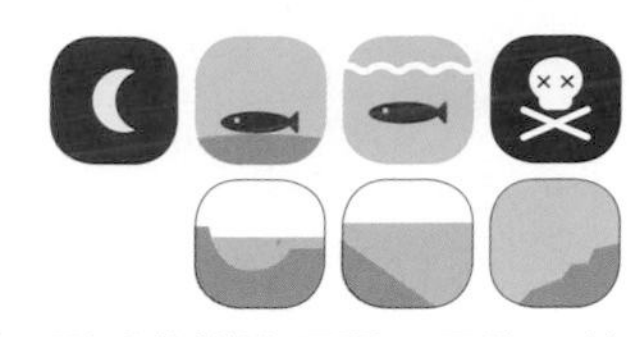

Bristle worm、Fire worm

剛毛蟲、火蟲

大型多毛類，體長可達20公分。體側沿著環節有一列白色剛毛，剛毛的構造硬質且易脆，若觸碰會斷裂插在天敵上注入毒素，造成紅腫奇癢的發炎反應。具有趨光性與游泳能力，夜間有時會主動朝光源游去。

本種帶有毒性，是危險的海洋生物，切勿用手觸碰。（李承錄）

受刺激時常捲曲身體並將剛毛向外進行防禦。（李承錄）

常在沙石底層覓食隙縫中的小動物。（李承錄）

光纓蟲 *Sabellastarte* spp.

Feather duster worm

管蟲

會利用黏液與水中懸浮顆粒製作皮質蟲管的管蟲，蟲管常深入岩礁隙縫中。常在水中展開羽毛狀的口器篩取水中的有機物質。羽狀口器基部有感光器，對水流和光線十分敏感，一有動靜就縮入蟲管中躲避。

口器盛開的光纓蟲宛如在水中盛開的花朵。（李承錄 ）

其蟲管由黏液和泥沙所組成。（李承錄 ）

不同個體體色與羽狀結構變化很大。（李承錄 ）

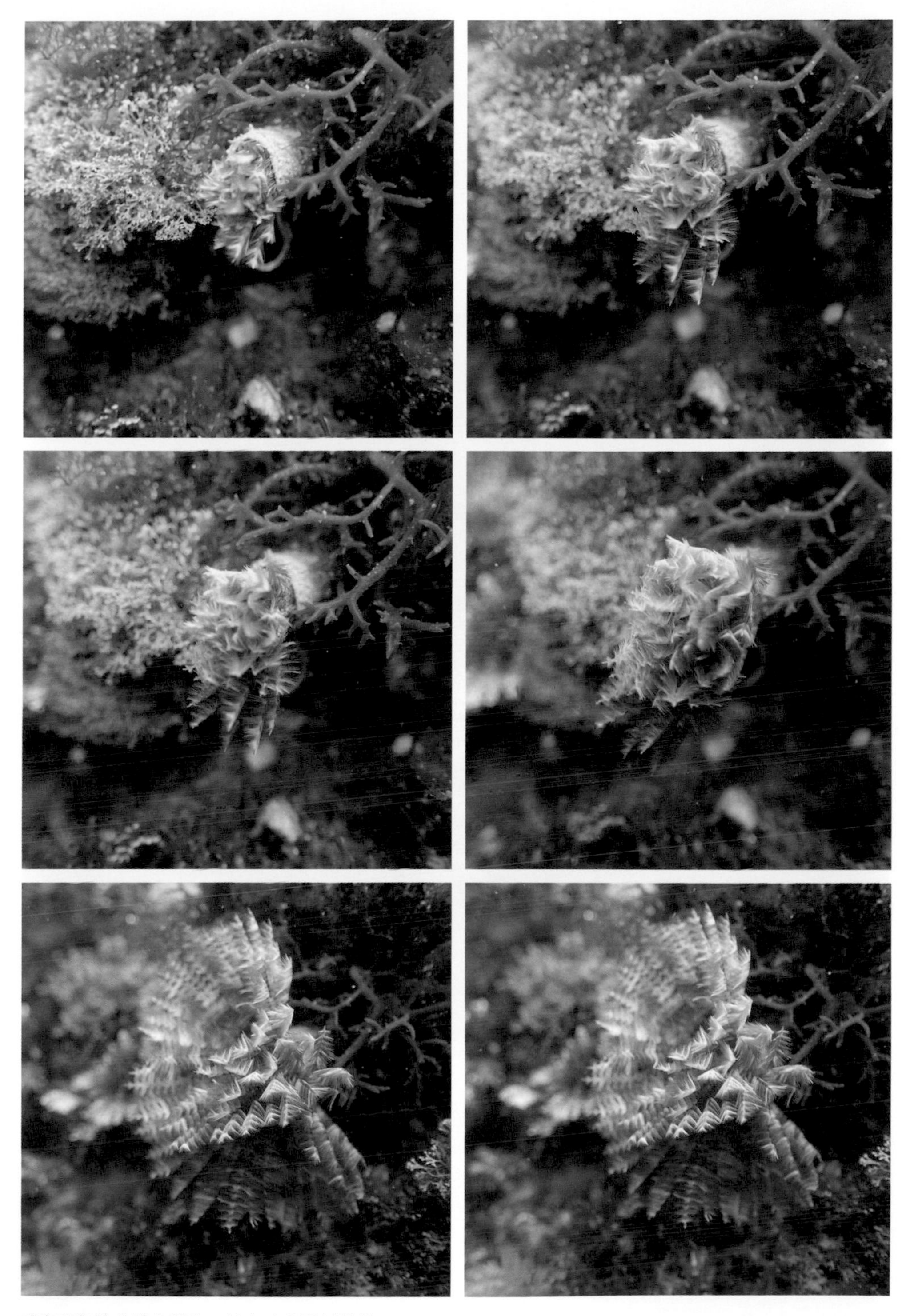

感應到危險會縮入管內，許久才會重新綻放。（李承錄 ）

彎尖帚毛蟲 *Idanthyrsus pennatus*

Sandcastle worm、Reef building worm
管蟲

會製作沙質蟲管的管蟲，蟲管質地脆弱，但常與背景的岩礁或珊瑚融為一體。在水流較緩的內灣水域有時會大量生長，蟲管層層堆積後形成獨特的大型生物礁：「管蟲礁」，因此英語又名「沙堡蟲」或「造礁蟲」。

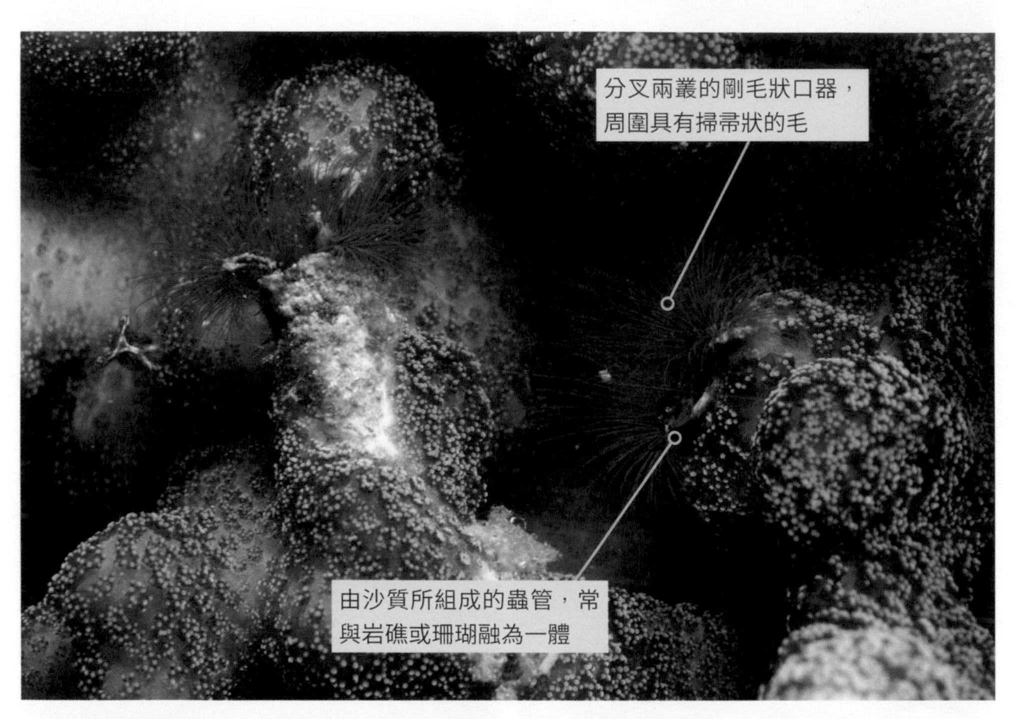

在萼柱珊瑚中製造蟲管的一對彎尖帚毛蟲。（李承錄）

帚毛蟲的口器為獨特的雙叉結構。（李承錄）

觸手在特定光線下會反射美麗的藍光。（李承錄）

盤管蟲 *Hydroides* spp.

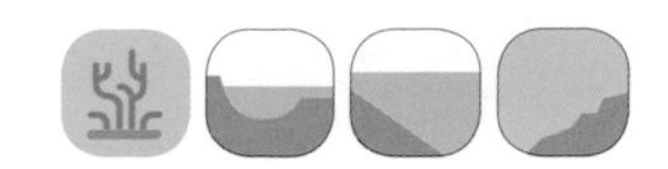

Tube worm 管蟲

屬於龍介蟲科的盤管蟲具有碳酸鈣組成的蟲管以及口蓋(operculum),口蓋在蟲體縮入蟲管時可以堵住洞口。在潮間帶岩石下常固著各種盤管蟲,張開他們如花朵般的觸手捕捉水中的食物。

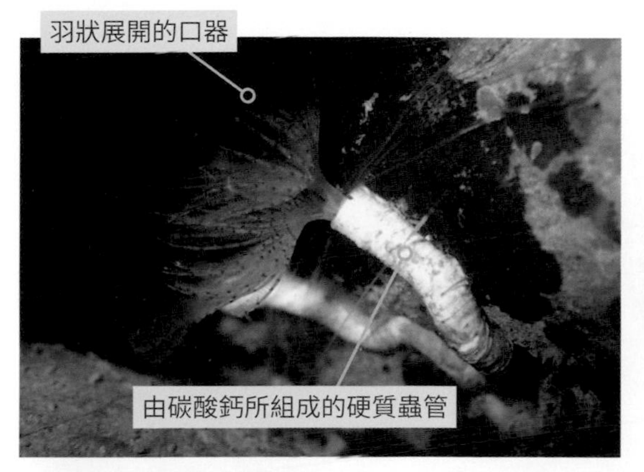

許多盤管蟲的觸手具有美麗的花紋。(李承錄)

白色鈣質蟲管與纓鰓蟲的皮質蟲管不同。(李承錄)

螺旋蟲

Spiral tube worm 右旋蟲

集體固著在潮間帶岩礁下的小型龍介蟲,會製作平貼在岩石上螺旋狀的蟲管,直徑通常小於3公釐。會製作這種螺旋狀蟲管的物種很多,不容易鑑定。常在較平滑的岩石下大量生長,組成密密麻麻的群體。濾食性,以半透明的羽狀口器在水中捕捉有機碎屑為主食。

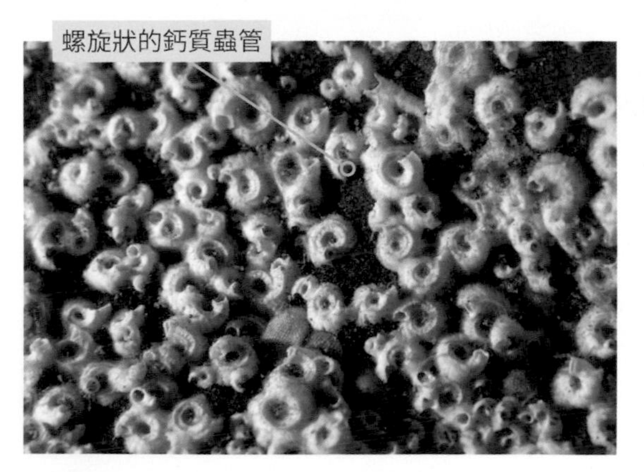

翻開潮池中的石頭常見高密度的螺旋蟲固著在石頭背面。(陳彥宏)

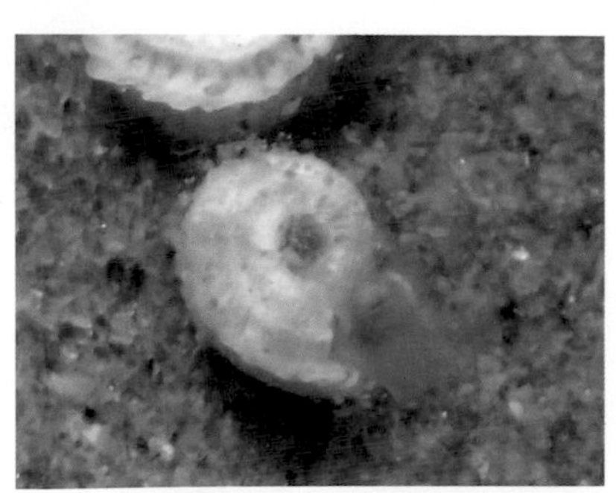

漲潮時會伸出觸手覓食。(李承錄)

蛇髮扁蟄蟲 *Loimia medusa*

Spaghetti worm、Medusa worm 意大利麵蟲

口器為延長的白色觸手（buccal tentacles），可達本體體長的數倍。常躲藏在洞穴中只伸出觸手，從洞口朝四面八方輻射伸出，在底質上沾黏有機物後再伸回洞中進食。有時可在洞口看見探出頭來的蟲體以及他們呼吸用的紅色鰓絲。觸手受到刺激會立刻收回，有時也會自割。

★ 種名 medusa 為希臘神話的蛇髮女妖。

常在夜間從洞穴中伸出長長的白色觸手。（李承錄）

收集食物後觸手會伸回洞中進食。（陳致維）

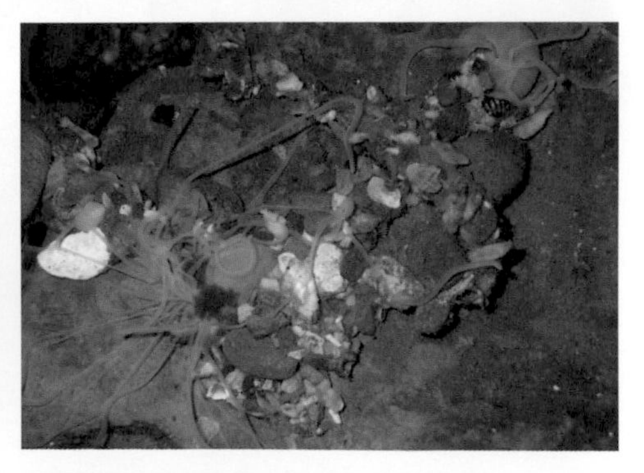

蟲體常吸附周圍的碎石以保護柔軟的身體。（李承錄）

三崎長吻螠 *Ikedella cf. misakiensis*

Misaki spoon worm

棲息在亞潮帶的大型螠蟲，本體躲藏在岩礁深處，通常只看得到極度延長的口器從岩縫中伸出，在底質上摸索。末端分叉的口器具黏性，可沾黏底質上的有機物質。受到刺激會收縮口器並迅速地縮回岩縫中。習性與繁殖上仍有許多未知，通常看見的個體皆為體型較大的雌性。

延長的吻與在地面上摸索的動作常讓人搞不清此為何物。（李承錄）

帶有黏性的口器可沾黏岩石上的食物。（李承錄）

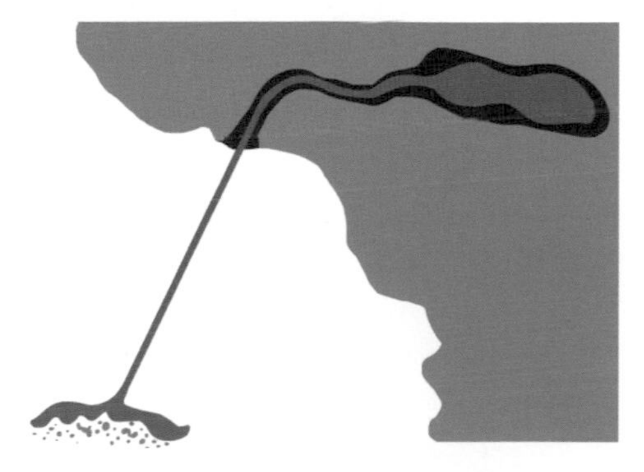

本體棲息在岩礁深處通常看不見。（李承錄）

〔軟體動物〕Mollusca

軟體動物是僅次節肢動物，多樣性最高的動物一門。他們的身體柔軟不分節，身體背側有外套膜之構造，許多個體會形成鈣質骨骼，因此廣泛被稱為「貝類」。他們口部具有齒舌（Radula）之結構，能夠刮食或刺穿獵物。軟體動物種類繁多，根據外殼與軟體的構造被分成數大類。

石鱉、螺貝類、海蛞蝓、烏賊與章魚們都是屬於軟體動物的成員喔！

〔龍女簪〕Aplacophora

遺留在龍宮中的原始祕寶

無板綱（Aplacophora）的龍女簪屬於較原始的軟體動物，他們沒有殼、觸角或眼睛等器官，僅有原始的足部，外表看起來像是長條狀的蚯蚓。他們常棲息在岩礁區，用齒舌刮食軟珊瑚為食。由於數量稀少，對於他們的生活習性還有很多不清楚的地方。

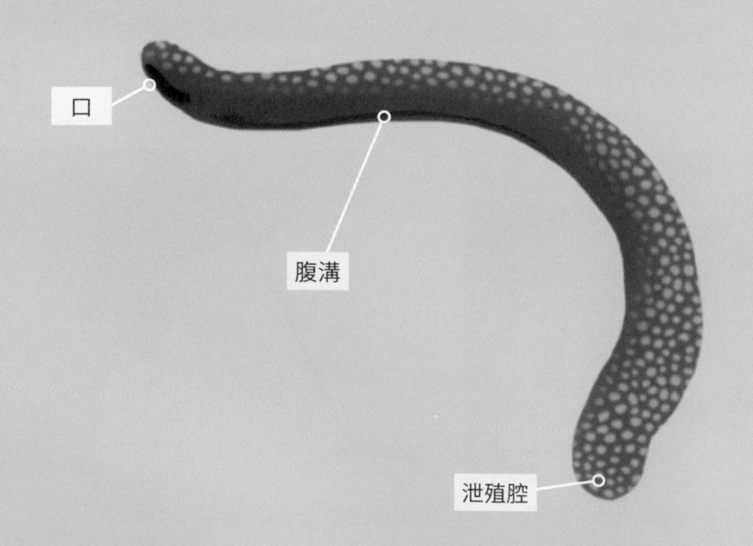

龍女簪 *Epimenia* spp.

毛皮貝、枷蚯蚓

體型蜿蜒如一條小蛇，常在亞潮帶軟珊瑚豐富的岩礁上活動，以軟珊瑚的組織為食。北部海域在2017年於潮境保育區內首度發現，現有穩定的族群棲息在軟珊瑚上。

龍女簪外形如一條速度緩慢的小蛇。（林祐平）

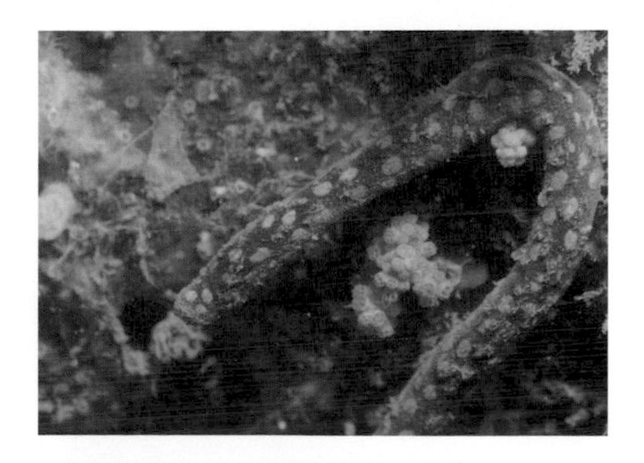

近觀可發現表皮上有細緻的毛。（李承錄）

正在啃食穗軟珊瑚的龍女簪。（林祐平）

〔石鱉〕Chiton

當您凝視著石鱉時，石鱉也凝視著您

多板綱（Polyplacophora）的石鱉具有八片緊密相連的殼板，外圍由肌肉組成的環帶（girdle）所包圍。大多棲息在淺海，用發達的足牢牢地吸附在岩石表面上，外力很難將之拔起。通常白天躲在陰暗的洞穴中，晚上才會四處爬動，以下方的嘴刮食藻類或有機碎屑。

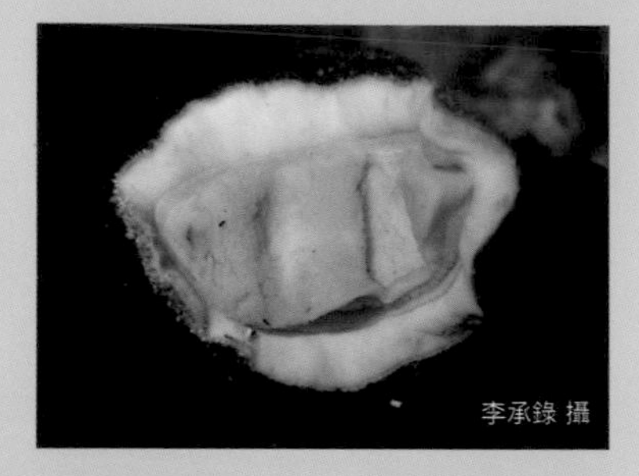

將石鱉翻過來可見口部與吸力超群的足。

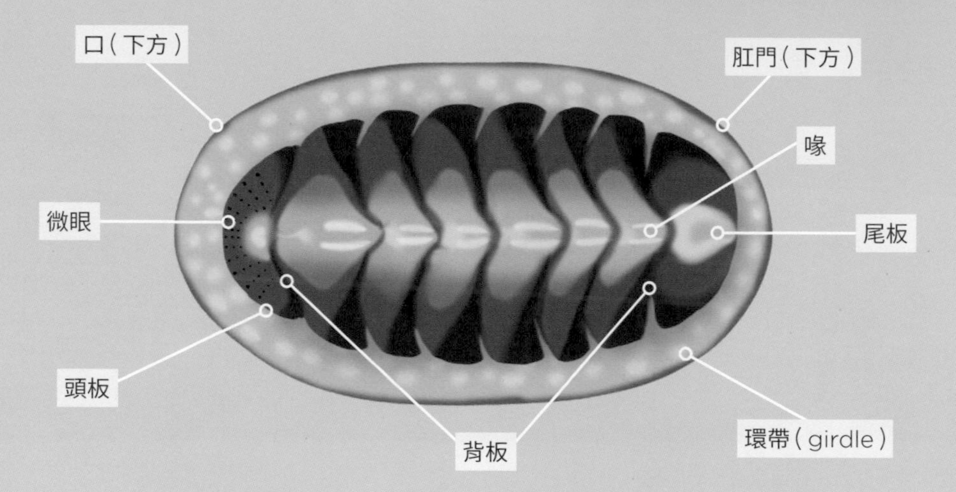

「微眼」看世界

石鱉雖然看起來沒有什麼感官器官，但是他們其實能「看」到你。石鱉頭部與背部的殼上有許多小小的洞，內含他們特有的微眼（aesthetes）。他們能透過這些小小的微眼感受外界光線的變化，有些物種甚至有基本成像的能力，視力優良。

近觀可見背板上有許多細小的微眼孔洞。（李承錄）

日本駝石鱉 *Liolophura japonica*

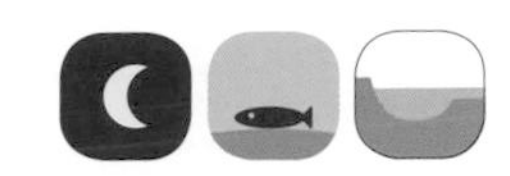

Japanese chiton

大駝石鱉、鐵甲、九層仔

最常見的石鱉，體型可達6公分。環帶上常有深淺交錯的花紋，表面許多密密麻麻的肉棘。殼板偏厚，上面常長有珊瑚藻或細小的附生藻。

仔細觀察，有時可以在石鱉的肉棘中找到一些小型甲殼動物喔！

本種為北部海域潮間帶最常見的石鱉。(李坤瑄)

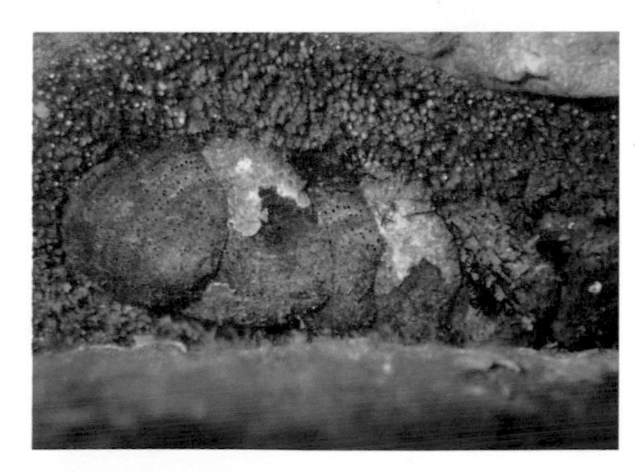

環帶上具有密度高的小肉棘。(李承錄)

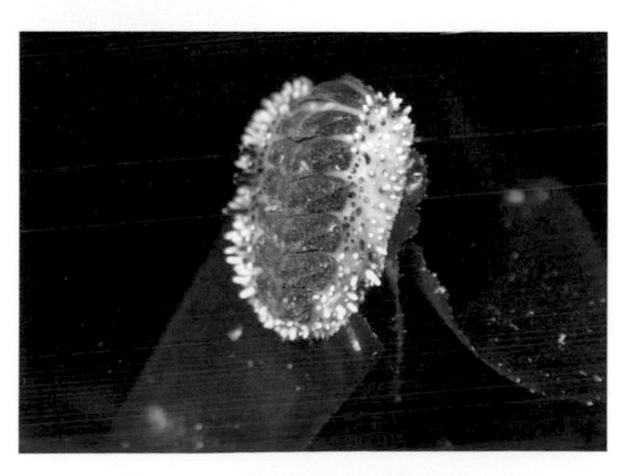

春季可見許多小石鱉在石蓴上覓食。(李承錄)

索氏眼鏡石鱉 *Lucilina sowerbyi*

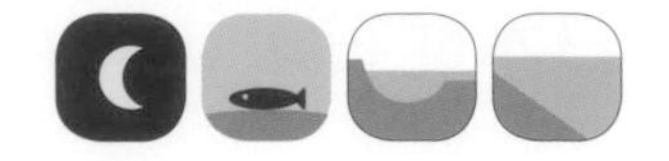

Sowerby's chiton 索氏雲斑石鱉、錦石鱉

殼板扁平且顏色多變，背板側邊有綠或粉紅的花紋。環帶細觀可見許多針狀凸起，邊緣常有一圈粉紅色色澤。日間躲藏在隱蔽處，夜間則出洞覓食藻類。

★ 同物異名：*Tonicia sowerbyi* 。

索氏眼鏡石鱉的環帶外圍有一圈迷人的粉紅色。（李承錄）

常利用海膽挖出的洞穴做為棲地。（李坤瑄）

薄石鱉 *Ischnochiton comptus*

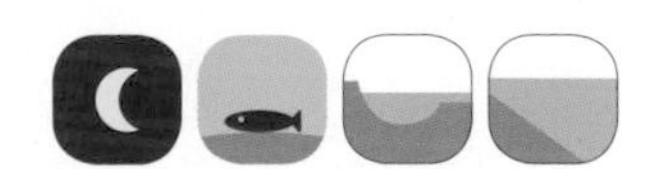

Deck chiton 花斑鋅石鱉

體長約1至2公分的小型石鱉，體色常有斑駁或斑塊等變化。大多成群生活在潮間帶的岩石下，特別偏好較圓滑的鵝卵石。殼板較輕薄，移動速度比其他石鱉迅速，翻開石頭時可見他們立刻往陰暗的方向爬去。以岩石上的細微藻類為主食。

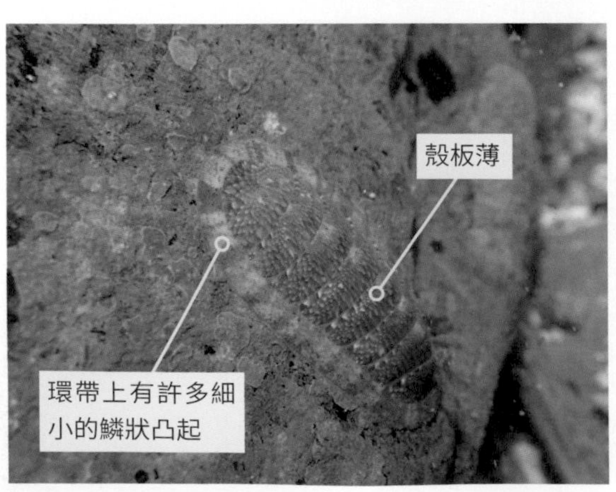

薄石鱉的殼板輕薄且充滿細緻的花紋。（李承錄）

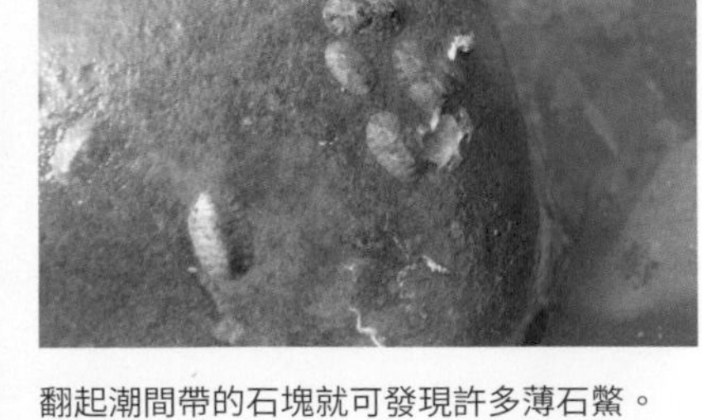

翻起潮間帶的石塊就可發現許多薄石鱉。（李承錄）

〔腹足類：螺〕Gastropod

以石為骨，軟體為肉，用靈魂創作美麗外殼的藝術家

腹足綱具有明顯的頭部，以及發達的腹足和螺旋狀的螺殼，常被稱為「螺」。大多具有修長的觸角、吸入海水的水管與具有齒舌的口部。部分種類腹足上具有口蓋，可在身子鑽入螺殼時蓋上殼口，防止外敵攻擊柔軟的部分。腹足綱種類繁多，造型複雜，從潮上帶至亞潮帶都能發現各種不同的螺類。

花笠螺 *Cellana toreuma*

Limpet

笠螺、批仔、淺戳仔

螺殼扁平宛如斗笠，棲息在潮間帶平滑的岩石上。遇到危險時會用腹足吸附在岩石上並配合壓低螺殼，產生無法被拔起的真空狀態。夜間較活躍，以刮食藻類為食。

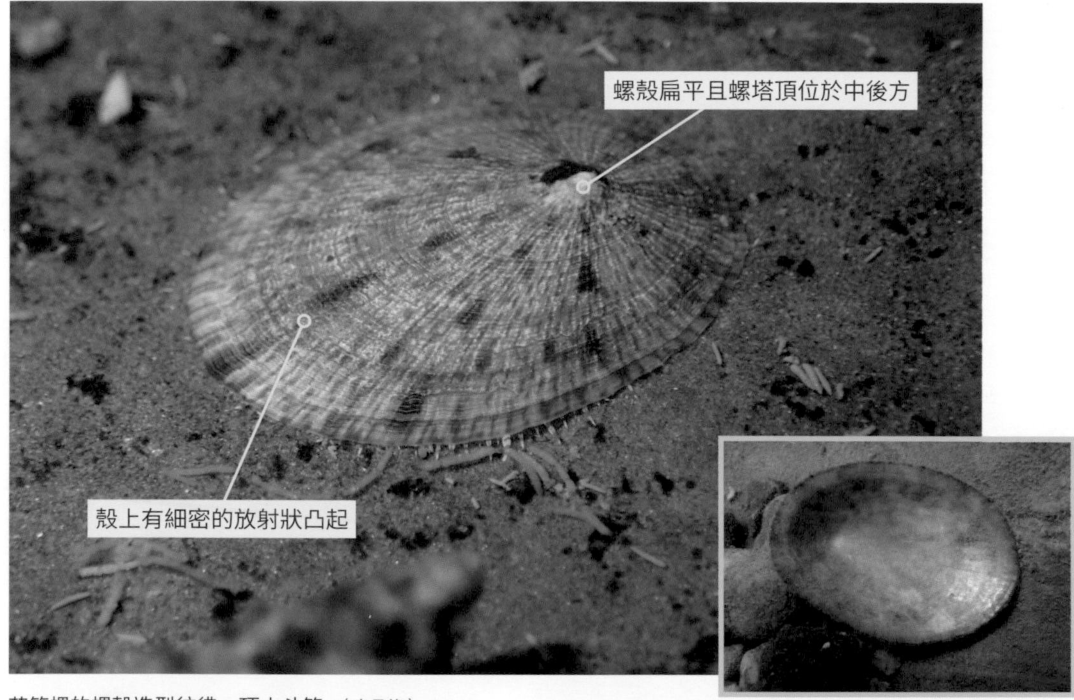

花笠螺的螺殼造型彷彿一頂小斗笠。（李承錄）

殼內緣具有光滑的珍珠層。（李承錄）

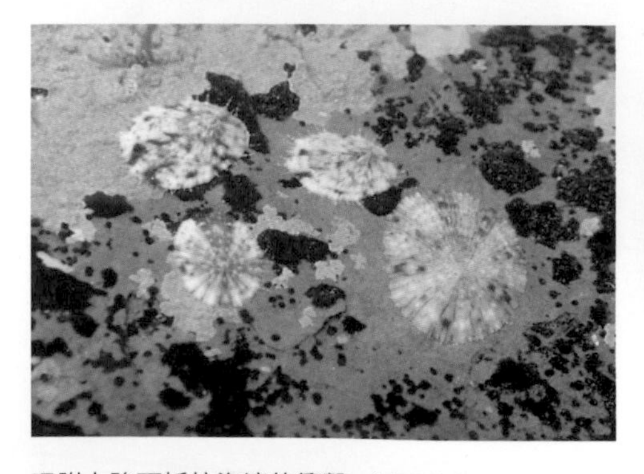

吸附力強可抵抗海浪的衝擊。（李承錄）

夜間在石蓴上活動的情形。（李承錄）

中華鴨嘴螺 *Scutus sinensis*

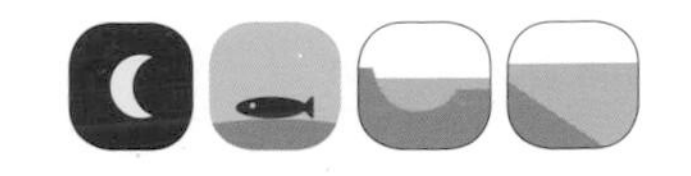

Shield shell、Duck's bill limpet　笠罅螺、烏船

斑駁的外套膜薄膜狀且無法縮入殼中，常用柔軟的外套膜包覆退化的片狀螺殼，整體外觀背部看似從中間裂開。常在潮間帶平滑的岩石底下活動，以刮食藻類為生。

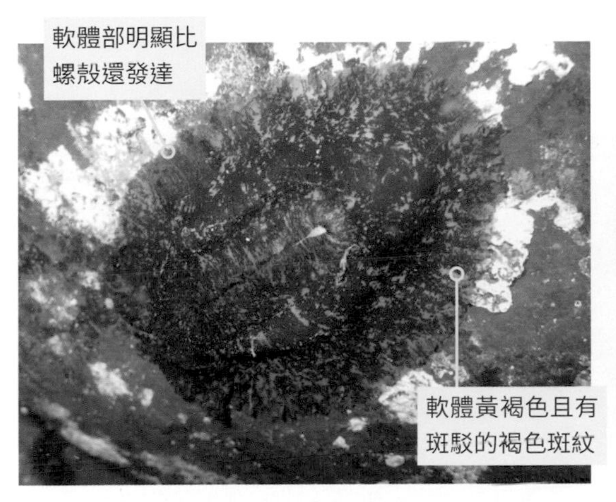

扁平的中華鴨嘴螺適應在狹窄的岩縫中穿梭。（李承錄）

身上的褐色斑紋是良好的保護色。（李承錄）

右為本種，左黑色者為皺紋鴨嘴螺。（李承錄）

皺紋鴨嘴螺 *Scutus unguis*

Shield shell、Duck's bill limpet　笠罅螺、烏船

外套膜為黑色的鴨嘴螺，常用柔軟的外套膜包覆退化的片狀螺殼，外套膜之間可見其包覆的白色螺殼。習性與中華鴨嘴螺類似，以刮食藻類為主食。

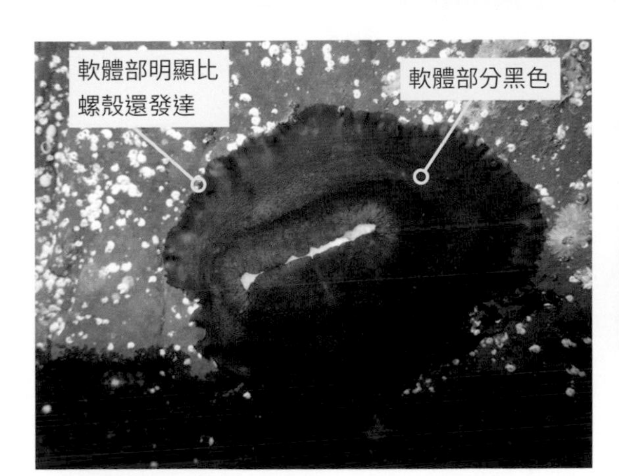

皺紋鴨嘴螺的外觀偶爾會被誤認為是海蛞蝓。（李承錄）

鴨嘴螺外套膜張開時可見背部片狀的殼。（李承錄）

多彩鮑螺 *Haliotis diversicolor*

Abalone

九孔

螺殼扁平，殼邊有數個可交換水流的孔洞。棲息在潮間帶至亞潮帶的岩縫之中，以藻類為主食。受到刺激會緊緊吸附在岩石上，難以拔起。是高經濟價值的水產動物，野生的族群因過度捕捉，在許多地區已少見。

多彩鮑螺常從殼邊伸出觸鬚感知周遭狀況。（李承錄）

發達強壯的腹足具有強大的吸力。（李承錄）

殼邊的孔洞可有效交換水流。（李承錄）

鐘螺 *Trochus spp.*

Trochus
食藻螺

螺殼為正圓錐狀，常在岩礁上啃食藻類。物種繁多，由於螺殼上常長有粉紅色的珊瑚藻，因此需要觀看殼口的花紋造型才有辦法詳細辨認。受到刺激常會將腹足縮入殼中並從岩石上掉落，再用薄片狀的角質口蓋將殼口封閉以保護自己。

三角錐形的鐘螺身上常長滿粉紅色的珊瑚藻。（李承錄）

腹面可見一凹陷稱為臍孔。（李承錄）

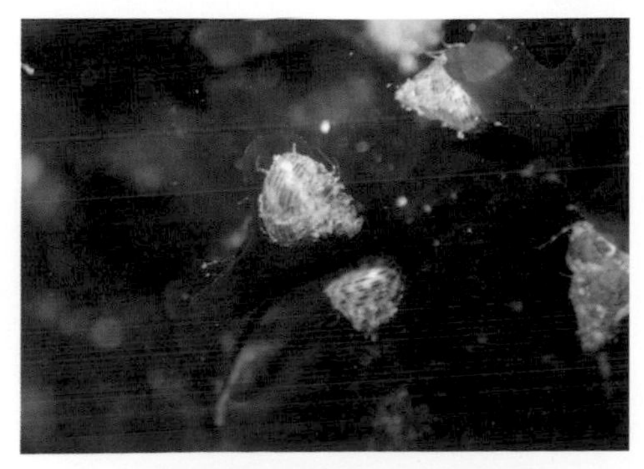

幼小的鐘螺常在藻叢深處啃食藻類。（李承錄）

蠑螺亦為潮間帶常見的螺類，以藻類為主食。大部分的物種具有堅硬且厚實的碳酸鈣口蓋，可在縮入殼後關緊殼口以保護柔軟的腹足。

白星螺 *Astralium haematragum*

螺塔有許多凸起的棘刺，常附生粉紅色的珊瑚藻。殼口周圍紫色，具有蠑螺科典型的半球形鈣質口蓋。棲息在潮下帶至亞潮帶的岩礁區，以藻類為主食。（李承錄）

瘤珠螺 *Lunella granulata*

螺殼球狀的小型蠑螺，顏色變化大。殼上常有顆粒狀凸起，但常因為侵蝕而不明顯。廣布於各種潮間帶岩礁，以藻類為食。可食用，偶爾可見漁民採集。（李承運）

高腰蠑螺 *Turbo stenogyrus*

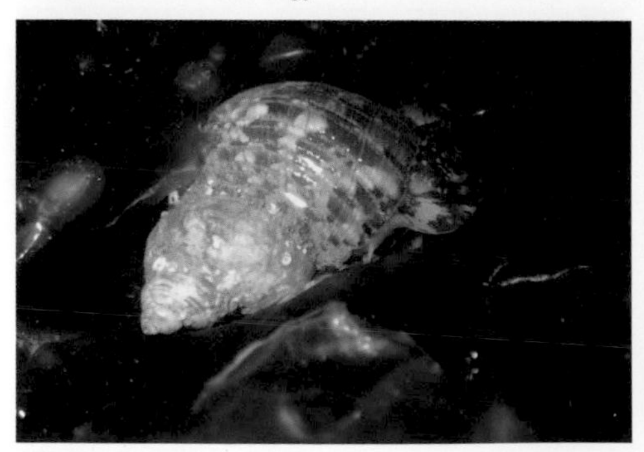

螺塔與螺層較高的蠑螺，螺殼頂端常生長珊瑚藻或沉積物。口蓋白色且有細緻的顆粒凸起。常在潮間帶的大型藻類上進食。（李承錄）

蜑（音：蛋）螺具有厚實的殼且螺塔低平，接近半球形。大多棲息在潮間帶較高位之處，大多物種具有半圓形的鈣質口蓋可緊閉殼口並保持水分，以適應曝曬與乾旱。他們所產下來的卵團具有碳酸鈣的外殼，外觀如同黏在岩石上的一粒粒小白點，可以防止大多掠食者吞食。

漁舟蜑螺 *Nerita albicilla*

本種蜑螺螺殼較扁，能穿梭在狹窄的岩石細縫和鵝卵石底部。棲息於平緩的潮池，以藻類為食。體色花紋多變。殼口的鈣質口蓋表面有小顆粒。（左：李承運、右：席平）

白肋蜑螺 *Nerita plicata*

螺殼厚實的白色蜑螺，偶有粉紅色或具有黑斑的個體，軟體部分灰白色。棲息在乾旱的高潮帶，堅硬密合的口蓋可在退潮時保持濕潤。（左：李承錄、右：李承運）

黑肋蜑螺 *Nerita costata*

殼具有黑色粗肋的蜑螺，軟體部分黑色。棲息地與習性類似白肋蜑螺，以岩石上的細微藻類為主食。（李承運）

黑瘤海蜷 *Batillaria sordida*

Belitong snail 沙螺

螺殼長錐形，且有明顯的黑色凸起。常在平緩的潮間帶發現數量龐大的群體，以吸食底層有機物質為食，是潮間帶的清道夫。退潮後常聚集在仍有水殘留的陰影處，以保持濕潤。

北部海域的海蝕平台上常見大量的黑瘤海蜷聚集。(李承錄)

不具後水管溝　角質口蓋圓形

密封的殼口可以抵抗外敵與保持水分。(李承錄)

海蜷蟹守螺 *Clypeomorus batillariaeformis*

Channeled cerith 蟹守螺

螺殼長錐形，常被誤認為是黑瘤海蜷，可從殼口的後水管溝區分。常混在黑瘤海蜷的群體中，一同吸食有機碎屑。

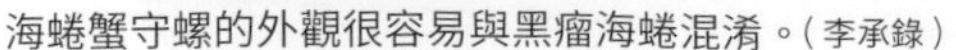

海蜷蟹守螺的外觀很容易與黑瘤海蜷混淆。(李承錄)

蟹守螺具有較明顯的後水管溝。(李承錄)

顆粒玉黍螺 *Echinolittorina malaccana*

Knobbly periwinkle 玉黍螺、結濱螺

螺殼圓錐形且有許多白色顆粒的小型玉黍螺。玉黍螺科大多生活在其他螺類難以適應的潮上帶高位，具有許多構造和行為的特化。炎熱的陽光下他們通常都緊閉角質狀的口蓋躲在陰涼處保持濕潤，等到漲潮海浪帶來涼爽的海水時才開始刮食微細藻類。

顆粒玉黍螺是適應高潮帶極端環境的生存高手。（李承錄）

在岩石或消波塊的陰涼處常見大群聚集。（李承運）

踮起腳尖躲熱浪

愈往潮上帶高位，距離涼爽的大海也愈遠。受到陽光直曬，曬燙的岩石連人類赤腳都受不了，到底玉黍螺是怎麼撐過如此嚴酷的環境？大多玉黍螺都會緊閉口蓋並待在陰涼處以減少酷熱的影響。而像顆粒玉黍螺又衍伸出一種絕技，那就是減少與岩石接觸的面積以減少熱傳導！他們會將自己的身體「抬起」，再分泌黏液黏在殼口邊緣，調整角度後就能讓自己「墊腳尖」在岩石上，只靠一丁點的接觸面支撐。有些玉黍螺比較懶，就直接跑到同伴身上，隔著同伴墊底就不會直接觸碰岩石了。也因這特異功能，玉黍螺克服了嚴酷環境，在其他螺類無法棲息的潮上帶依然能大量繁衍。

利用黏液豎立可將與岩石的接觸面減低。（李承錄）

投機者會爬到同伴上疊羅漢以躲避熱浪。（李承錄）

波紋玉黍螺 *Littoraria undulata*

Undulate periwinkle 玉黍螺、濱螺

螺殼光滑圓錐形的玉黍螺，殼表的花紋變化很大。棲息的位置較顆粒玉黍螺低，退潮時通常躲藏在岩石的陰暗處保持陰涼和濕潤。以微細藻類為主食。

波紋玉黍螺身上具有閃電狀的紋路。（李承錄）

每隻身上的閃電紋都不太相同。（李承錄）

卡明氏瓷螺 *Melanella cuming*

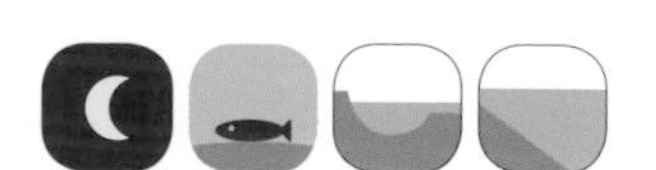

Cucumber parasite snail 白瓷螺

白色圓錐形的小型螺，螺殼半透明且略可見隱藏的黃色觸角。平時躲藏在沙礫之間，若遇到海參就會吸附上去並寄生在海參身上。北部海域常見在盪皮參、輻肛參或糙刺參身上發現。

是吸血鬼！

兩隻卡明氏瓷螺正吸附在盪皮參身上吸食其體液。（李承錄）

半透明的殼隱約可見眼睛與吻的顏色。（李承錄）

黑星寶螺 *Cypraea tigris*

Tiger cowrie

寶貝、子安貝

寶螺的螺殼非常獨特，幼小時殼薄且和大多螺一樣具有螺塔，但隨著成長外唇逐漸增厚並隆起，殼口也逐漸位移到正下方變成狹長的拉鏈狀。大多寶螺具有發達的外套膜，常覆蓋並摩擦螺殼，因此寶螺的殼通常光鮮亮麗。他們大多夜行性，以底棲碎屑或藻類為主食。

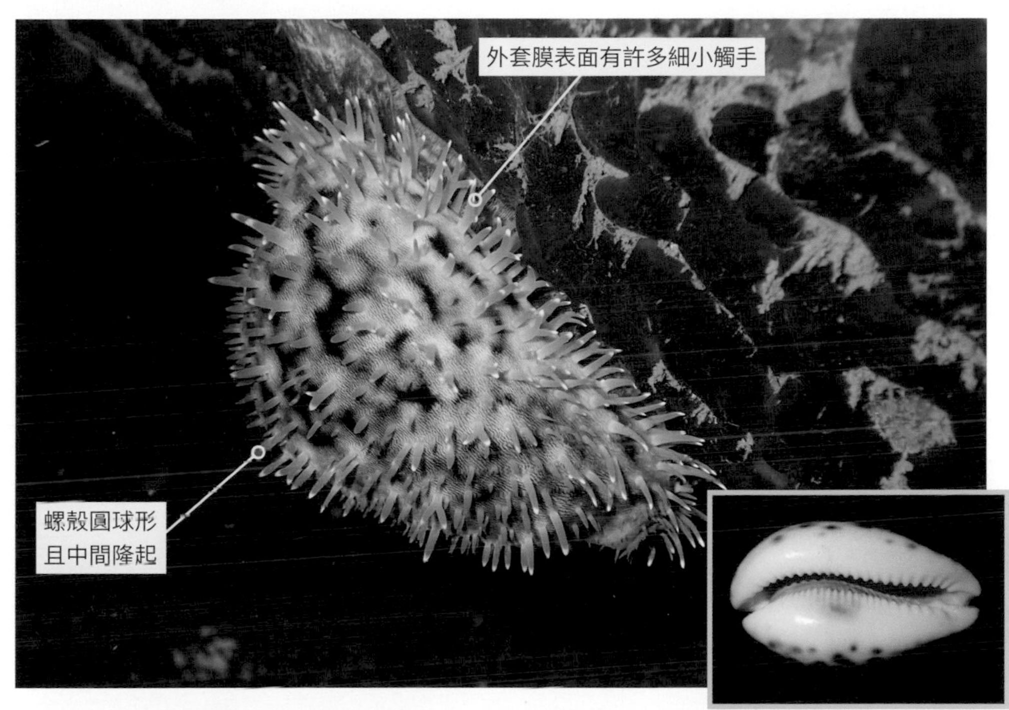

黑星寶螺常用充滿小觸鬚的外套膜將螺殼闔上。（李承錄）

成年寶螺的殼口為獨特的狹長拉鏈狀。（李承錄）

特寫黑星寶螺頭部觸鬚和眼睛。（李承錄）

張開外套膜後展現螺殼上亮麗的斑紋。（陳致維）

阿拉伯寶螺 *Mauritia arabica*

常見的大型寶螺，殼上複雜的紋路彷彿一列列的阿拉伯文。棲息地很廣，從潮間帶的潮池至亞潮帶的岩礁都有分布。（李承錄）

紫口寶螺 *Lyncina carneola*

殼為淡橘色的中型寶螺，殼口周圍粉紫色的色澤為名稱的由來。棲息在潮間帶至潮下帶。（李承錄）

每種寶螺的外殼和外套膜造型都不同，可以仔細觀察喔！

白星寶螺 *Lyncina vitellus*

殼為褐色且有許多白斑，殼口周圍白色，外套膜的凸起為黃色。棲息地與紫口寶螺類似。
（左：席平、右：李承錄）

花鹿寶螺 *Cribrarula cribraria*

白色的殼上具有橘紅色網紋，外套膜為醒目的紅色，容易受光線驚擾而縮入殼中。生性較為隱蔽，因此少被觀察到。（李承錄）

愛龍寶螺 *Erronea errones*

淺棕色的殼有許多深色細紋，中央常有一塊不規則的褐色斑塊，外套膜斑駁且有許多凸起的疙瘩。常見於潮間帶的潮池中。（李承錄）

金環寶螺 *Monetaria annulus*

殼白色且有一圈明顯的金環，外套膜有凸起的小肉刺。為潮間帶的常見寶螺，常用外套膜包覆螺殼隱藏自己。（左：李承運、右：李承錄）

黃寶螺 *Monetaria moneta*

又名貨幣寶螺。殼白色且兩側有較明顯的稜角，外套膜具有細密的黑白條紋。常見於潮間帶，與金環寶螺共同棲息。（李承錄）

金環寶螺和黃寶螺等幾種小型寶螺，在古代曾被人類拿來做為交易流通的貨幣呢！

雪山寶螺 *Monetaria caputserpentis*

殼褐色且中央有許多雪花般的白點，外套膜墨綠色且有球狀疙瘩。為潮間帶的常見寶螺，春夏季常在潮間帶的岩縫中繁殖產卵。（左：李承錄、右：席平）

紅花寶螺 *Naria helvola*

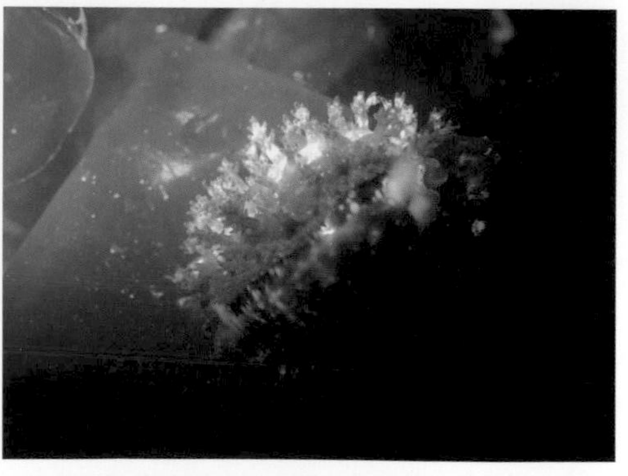

殼紅褐色且中央有較集中的細小白點，外套膜粉紫色且有樹枝狀的肉刺。棲息在藻類較豐富的潮間帶至潮下帶。（左：席平、右：李承錄）

海兔螺 *Ovula ovum*

Common egg cowrie

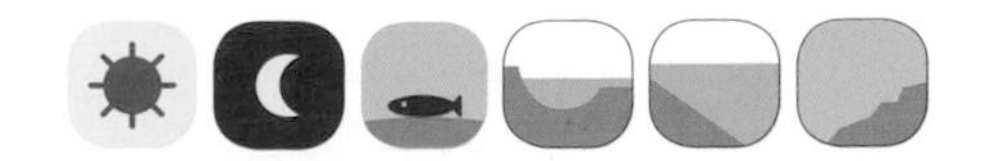

海兔螺的殼形類似寶螺，但更接近元寶狀。具有黑色的外套膜，常包覆著純白的殼。不同個體外套膜上的白點花紋有所差異，而幼小的個體常具有膨大的白色肉瘤與黃或青色的斑點。以軟珊瑚的組織為主食，常在肉質軟珊瑚上發現，也會在軟珊瑚上產卵。

黑色外套膜包覆全身的海兔螺，常在肉質狀的軟珊瑚上發現。（李承錄）

海兔螺的殼口類似寶螺，開口較大且質地光滑，彷彿一顆元寶。（李承錄）

幼小的海兔螺的外觀擬態劇毒的葉海蛞蝓。（p.253）（林祐平）

不僅直接啃食軟珊瑚，還會在軟珊瑚上產下大量卵團。（李承錄）

螺殼潔白無瑕且光滑亮麗，通常隱藏在外套膜底下。（李承錄）

薄片螺 *Lamellaria* spp.

外套膜發達厚實且螺殼退化至薄片狀的小型螺，常被誤認為是海蛞蝓，可從前方水管開口區別。外套膜的顏色和質地常與其作為食物的海鞘或海綿類似，以便融入環境之中。研究甚少，可能有許多未描述的物種待發現。★ Lamella為拉丁文薄片狀之意思 。

外套膜柔軟多變的薄片螺一點也不像是軟體動物。（李承錄）

近觀可見其頭部與向上翹的水管開口。（李承錄）

幼小的薄片螺隱約可見外套膜中的薄殼。（李承錄）

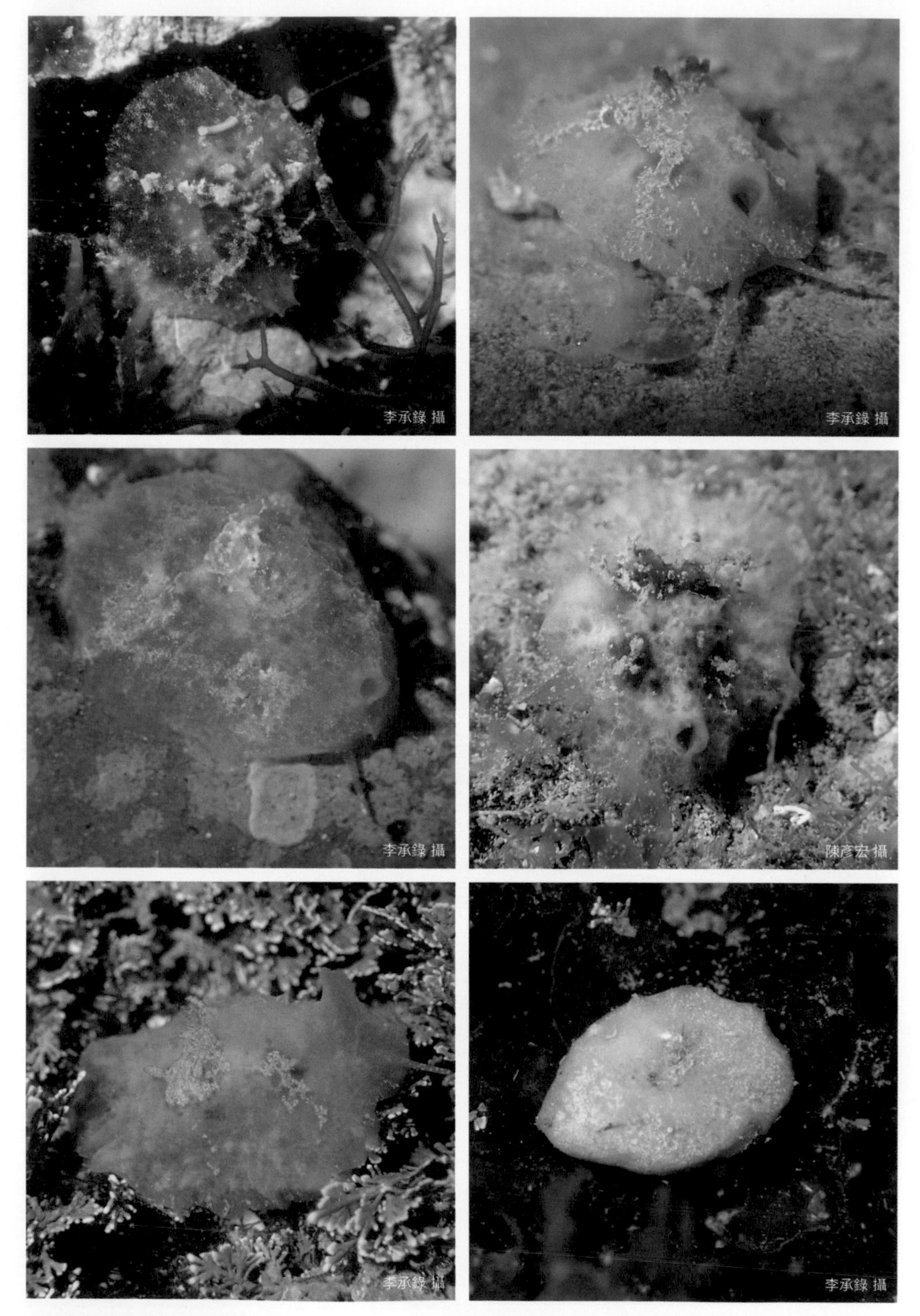

北部海域常見的薄片螺，顏色與造型變化多端，是不同的物種還是同一種的變異型還需更深入的研究。

大法螺 *Charonia tritonis*

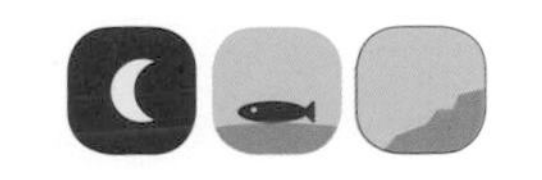

Triton's trumpet、Giant triton

鳳尾螺、號角螺

螺塔與螺層明顯的大型螺，螺殼具有美麗的波紋圖案。過去歸類在法螺科中，現已獨立。活動能力強，常在靠沙底的岩礁區活動。由於漁業行為與貝殼收藏等原因經常遭到濫捕，已不多見。由於大法螺以包含棘冠海星在內的棘皮動物為食，被認為是維持珊瑚礁很重要的動物。

體型碩大的大法螺看起來威風凜凜，螺殼可長達60公分。（林祐平）

軟體後半部可見橢圓形的角質口蓋。（楊寬智）

在岩壁的陰暗處交配產卵的一對大法螺。（李承錄）

小小的眼睛位於黑黃相間觸角的基部。（楊寬智）

正在吞食棒棘刺海星的大法螺。（林祐平）

角赤旋螺 *Pleuroploca trapezium*

Tulip snails、Spindle snails 紅肉螺

螺殼長紡錘形且螺塔明顯，具有延長的前水管，軟體部分為鮮豔的紅色且具有角質口蓋。常在較深的亞潮帶岩礁發現，以小型無脊椎動物為主食。

角赤旋螺的螺塔與螺層明顯，且有深色的螺旋紋。（李承運）

軟體部分鮮紅因此又被稱為「紅肉螺」。（李承運）

多陵旋螺 *Latirus polygonus*

Tulip snails、Spindle snails 紅肉螺

外形類似角赤旋螺，軟體部分亦為紅色。但本種螺殼上具有稜角狀的凸起，凸起的部分常有黑斑。習性與角赤旋螺類似，小型個體偶爾可在較大的潮池中發現。

螺殼上的角狀凸起與黑斑是本種的重要特徵。（李承錄）

軟體部分深紅色且有許多白色小點。（李承錄）

黑千手螺 *Chicoreus brunneus*

Adusta murex

螺殼上具有許多凸起的棘刺，並常生長珊瑚藻等附生生物而呈現斑駁。殼口通常為橘黃色。廣布於潮間帶至亞潮帶，主要棲息在岩礁區的陰影下，夜間較活躍。肉食性，以環節動物等底棲動物為主食。

無數黑色的凸起棘刺是本種名稱「千手」的由來。（李承錄）

具有角質口蓋，殼口周圍為橙黃色。（李承錄）

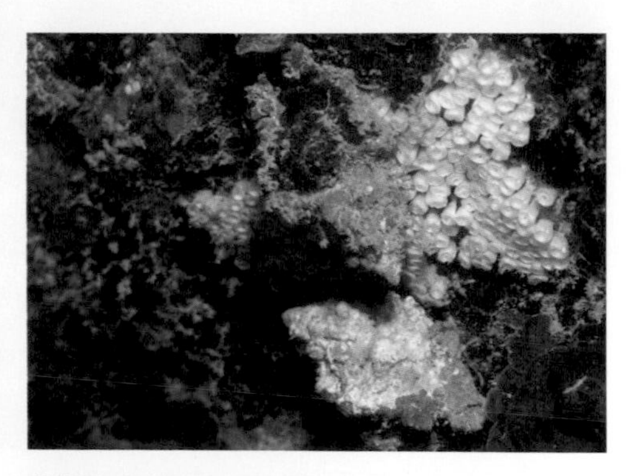

數隻黑千手螺產下膠囊狀的卵鞘。（李承錄）

白結螺 *Drupella cornus*

Drupella

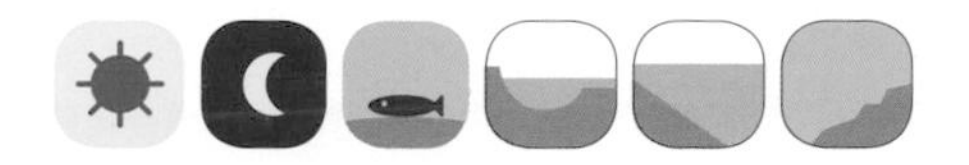

常見在石珊瑚較豐富的岩礁區，以石珊瑚的組織為食，被啃食的珊瑚僅剩下白骨。成群結隊的白結螺有時可吃掉大面積的珊瑚造成危害。

集結在軸孔珊瑚上的白結螺正在啃食珊瑚的組織。(陳致維)

白色的殼口周圍有數個凸起的齒。(李承錄)

數量多時會造成珊瑚的死亡。(楊寬智)

被白結螺吃掉組織的石珊瑚只剩白色的珊瑚骨骼。(李承錄)

金絲岩螺 *Mancinella alouina*

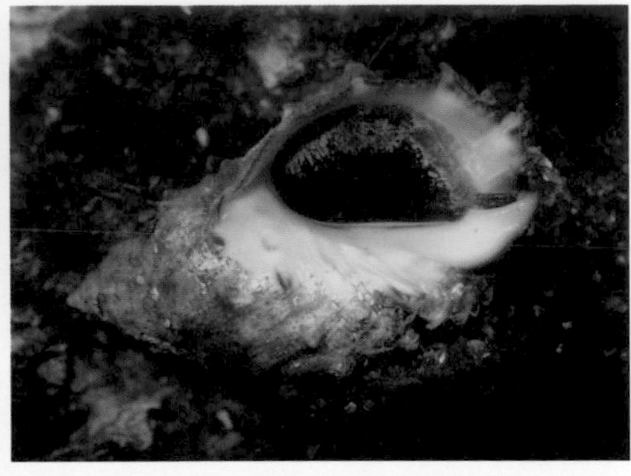

殼口大且有口蓋。殼上常生長藻類，因此能與環境融為一體，要翻開才會發現其鮮豔的黃色殼口。常在夜間的潮間帶岩礁上捕捉多毛類或其他小型貝類。(李承錄)

羅螺 *Purpura panama*

殼口大且有口蓋，殼口內邊緣黑色。殼體層具有明顯的凸起。棲息在潮流較強的岩礁區，偶爾可在較大潮池中發現。肉食性，以底棲動物為食。(李承錄)

桃羅螺 *Purpura persica*

外形與羅螺類似，但殼體層較圓弧無凸起。棲息環境與習性亦與羅螺類似，會在礫石堆中捕食多毛類。(李承錄)

細紋芋螺 *Conus striatus*

Striated cone shell

雞心螺

芋螺的螺殼為倒圓錐形，且殼口非常狹長。芋螺為著名的有毒螺類，能從口中伸出延長的吻部，使用其中箭矢狀的齒舌攻擊獵物。多數芋螺齒舌中強烈的毒性可擊殺多毛類和其他軟體動物，像細紋芋螺這類大型芋螺常擁有更強的毒性，能毒斃魚類甚至人類。所有芋螺其齒舌都具有強弱不等的毒性，切勿用手觸碰以免造成危險。

具有細緻斑紋的細紋芋螺為常見的大型芋螺。（李承錄）

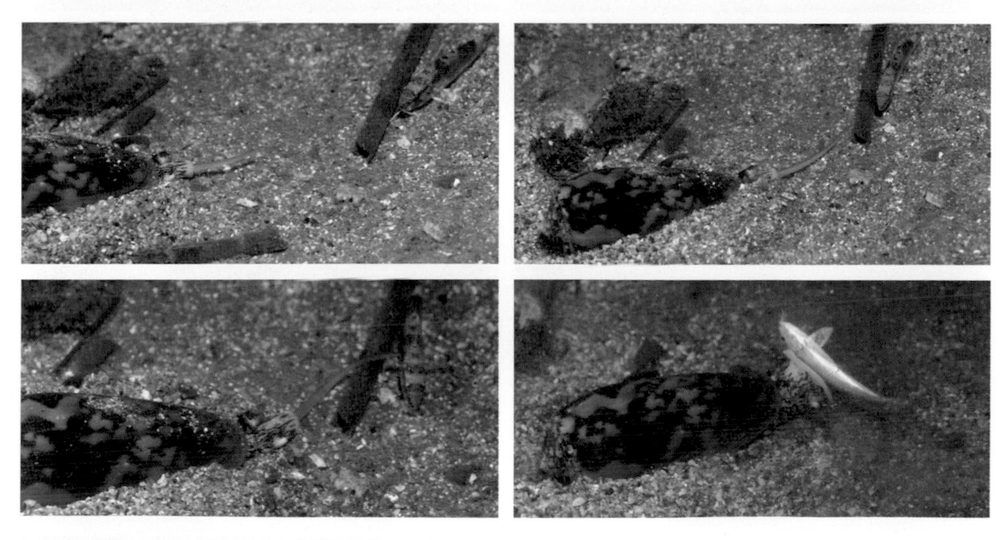

細紋芋螺從口中伸出細長的吻襲擊鬚鯛後，瞬間吞掉癱瘓的獵物。（李承錄）

斑芋螺 *Conus ebraeu*

軟體紫紅色，殼表淡黃或淡橘色且有方型的黑色斑塊。為棲息在潮間帶的小型芋螺。（李承錄）

花冠芋螺 *Conus coronatus*

軟體紫紅色，殼表具有略凸起的螺旋紋且有不連續小點。為常見的小型芋螺。（李承錄）

樂譜芋螺 *Conus musicus*

軟體粉紅色且布滿許多白點，殼為乳白色且有許多不連續的黑點。廣泛分布於潮間帶至亞潮帶。（李承錄）

柳絲芋螺 *Conus miles*

軟體深紫色，殼上密布褐色縱紋，紋路的造型差異頗大。部分個體殼表常有粗糙的殼皮與殼毛。（李承錄）

鼠芋螺 *Conus rattus*

軟體部分暗綠色，殼上有不規則的綠褐色斑紋，螺塔基部常有白色斑塊。(李承錄)

紫芋螺 *Conus lividus*

常見的中型芋螺。殼表具有粗糙的殼皮，螺塔較明顯且在殼頂常有排列成環狀的粒狀凸起。軟體為深紫色。(李承錄)

黃芋螺 *Conus flavidus*

外形與紫芋螺類似，同樣具有殼皮，但本種的螺塔不明顯且無粒狀凸起。軟體為黃色且水管有一黑環可與紫芋螺區分。(李承錄)

織錦芋螺 *Conus textile*

Textile cone shell

雞心螺

螺殼鮮豔，具有許多三角形的鱗狀斑紋排列在殼上。水管有紅白黑三色的環紋，常伸出水管在岩礁區的沙底上四處搜尋獵物，以其他貝類或小魚為主食。齒舌具有劇毒，在國外有許多因撿拾其美麗外殼而遭到攻擊致死的案例，切勿用手觸碰。

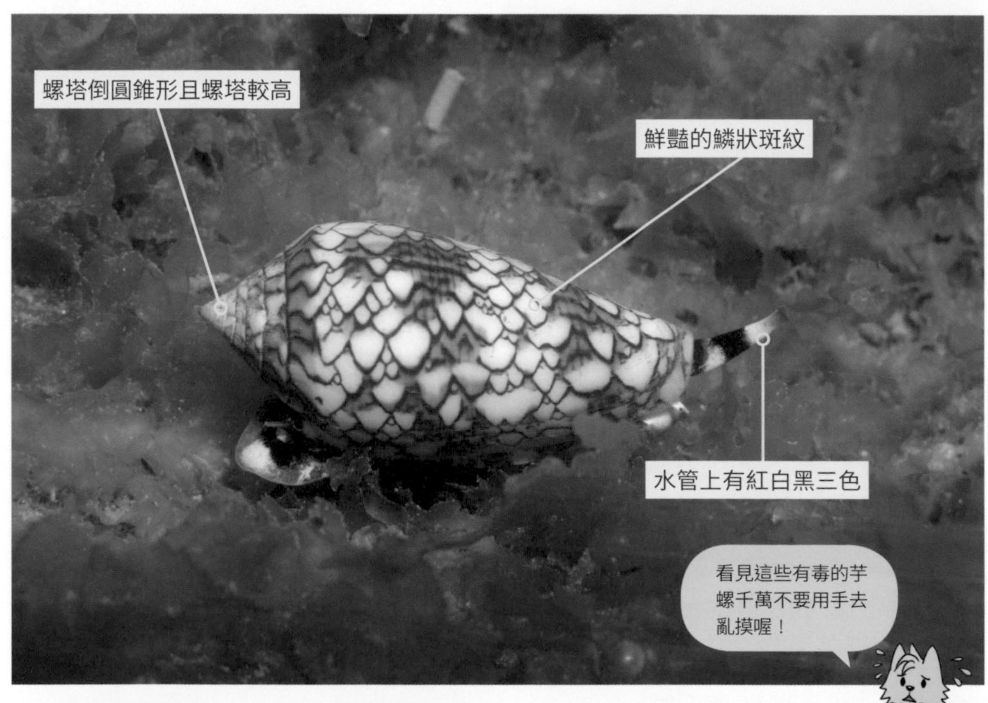

為北部潮間帶的常見種，具有顯眼的鱗狀斑紋。（李承運）

軟體部與水管具有鮮豔的色彩。（李承錄）

正在取食其他貝類的織錦芋螺。（李承錄）

繩紋小輪螺 *Heliacus variegatus*

Sundial snail

車輪螺

具有獨特車輪狀螺殼的繩紋小輪螺，大多棲息在靠近沙底的岩礁上，以各種菟葵為主食。螺殼體色多變，不同個體的花紋皆有差異。

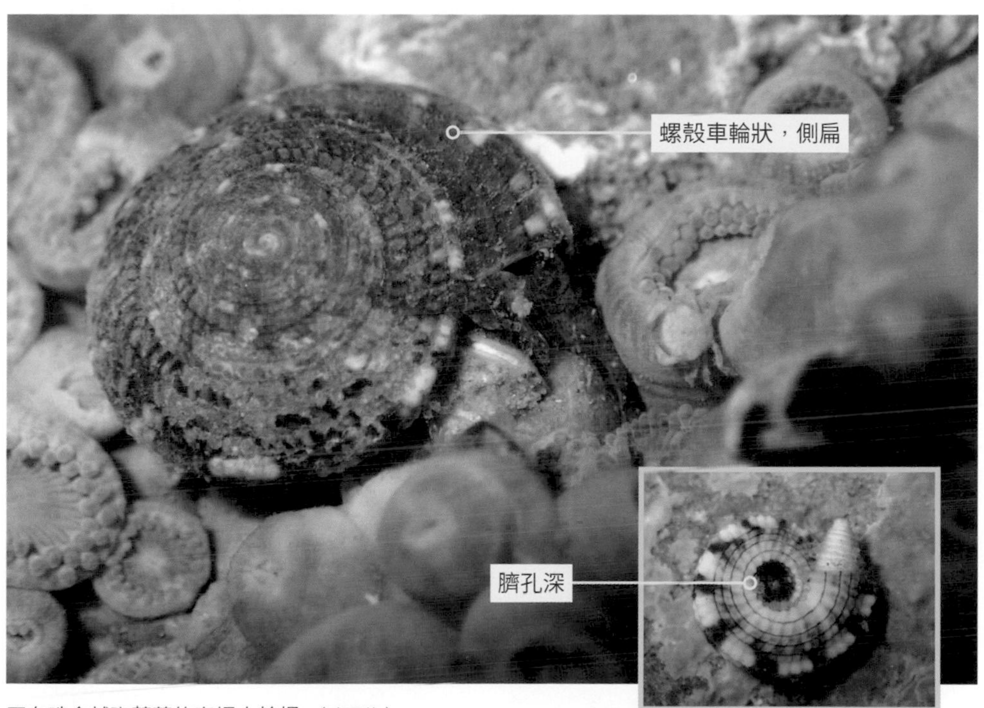

正在啃食越南菟葵的車螺小輪螺。（李承錄）

口蓋為獨特的三角錐形。（李承錄）

在菟葵密度較高處比較常見。（李承錄）

軟體部分黑色且帶有顆粒質感。（李承錄）

〔海蛞蝓〕Sea Slugs

海中的神奇寶貝：海蛞蝓家族

海蛞蝓泛指腹足綱中的一群，和螺類是親戚。但是他們大多外殼已經退化或消失，看起來就像隻「無殼蝸牛」。由於他們在發育中有將鰓扭轉至體側後方的過程，因此舊稱為後鰓類（Opisthobranchia）。然而根據最新分子親緣和生理構造等證據，將這些軟體動物歸納在異鰓類（Heterobranchia）下的直神經類（Euthyneura），裡頭包含捻螺、側鰓、裸鰓、無楯、頭楯、葉羽鰓、翼足、囊舌、松螺、蝸牛、肺螺等多個家族。

台灣的海蛞蝓物種繁多，北部海域可見的海蛞蝓可能就高達200多種，本篇在此選出北部海域常見的150多種。他們在岩礁、沙地，甚至在水深極淺的潮池中都有他們的蹤跡。雖然他們色彩豔麗，但很多體型都很小不易發現。要找到他們，可需要無比的耐心和出色的觀察力才行呢。以下我們就分成幾大類為各位介紹。

北部海域有好幾百種的海蛞蝓，您有看過哪些種類呢？

海蛞蝓大家族

仍有螺殼

具有薄片狀的寬大外套膜

捻螺總科 Acteonoidea

p.210

側鰓目 Pleurobranchida

p.214

鰓位於體右側，身型扁平，觸角明顯

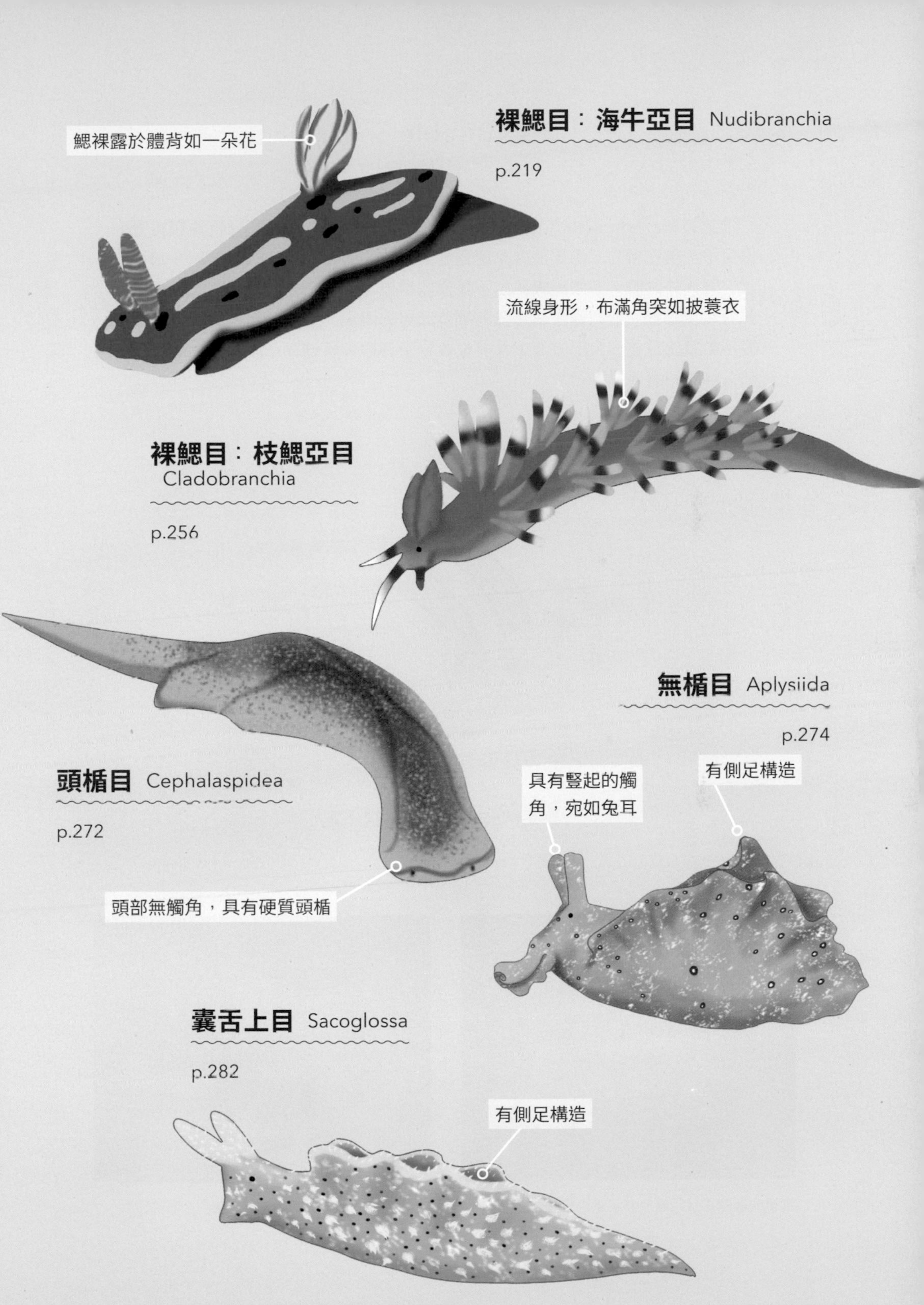
裸鰓目：海牛亞目 Nudibranchia
p.219
鰓裸露於體背如一朵花
流線身形，布滿角突如披蓑衣
裸鰓目：枝鰓亞目
Cladobranchia
p.256
無楯目 Aplysiida
p.274
頭楯目 Cephalaspidea
p.272
具有豎起的觸
角，宛如兔耳
有側足構造
頭部無觸角，具有硬質頭楯
囊舌上目 Sacoglossa
p.282
有側足構造

泡螺 Bubble Snail

捻螺總科（Acteonoidea）的海蛞蝓俗稱「泡螺」或「捻螺」，原歸類在頭楯目下，現已獨立。泡螺擁有亮麗且脆弱的殼、引人注目的眼點，以及薄片狀的寬大外套膜。他們的螺殼已不具備收納外套膜的能力，反而常用軟體的部分包覆螺殼。他們通常棲息在有細沙底質的環境，晝伏夜出，入夜後才會從沙中鑽出覓食。大部分泡螺都能從食物中轉換毒素儲存在體內，因此多數都有鮮豔的體色警告天敵。

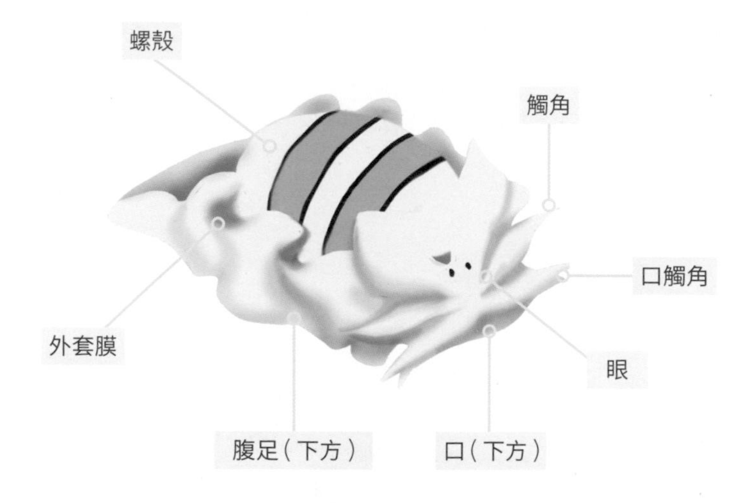

泡螺的螺殼小且明顯無法容納外套膜。（李承錄）

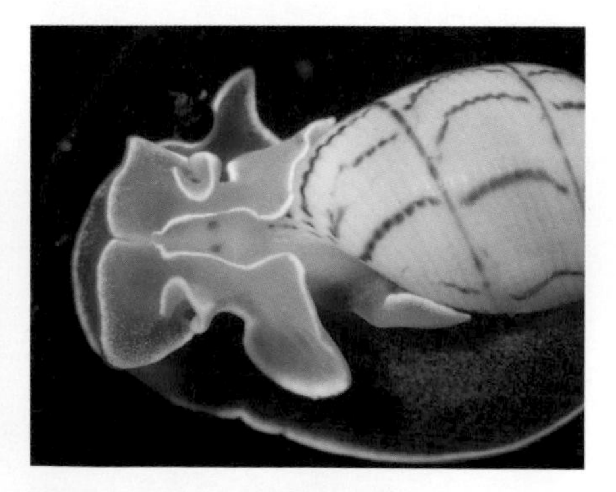

頭部有一對眼與發達的葉狀觸角。（李承錄）

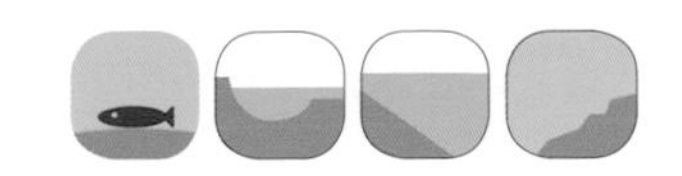

玫瑰泡螺 *Aplustrum amplustre*

Royal paper bubble、Ship's flag shell、Swollen bubble snail
寬帶飾紋螺

具有白色的外套膜與半球形的螺殼。棲息在沙底，日間埋藏在沙中休息，夜間才較活躍。發達的觸角能感知底質上的氣息以搜尋獵物。肉食性，以多毛類為主食。

美麗的玫瑰泡螺是在沙底夜潛時的驚喜。（李承錄）

具有兩個很靠近的小眼點。（李承錄）

與其他泡螺一樣善於潛入沙中隱藏身形。（李承錄）

玫瑰泡螺的卵團有如蕾絲緞帶般纏繞在底質的藻類上。（席平）

密紋泡螺 *Hydatina pbysi*

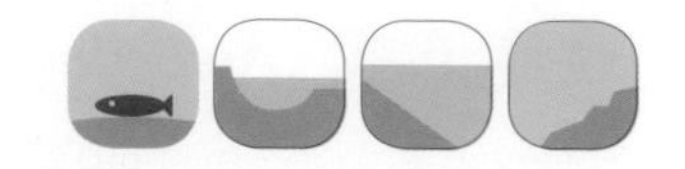

Green-line paper bubble、Rose-petal bubble snail

外套膜為亮麗的紅紫色且略帶藍光色澤，半球形的殼上有細密的深色橫帶。常成對棲息在潮間帶的沙底。以多毛類為主食，與大多數泡螺一樣可從食物中轉化毒素儲存在體內。

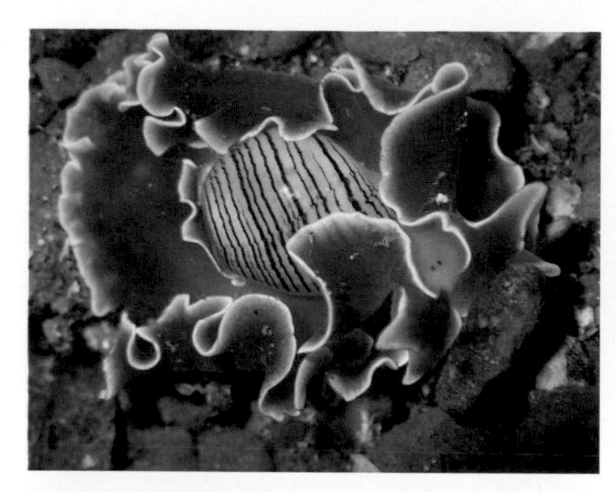

密紋泡螺的外套膜上略有藍色光澤。（李承錄）

正在交配的一對密紋泡螺。（李承錄）

泡螺的殼又薄又脆弱，請大家不要任意出手觸摸。

經度泡螺 *Hydatina zonata*

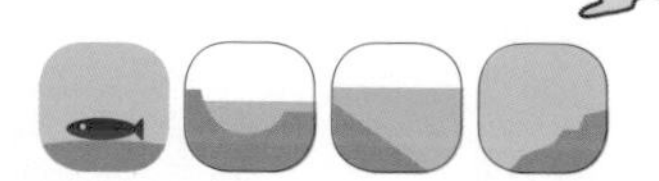

Zoned paper bubble、Zoned bubble snail

外觀與密紋泡螺類似，但殼上線紋方向不同，外套膜為肉色且不帶光澤。棲地與習性類似密紋泡螺，偶爾會伴隨一同出現，但數量較少。

經度泡螺的軟體部分偏肉色且不具螢光光澤。（李承錄）

本種（右）殼上線紋方向與密紋泡螺（左）不同。（李承錄）

波紋小泡螺 *Micromelo undatus*

Miniature melo snail、Polka-dot bubble snail、Wavy bubble snail
豔泡螺

較小型的泡螺，殼上有褐色的波狀紋。外套膜具有顯眼的白斑與黃綠色的邊緣。常在岩礁或沙底上快速移動。以小型多毛類為主食。★ 與關島小泡螺（*Micromelo guamensis*）的關係尚待釐清。

亮麗的波紋小泡螺常令人眼睛一亮。（李承錄）

觸角之間可見小小的眼睛。（李承錄）

線紋紅紋螺 *Bullina lineata*

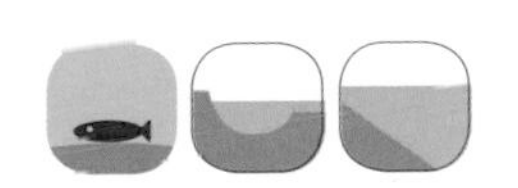

Red-lined bubble snail
豔捻螺

體型約1公分的小型泡螺，螺殼造型特殊且有紅色紋路，軟體部分灰白色。春季時偶爾可在繁盛的石蓴中發現群體，出現的時期短，水溫升高後就難以發現。

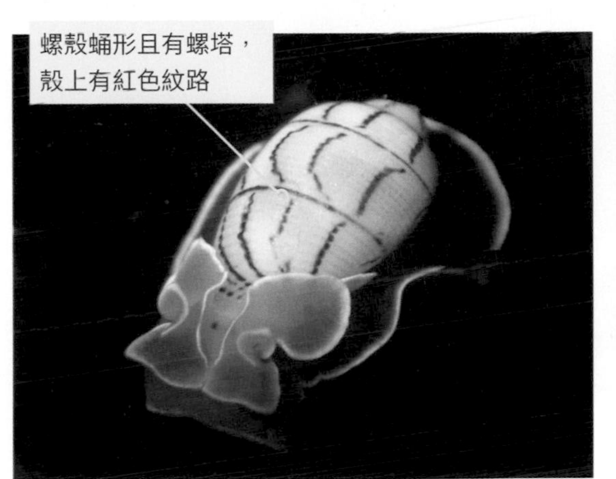

殼上美麗的紅紋與白色的外套膜看起來十分別緻。（李承錄）

通常在春季短期出現後消失。（李承錄）

側鰓海蛞蝓 Side-gill slug

側鰓目（Pleurobranchida）的海蛞蝓因鰓位於體側右側而得名，親緣關係與裸鰓海蛞蝓較近。他們具有扁平身形與明顯觸角，大多數物種的螺殼都已經退化。他們廣泛棲息在岩礁區，偏好在靠近沙底的岩石地帶，扁平的身形有助於鑽入岩縫中覓食。部分物種如真月海蛞蝓頭部扁平像是推土機，可輕易鑽入沙中躲藏。側鰓海蛞蝓大多為肉食性，以底棲性的海鞘或海綿為主食。有些物種具有分泌酸性液體的能力，可用於消化或自我防衛。

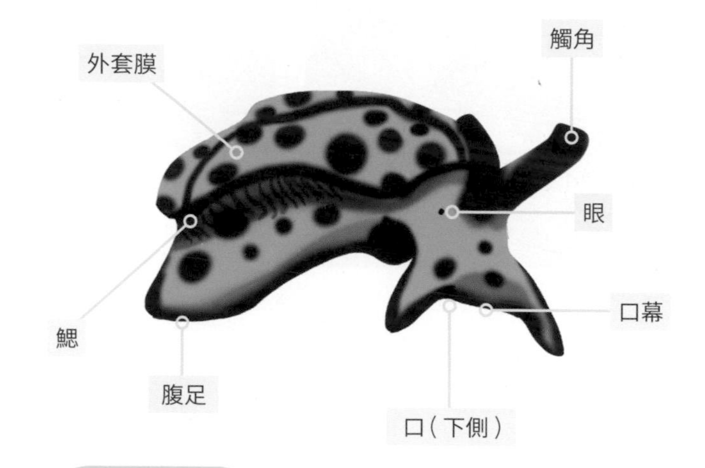

鰓居然長在右邊而
且還不對稱。

側鰓海蛞蝓平整的鰓位於體側右側。
（方佩芳）

大多側鰓海蛞蝓的殼已完全退化。
（李承錄）

馬丁側鰓海蛞蝓 *Berthella martensi*

Martin's sidegill slug

棲息在岩礁區的小型側鰓海蛞蝓，外套膜的顏色變化多端，常有黑、白、黃色等變化，觸角的末端均為黑色。夜間較活躍，以海鞘為主食。

黑色型的馬丁側鰓海蛞蝓。（李承錄）

無論體色如何變化，觸角末端都是黑色。（陳致維）

伏斯卡側鰓海蛞蝓 *Pleurobranchus forskalii*

Forskal's pleurobranchus、Turtle pleurobranchus

龜甲側鰓海蛞蝓

體長可達30公分的大型側鰓海蛞蝓，體背中央常有如龜甲般的紋路。體色多變，外套膜後側常捲起成翹尾巴造型的長管狀。為夜行性，常出現在底層覓食底棲動物。

白色型的個體，體背可見明顯的龜甲紋路。（李承錄）

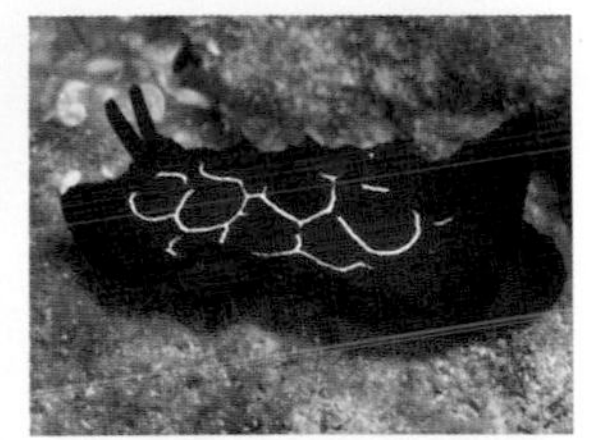

紅色型的個體龜甲紋常為白色。（李承運）

身上布滿大量白斑的幼小個體。（楊寬智）

雄偉側鰓海蛞蝓 *Pleurobranchus grandis*

Grand pleurobranchus

體長可達30公分的大型側鰓海蛞蝓，體背上常有深淺不一的肉瘤鑲嵌成連續的斑紋。外套膜後側常捲起成翹尾巴造型的長管狀。習性類似伏斯卡側鰓海蛞蝓，為晝伏夜出的夜行者。

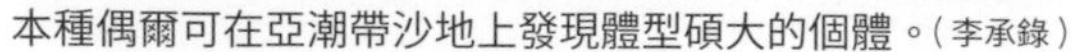

本種偶爾可在亞潮帶沙地上發現體型碩大的個體。（李承錄）

外套膜後側的水管常捲成粗大且翹起的管狀。（林祐平）

白點側鰓海蛞蝓 *Pleurobranchus albiguttatus*

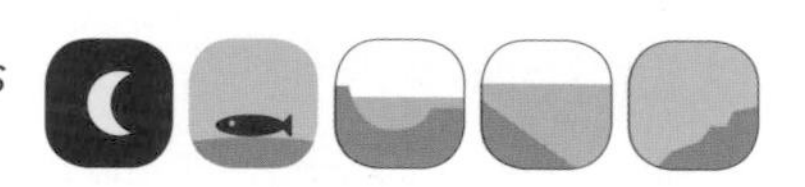

White-spotted pleurobranchus

身形扁平且具有許多肉瘤狀的小顆粒，外觀類似培倫側鰓海蛞蝓，但觸角末端與體背肉瘤末端皆為白色。數量較少，為較少見的側鰓海蛞蝓。

觸角與背部肉質凸起末端白色為本種的主要特徵。（洪麗智）

類似培倫側鰓海蛞蝓但觸角末端為白色。（洪麗智）

培倫側鰓海蛞蝓 *Pleurobranchus peronii*

Peron's pleurobranchus

身形扁平，外套膜表面有許多細密的肉質小顆粒，體色變化非常大，有紅、橙、黃、褐、紫色等變化，但觸角末端均不為白色。為北部海域最常見的側鰓海蛞蝓，夜間偶爾可在潮池中發現。

紅色型的培倫側鰓海蛞蝓好似一團紅龜粿。(李承錄)

常用外套膜前端包覆觸角基部與眼睛。(李承錄)

幼小個體顏色大多較淡。(陳彥宏)

明月真月海蛞蝓 *Euselenops luniceps*

Moon-headed sidegill slug

身形奇特的側鰓海蛞蝓。口觸角與扁平彎月狀的口幕可用於感知獵物與挖沙掘土。向上伸展的觸角可在潛入沙中時探出地表進行感應，彷彿潛水艇的潛望鏡。夜行性，通常僅有在夜間才能發現在沙底活動，移動速度快，受到驚嚇會鑽沙躲避。

★ Selene 為希臘的「月神」，lunicep 為「彎月狀的頭」，皆形容本種彎月狀的口幕。

明月真月海蛞蝓造型宛如一台小型的挖土機。（陳致維）

扁平的口幕可快速地遁入沙中不見蹤影。（李承錄）

海牛海蛞蝓 Doridina

裸鰓目（Nudibranchia）海蛞蝓呼吸用的「裸鰓」，裸露在體背上，就像是在背上盛開的一朵小花。他們是海蛞蝓中最大的家族，物種數高達3000多種。其中一類屬於海牛亞目（Doridina）的海蛞蝓他們背上的裸鰓單一，頭上的大觸角有如牛角，又被稱為「海牛海蛞蝓」。

失去殼的保護，海牛海蛞蝓們雖然防禦不如他們的親戚螺貝類，但沒有笨重外殼的束縛，卻讓他們的行動更為靈敏、有效率地穿梭在複雜的岩礁中搜尋食物。海牛海蛞蝓不但以海綿、海葵、海鞘為食，還能將這些食物中的成分轉化成自己的化學防禦。因此大多海蛞蝓體色都非常鮮豔，警告周圍的天敵不要任意對自己動手。

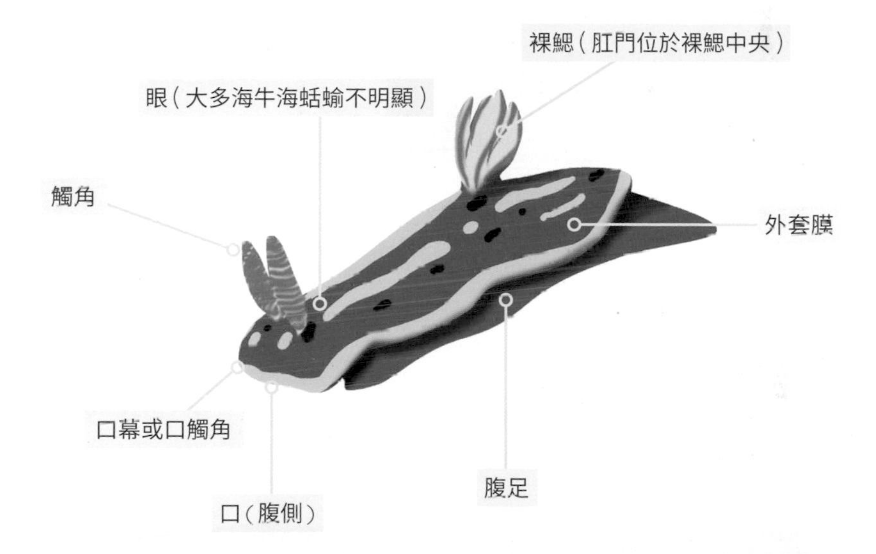

花朵狀裸鰓是海牛海蛞蝓的共同特徵。
（李承錄）

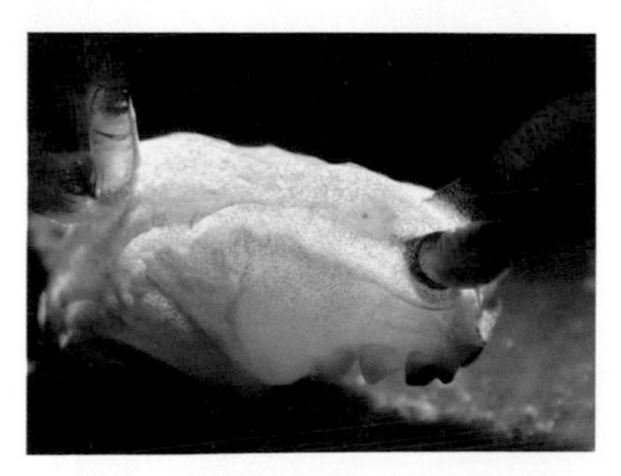

本群海蛞蝓的眼睛大多位於觸角後方背側。
（鄭德慶）

疣狀輻環海蛞蝓 *Actinocyclus verrucosus*

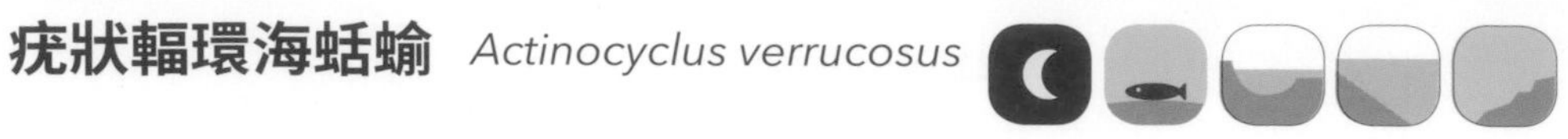

輻環海蛞蝓的裸鰓為獨特的多分支輻射狀，常縮成球形，有時會縮進體內保護纖細的鰓。近期研究指出可能為結構較原始的海蛞蝓。本種體色灰黑且體表有黑色的粒狀凸起，以海綿為主食。

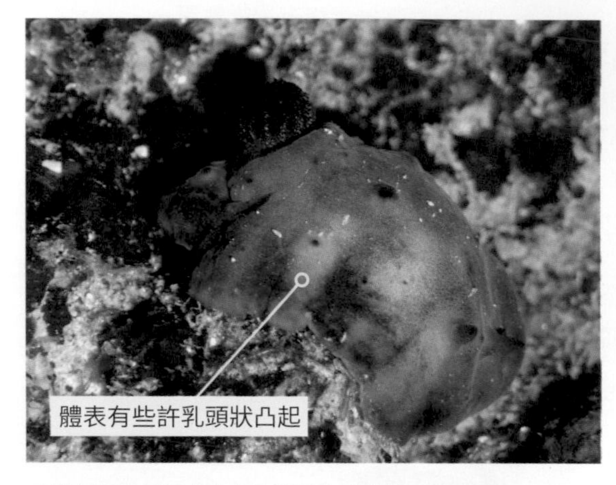

疣狀輻環海蛞蝓身上有許多黑色的粒狀凸起。（李承錄）

多分支的輻射裸鰓彷彿一顆小彩球。（李承錄）

乳突輻環海蛞蝓 *Actinocyclus papillatus*

本種外表類似疣狀輻環海蛞蝓，但體表具有較粗大的乳頭狀凸起，且體色斑駁，常隱身在崎嶇不平的岩礁區中攝食海綿，不容易被發現。

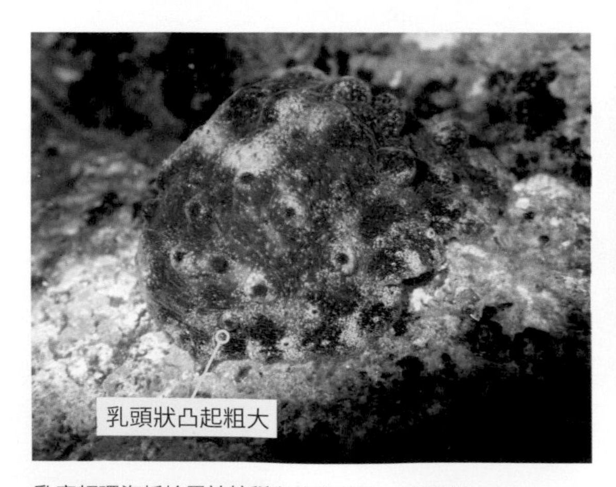

乳突輻環海蛞蝓屬於較稀有的海蛞蝓。（李承錄）

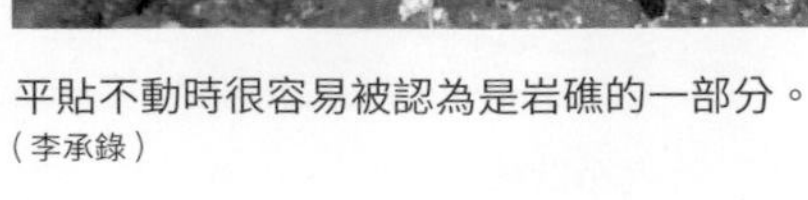

平貼不動時很容易被認為是岩礁的一部分。（李承錄）

薩氏隅海蛞蝓 *Goniodoridella savignyi*

小於1公分的小型海蛞蝓，裸鰓周圍有許多凸起延長的附肢（Appendage），觸角與外套膜邊緣為鮮豔的黃色。常隱藏在底層的碎屑之中，以苔蘚蟲為食。

隅海蛞蝓大多身軀細小卻常擁有美麗的體色。（林音樂）

主食是比他們還小的苔蘚蟲。（李承錄）

日本脊突海蛞蝓 *Okenia japonica*

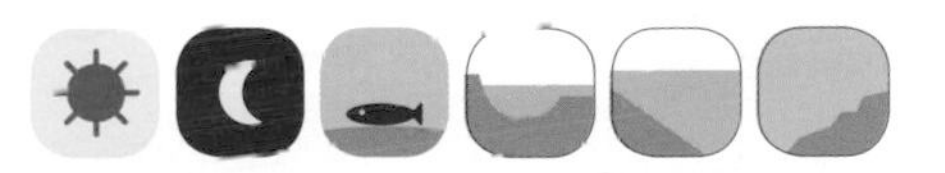

沿著體側兩旁各有一列脊狀凸起的小型海蛞蝓，體色純白。廣泛棲息在潮間帶至亞潮帶的底層，以苔蘚蟲為食。

體型通常在一公分左右，很不容易發現。（羅賓）

偏好在分支型的苔蘚蟲附近出沒。（林祐平）

在潮池中出現的機會非常低。（陳彥宏）

達維圈頸海蛞蝓 *Trapania darvelli*

圈頸海蛞蝓屬的海蛞蝓，觸角與裸鰓兩旁各具有獨特的一對捲曲的附肢。他們大多是小於1公分的小型海蛞蝓，棲息在亞潮帶底層，以更細小的苔蘚蟲為食。達維圈頸海蛞蝓體長可達2公分，已算本屬中較大的物種了。

★ Trapan 意為圈套。形容本種觸角旁的彎曲附肢彷彿套在賽馬上的圈繩。

在支狀苔蘚蟲上伸展的達維圈頸海蛞蝓彷彿脫韁野馬。（林祐平）

捲曲的附肢彷彿套在賽馬上的圈繩。（林祐平）

體型微小有時不容易發現。（楊寬智）

條紋圈頸海蛞蝓 *Trapania vitta*

體色純白且觸角與裸鰓尖端有橘色條紋，常成群出現。常見但個頭很小因此少被注意。(林音樂)

日本圈頸海蛞蝓 *Trapania japonica*

體色白且有許多不規則的黑點，附肢黃色。裸鰓尖端、觸角與口觸手皆為黑褐色。常在平鋪的苔蘚蟲上發現。(左：鄭德慶、右：李承錄)

廣圈頸海蛞蝓 *Trapania euryeia*

體色白且渾身散布許多不規則的褐色斑塊，看似一隻小乳牛。裸鰓白色。(林祐平)

丑角圈頸海蛞蝓 *Trapania scurra*

體色粉紫且有許多泡狀白色圓斑，附肢橙黃色。裸鰓與觸角皆為粉紫色。以各種苔蘚蟲為主食。(林祐平)

血紅六鰓海蛞蝓

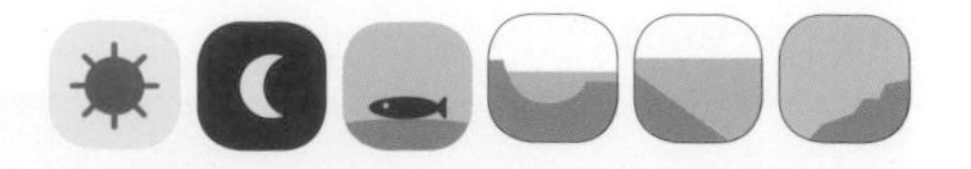

Hexabranchus sanguineus

Spanish dancer

西班牙舞孃

體長可達50公分的大型海蛞蝓，具有六個獨立的裸鰓。體色鮮紅，不同個體的花紋常有變化。較小的幼體淺紫色，有時會被誤認為多彩科的海蛞蝓，但從六個裸鰓可輕易辨識。以海棉為主食。

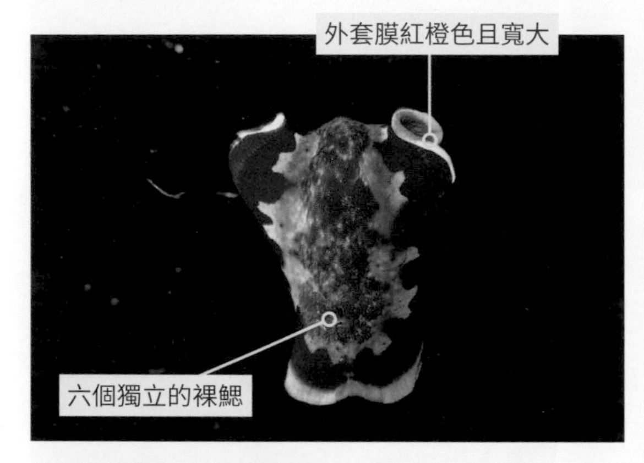

在水中起舞的血紅六鰓海蛞蝓彷彿裙襬翩翩的舞者。(陳致維)

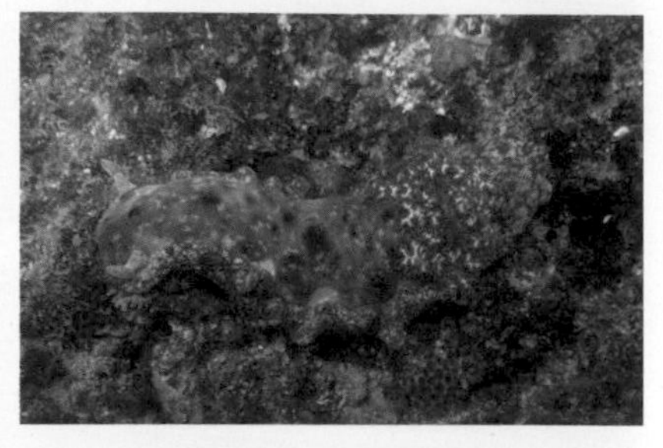

爬行時常將外套膜捲起收納在體側。(李承運)

卵團宛如一朵豔紅的玫瑰花。(李承錄)

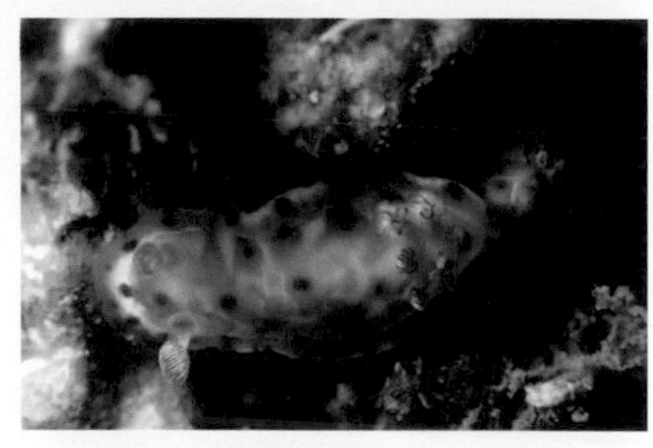

幼體的顏色與成體有所差異。(陳致維)

華麗巢海蛞蝓

Kalinga ornata

Ornata kalinga

佩飾巢海蛞蝓、華麗海麒麟

棲息在沙質區域的海蛞蝓，身上具有許多亮麗的瘤狀凸起。棲息地廣布潮間帶至深海，平時大多隱藏在沙中，偶爾也會利用浮力在水中漂浮。以陽隧足為主食。

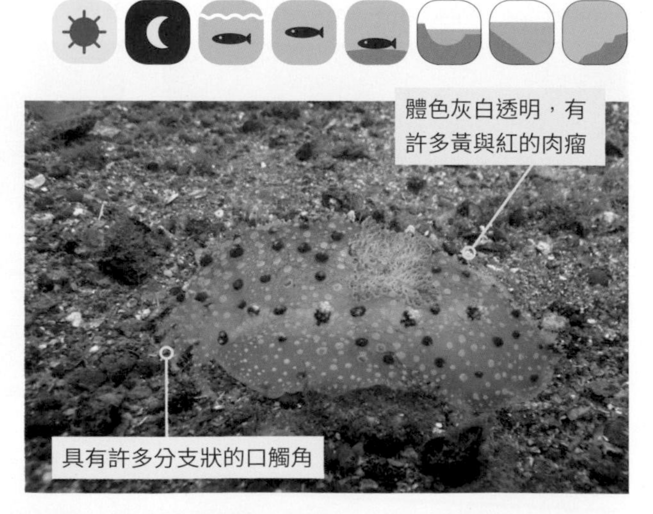

本種為十分罕見的海蛞蝓。(李承運)

太平洋角鞘海蛞蝓 *Thecacera pacifica*

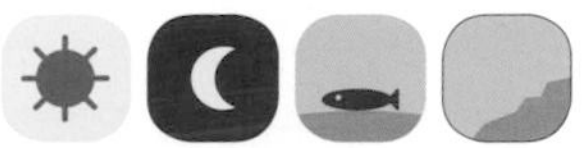

Pikachu sea slug
皮卡丘海蛞蝓

本屬為體型約1公分的小型海蛞蝓，觸角周圍由寬大的鞘狀附肢包圍，為「角鞘」名稱的由來。太平洋角鞘海蛞蝓為本屬最知名的物種，由於鮮黃的體色和附肢末端彷彿電光的色澤，因此常被稱呼為「皮卡丘海蛞蝓」。以苔蘚蟲為主食，特別偏好分支狀的苔蘚蟲。

分支狀的苔蘚蟲是太平洋角鞘海蛞蝓的主食。（林祐平）

從正面可見其鞘狀附肢將觸角包圍。（羅賓）

附肢末端的色澤彷彿藍色閃電。（楊寬智）

彩繪角鞘海蛞蝓 *Thecacera picta*

另一種常見的角鞘海蛞蝓，具有黑白的體色與橙色末端的附肢。(左：李承錄、右：羅賓)

角鞘海蛞蝓 *Thecacera* spp.

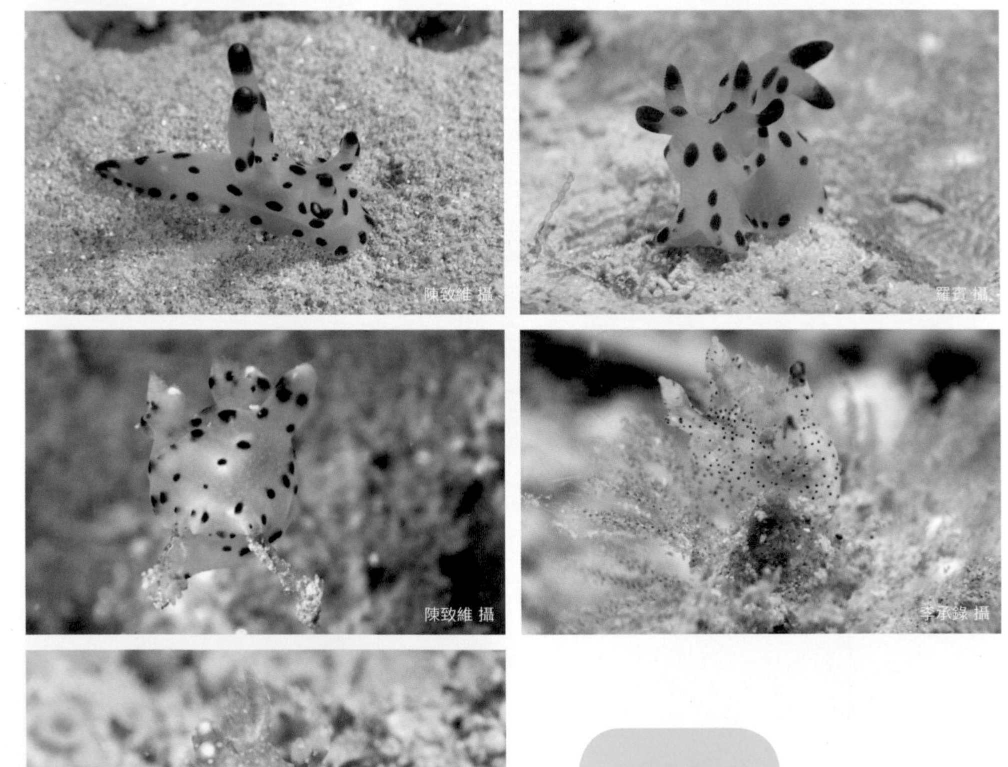

以上皆為尚未命名的未確認角鞘海蛞蝓，偶爾可在苔蘚蟲豐富的沙底發現。

美麗鏽邊海蛞蝓 *Tambja pulcherrima*

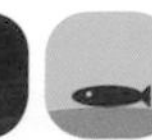

體長可達10公分的中型海蛞蝓，裸鰓分支粗大非常顯眼，體色優美。同屬的鏽邊海蛞蝓大多都棲息在亞潮帶的岩礁，以各種苔蘚蟲為主食。

美麗鏽邊海蛞蝓是亞潮帶岩礁區的常客。(林祐平)

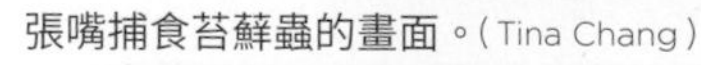

張嘴捕食苔蘚蟲的畫面。(Tina Chang)

加百列鏽邊海蛞蝓 *Tambja gabrielae*

體色深綠且有許多黃色斑帶，觸角為黃色。主要棲息在亞潮帶珊瑚豐富之處。(右：李承錄、右：林祐平)

橄欖鏽邊海蛞蝓 *Tambja olivaria*

體色橄欖綠且體背有黃色條紋，觸角為黑色，不同個體黃色和綠色條紋的排列組合均有差異。
（左：楊寬智、右：林祐平）

藍紋鏽邊海蛞蝓 *Tambja morosa*

體色黑藍，頭部、裸鰓與腹足邊緣藍色，偶爾有全身藍色的變異個體。廣布於潮下帶至亞潮帶的岩礁區。
（左：李承錄、右：楊寬智）

暴海蛞蝓的一種 *Tyrannodoris* spp.

體長約1公分的小型海蛞蝓，體色黃綠且觸角與裸鰓藍紫色，常聚集在分支苔蘚蟲上。（左：李承錄、右：林祐平）

黃紋暴海蛞蝓 *Tyrannodoris luteolineata*

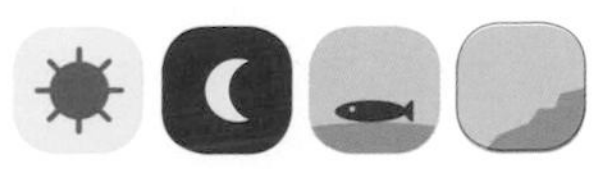

Tiger sea slug、Yellow lined sea slug
虎蛞蝓

本種具有醒目的條紋，彷彿老虎。常用口觸角靈敏地搜尋其他海蛞蝓的氣味並進行追蹤。生性也如老虎般兇猛，以其他海蛞蝓為主食。具有非常大的口，進食時會張開並吞噬獵物，有時甚至能吞下與口部相當大小的對象。

★ Tyranno為兇殘或暴君之意，形容本屬發達的口能將其他海蛞蝓生吞的兇殘習性。

黃紋暴海蛞蝓鮮豔的黃色縱帶有如老虎的虎紋。（林祐平）

本種口部能擴大張開並吞食其他海蛞蝓，有時甚至能吞食比口部還要大的對象。（林祐平）

廣大的口部通常摺疊收納在口觸角下方。（鄭德慶）

準備交配時各自從右側伸出交接器進行交接。（李承錄）

裸海蛞蝓 *Gymnodoris* spp.

身形狹長，花朵狀的裸鰓位於體背隆起的中央。裸海蛞蝓的物種繁多且不同物種的體態、裸鰓、觸角的樣式變化很大，仍是分類學家正在研究的一群海蛞蝓。生性兇猛，常以其他小型海蛞蝓為主食。

正面可見裸海蛞蝓可伸縮的大口。（李承錄）

以上皆為未確認的裸海蛞蝓，許多物種常在潮池的大型藻叢中發現。（左：李承錄、中：席平、右：李承錄）

貓瓦西海蛞蝓 *Vayssierea felis*

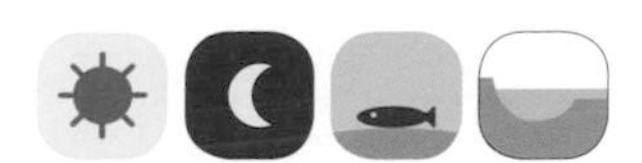

體型極小的海蛞蝓，裸鰓收縮在體內而外觀看不見，體色橘色透明且能看見體內的卵團。發育過程非常特別，大多海蛞蝓或螺貝類的卵孵化後，會以浮游生物型態的幼體在水中漂浮，發育到一定程度後沉降回到底質生活。但本種的卵孵出後便能直接爬行，不須經過漂浮階段。肉食性，以潮間帶常見的螺旋蟲為主食。常藉由附著在船隻或漂流物傳播至遠方。

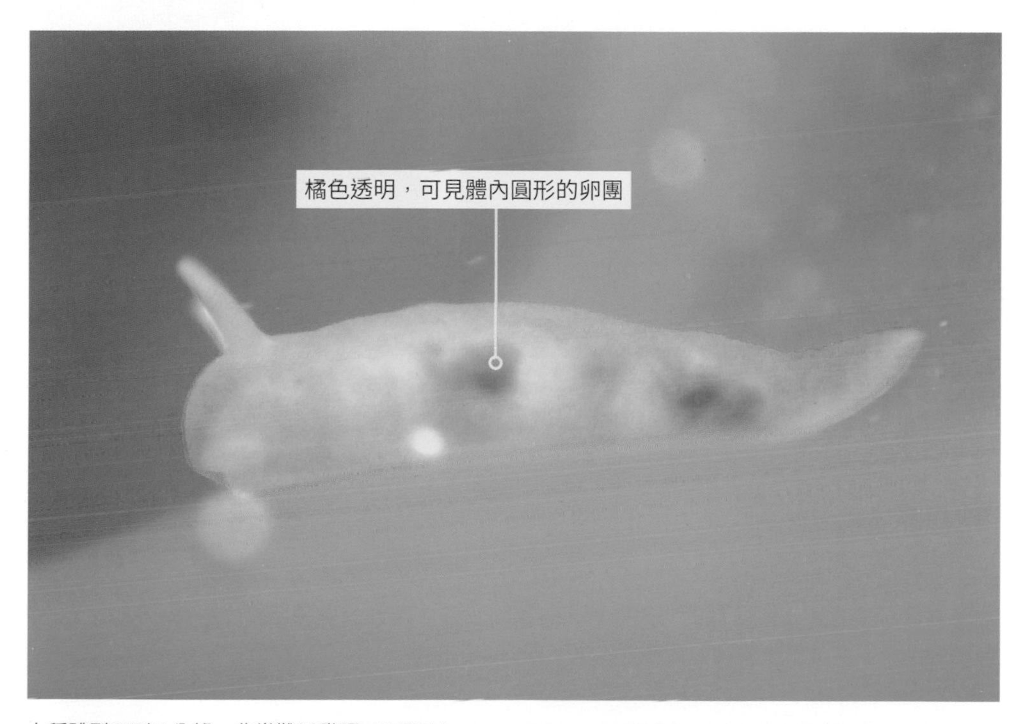

本種體型不到5公釐，非常難以發現。(陳彥宏)

螺旋蟲群落上橘紅色的小點都是他們。(席平)

外觀可見體內橘紅色的卵團。(方佩芳)

小紋多彩海蛞蝓

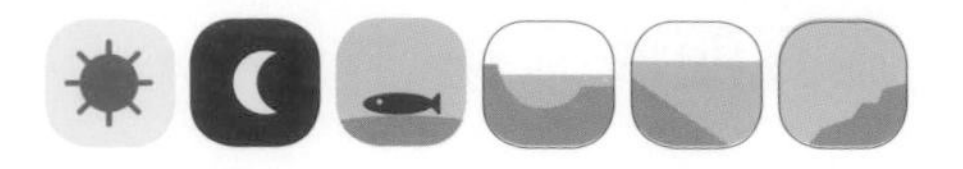

Chromodoris aspersa

北部潮間帶最常見的多彩海蛞蝓，體色乳白且有許多紫灰色的細點，外套膜邊緣淡黃色。多彩海蛞蝓屬的海蛞蝓身形狹長，產下的卵團圈狀且扁平。以海綿為主食。

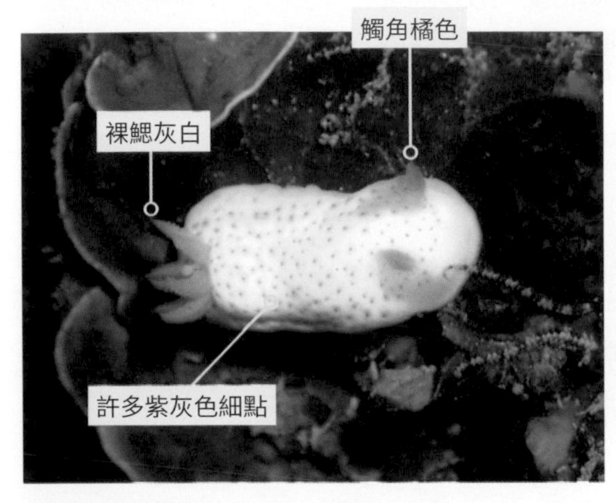

乳白色的身體上常有許多紫灰色細點。（李承錄）

夜間穿梭在岩礁上覓食海綿。（李承錄）

東方多彩海蛞蝓 *Chromodoris orientalis*

溫帶物種，常見於水溫較低的北部海域。體色純白且散布許多黑色斑點。裸鰓，觸角及外套膜邊緣黃色。常成對出現在亞潮帶岩礁上，以海綿為主食。

本種為北部海域亞潮帶的常見海蛞蝓。（林祐平）

常成對在岩礁上啃食海綿。（林祐平）

角鰓海蛞蝓的一種

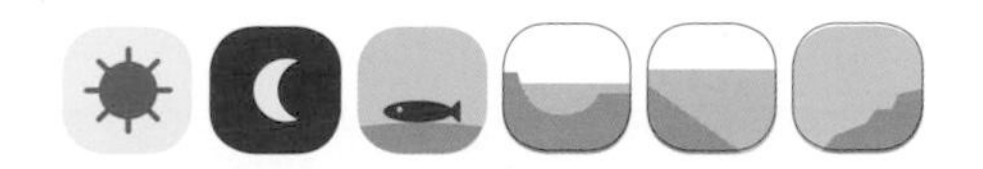

Goniobranchus sp.

角鰓海蛞蝓家族的體型較肥短，本屬與多彩海蛞蝓屬最大的不同點在於生殖口形狀，產下的卵團為垂直地表的圈狀，像是貼在岩石上的緞帶。具有複雜的紅色網紋與黃色的邊緣，個體變化很大。以海棉為主食。

★本種外形類似分布於紅海的染斑角鰓海蛞蝓（*Goniobranchus tinctoria*），需進一步研究進行鑑定。此類具有紅色網紋的角鰓海蛞蝓種類繁多，鑑定不易，可能是一群種群（Species complex）

本種為北部海域岩礁區常見的海蛞蝓之一。（楊寬智）

角鰓海蛞蝓所產下的卵團豎立於岩石表面。（楊寬智）

取食海綿後能轉化成自己的毒性。（李承錄）

艾德角鰓海蛞蝓 *Goniobranchus* cf. *alderi*

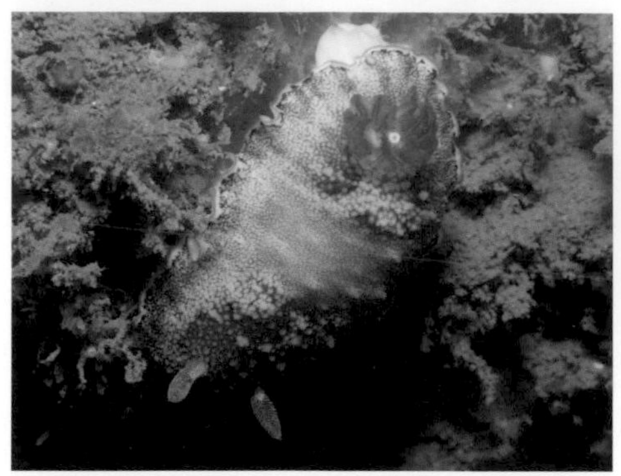

體背紅色部分白斑較大且顆粒明顯，外套膜邊緣黃色但無紅色點帶列，觸角與裸鰓淡紅色。（楊寬智）

網紋角鰓海蛞蝓 *Goniobranchus* cf. *reticulatus*

體背紅色且無明顯的凸起或雜斑，邊緣白色無斑點排列，觸角與裸鰓淡紅色。（李承錄）

柯氏角鰓海蛞蝓 *Goniobranchus collingwoodi*

外套膜邊緣乳黃色且有許多紫與黃色圓點。裸鰓與觸角灰棕色。（林祐平）

角鰓海蛞蝓的一種 *Goniobranchus* cf. *collingwoodi*

體色類似柯氏角鰓海蛞蝓，但體背具有許多凹凸不平的疙瘩。（林祐平）

白點角鰓海蛞蝓 *Goniobranchus* cf. *albopunctatu*

體背紅色且有細密的白點，外套膜邊緣深藍色。腹足黃色。觸角與裸鰓紅色。大型個體外套膜寬大。（左：楊寬智、右：陳致維）

金紫角鰓海蛞蝓 *Goniobranchus aureopurpureus*

體乳白且外套膜背面有許多黃點，外套膜邊緣有一圈連續排列的藍紫色斑點。觸角與裸鰓紅紫色。(李承錄)

紅點角鰓海蛞蝓 *Goniobranchus rufomaculata*

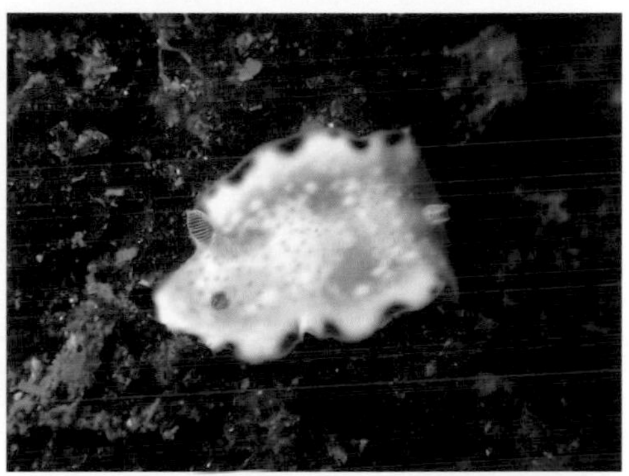

體色與外觀非常類似金紫角鰓海蛞蝓，但從白色的裸鰓可鑑別彼此，且外套膜邊緣藍紫斑點較不連續。(陳致維)

中華角鰓海蛞蝓 *Goniobranchus sinensis*

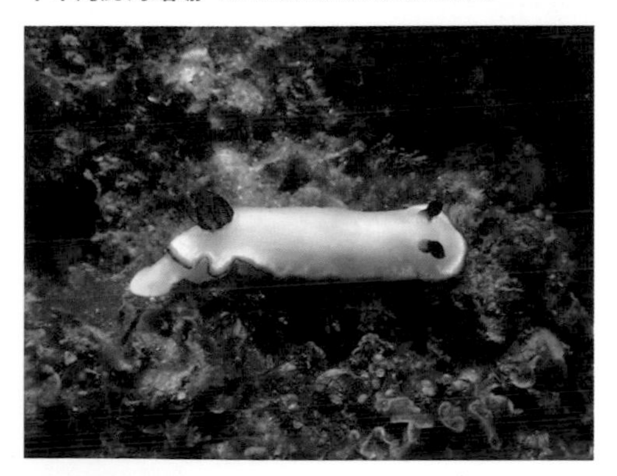

體色白，外套膜由外至內顏色順序為螢光藍、紅、黃。觸角與裸鰓深紅色。(楊寬智)

紅角角鰓海蛞蝓 *Goniobranchus rubrocornutus*

體色白，外套膜由外至內顏色順序為橘、紅、亮白。觸角與裸鰓深紅色。(陳致維)

范氏角鰓海蛞蝓 *Goniobranchus verrieri*

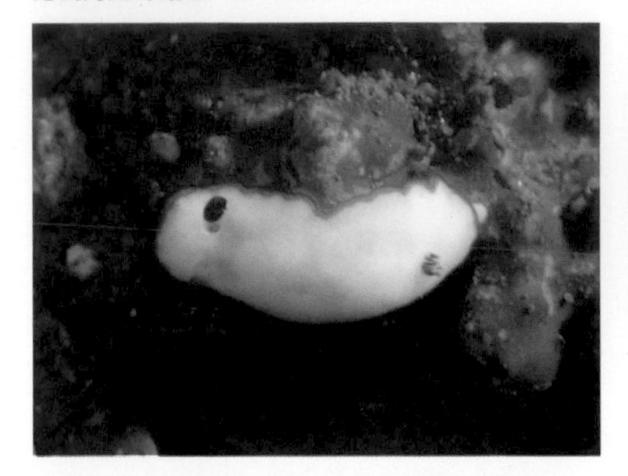

體色白，外套膜邊緣顏色為外紅內黃。觸角與裸鰓深紅色。（陳致維）

白耳角鰓海蛞蝓 *Goniobranchus albonares*

體色白，外套膜邊緣橙色。本種特徵為觸角與裸鰓皆為純白。（林佑平）

信實角鰓海蛞蝓 *Goniobranchus fidelis*

體背中央乳白色，與邊緣紅色部分有波浪狀的交界。觸角與裸鰓藍黑色。（李承錄）

幾何角鰓海蛞蝓 *Goniobranchus geometrica*

體色灰白且有許多白色的凸起，凸起之間常有黑色色澤，觸角與裸鰓黃綠色。（李承錄）

希圖那角鰓海蛞蝓 *Goniobranchus hintuanensis*

外套膜有許多乳白的圓形凸起，體背中央常有數個黑邊小白點，外套膜邊緣紫色。觸角與裸鰓紫紅。（陳致維）

羅伯角鰓海蛞蝓 *Goniobranchus* cf. *roboi*

體背黃色且有許多白點，外套膜邊緣為紫色與白色的交錯，觸角與裸鰓白色且有紫色邊緣。（林祐平）

庫尼角鰓海蛞蝓 *Goniobranchus kuniei*

Kunie's sea slug、Kunie's nudibranch

外套膜較寬大且具有紫色邊緣的海蛞蝓，體色黃與紫色的斑點非常鮮豔。常會上下擺動外套膜彷彿掀起裙子的模樣。棲息在較深的亞潮帶，以海綿為主食。

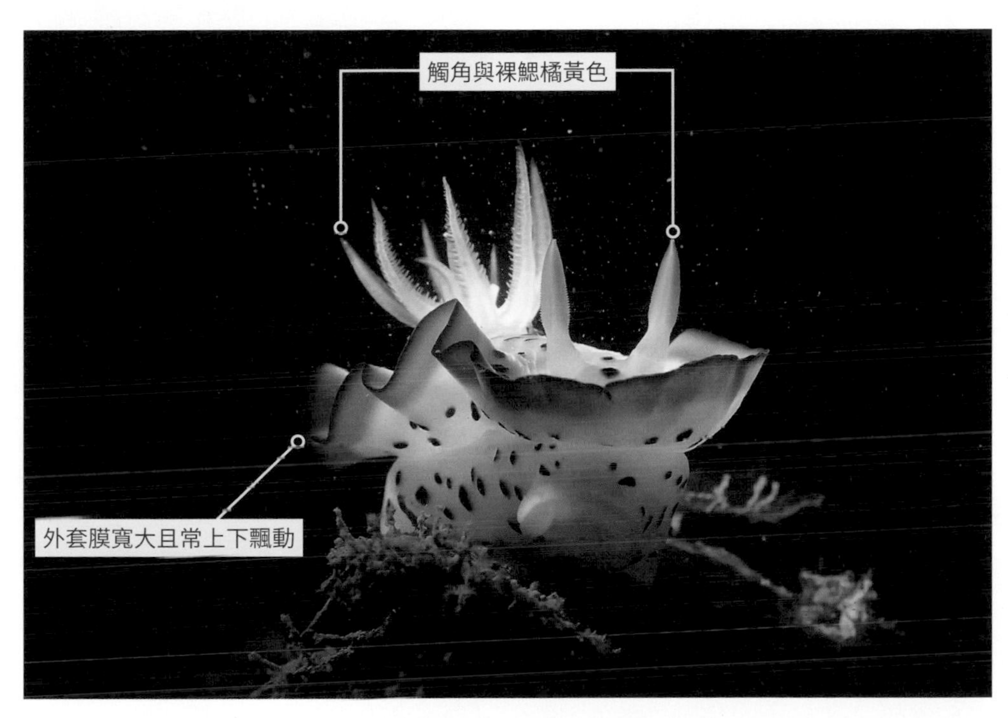

本種常有掀動外套膜的有趣行為。（京太郎）

外套膜寬大且鮮豔，接近圓形。（李承錄）

產下的螺旋狀卵團為橘黃色。（林祐平）

阿氏舌狀海蛞蝓 *Glossodoris cf. acosti*

體色紫灰斑駁，皺褶發達的外套膜邊緣外藍內黃。可能為一複雜的種群。以海綿為主食。（李承錄）

希幾努舌狀海蛞蝓 *Glossodoris hikuerensis*

體色灰棕斑駁，皺褶發達的外套膜邊緣粗厚且為灰白。主要棲息在潮下帶以下的岩礁區。（李承錄）

紅邊舌狀海蛞蝓 *Glossodoris rufomarginata*

體色橘紅且邊緣白色，皺褶的外套膜邊緣橘紅。潮間帶至亞潮帶的岩礁皆可發現。主食海綿。（李承運）

黑邊菱緣海蛞蝓 *Doriprismatica atromarginata*

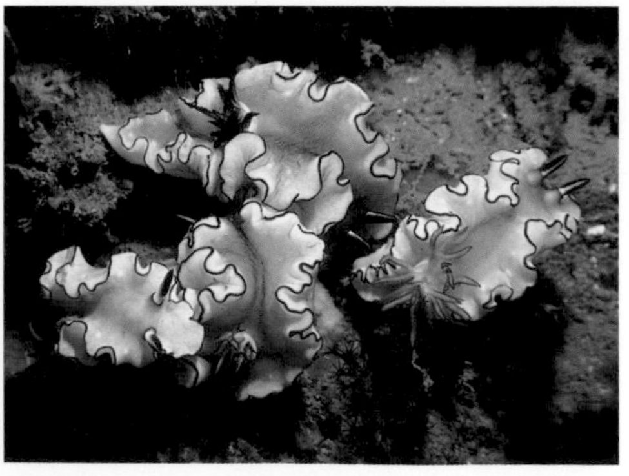

體色淡棕色，質地較硬的外套膜邊緣為黑色且充滿皺褶。觸角與裸鰓皆為黑色。常在海綿附近大量出現，偶爾可見集體產卵的行為。（左：李承錄、右：楊寬智）

艾氏鷺海蛞蝓 *Ardeadoris averni*

體表光滑，體色純白，皺褶的外套膜邊緣粗厚且為橘紅色。觸角與裸鰓橘紅。以海綿為食。(林祐平)

對稱鷺海蛞蝓 *Ardeadoris symmetrica*

體表光滑，體色淡棕色，外套膜邊緣皺褶豐富且為粉紅色。觸角與裸鰓粉紅。以海綿為食。(楊寬智)

尖鷺海蛞蝓 *Ardeadoris angustolutea*

體表光滑，體色灰白，皺褶的外套膜邊緣乳白色。觸角與裸鰓橘紅。常在主食的海綿附近活動。(李承錄)

白鷺海蛞蝓 *Ardeadoris egretta*

體表光滑，體色純白，皺褶的外套膜邊緣淡黃色。觸角與裸鰓皆為純白。(李承錄)

雪花維洛海蛞蝓 *Verconia nivalis*

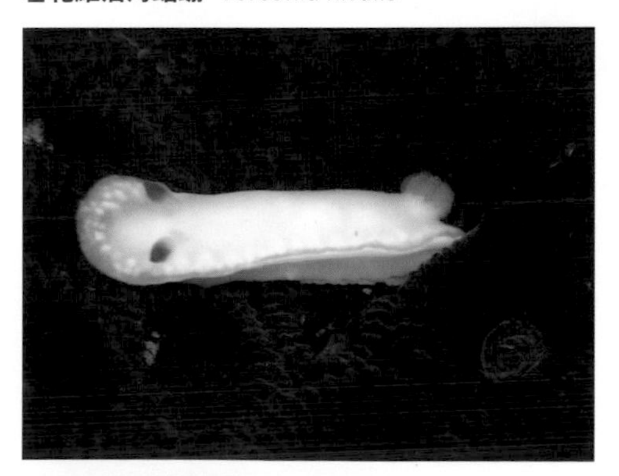

體色純白且邊緣平整，外套膜邊緣黃色且內部有許多白點。觸角橘紅，裸鰓純白。(陳致維)

寬帶維洛海蛞蝓 *Verconia norba*

體色紫紅且邊緣平整，外套膜邊緣與體中線為白色。觸角與裸鰓橘色。(楊寬智)

簡單維洛海蛞蝓 *Verconia simplex*

體色乳白，外套膜邊緣常凹陷成葫蘆形。觸角和裸鰓尖端橘色。為常見種，但體型小於1公分因此少被發現。（左：林佑平、右：李承錄）

鮮黃多變海蛞蝓 *Diversidoris crocea*

體色黃，皺褶的邊緣粗厚且為乳黃色。觸角與裸鰓黃色。（李承錄）

黃多變海蛞蝓 *Diversidoris flava*

體色和外形與鮮黃多變海蛞蝓類似，但本種皺褶的邊緣橘紅。觸角與裸鰓黃色。（李承錄）

多疣墨彩海蛞蝓 *Mexichromis multituberculata*

體背具有許多粗糙且凸起的肉瘤，肉瘤末端、觸角與裸鰓邊緣紫色。喜好在靠沙底的岩礁上活動。（左：鄭德慶、右：陳致維）

賽麗絲高澤海蛞蝓

Hypselodoris cerisae

高澤海蛞蝓為身形狹長的海蛞蝓，體背中央常有隆起較高的部分。賽麗絲高澤海蛞蝓具有數條紫色縱帶，縱帶上有許多亮白色的小點。大多棲息在較深的亞潮帶，常成對活動。以珊瑚礁上的小型海綿為主食。

正面可見高澤海蛞蝓體背隆起的部分。（京太郎）

一對賽麗絲高澤海蛞蝓正在交配。（陳致維）

大家的名字怎麼來？

每種已命名的生物在分類學家發表時，會被賦予一個由兩個拉丁文「二名法」所組成的「拉丁學名」，用來描述該生物。其組成由大寫的「屬名」與小寫的「種名」所組成。屬名相當於我們人名中的姓氏，而種名相當於名字。舉例來說：

***Chromodoris orientalis*　東方多彩海蛞蝓**

屬名 ***Chromodoris*** 為「彩色的海牛」，而種名 ***orientalis*** 意為「東方」

而另群海蛞蝓因特徵不同於多彩海蛞蝓，被分類學家另賦予其他不同的屬別，如：

***Goniobranchus* 角鰓海蛞蝓屬**：「角狀的鰓」

***Glossodoris* 舌狀海蛞蝓屬**：「舌頭狀的海牛」

***Hypselodoris* 高澤海蛞蝓屬**：「體高的海牛」

而在各屬共同特徵之下，各自又包含不同的物種。

為什麼要統一使用拉丁學名呢？因為同一物種在不同的語言圈會形成不同的俗名，有時許多類似的物種也都會有共同的俗名。因此若使用俗名溝通，可能會造成嚴重混淆。如俗名的「獅子魚」，可能指鮋科的魔鬼蓑鮋、觸角蓑鮋、斑馬多臂蓑鮋，也可能指深海的杜夫魚或淡水的蟾魚。但只要寫出「***Pterois volitans***」，我們就可知指的一定是「魔鬼蓑鮋」。

節慶高澤海蛞蝓 *Hypselodoris festiva*

體色藍，外套膜邊緣與體中線黃色，全身散布黑色斑點。觸角與裸鰓橘色。為北部較常見的溫帶物種。
（左：Tina Huang、右：鄭德慶）

凱瑟琳高澤海蛞蝓 *Hypselodoris* cf. *katherinae*

體色淡黃，外套膜邊緣外白內紫，體背有許多紅色縱帶。觸角與裸鰓橘紅色。可能為未描述的物種。
（左：陳致維、右：林祐平）

懷特高澤海蛞蝓 *Hypselodoris whitei*

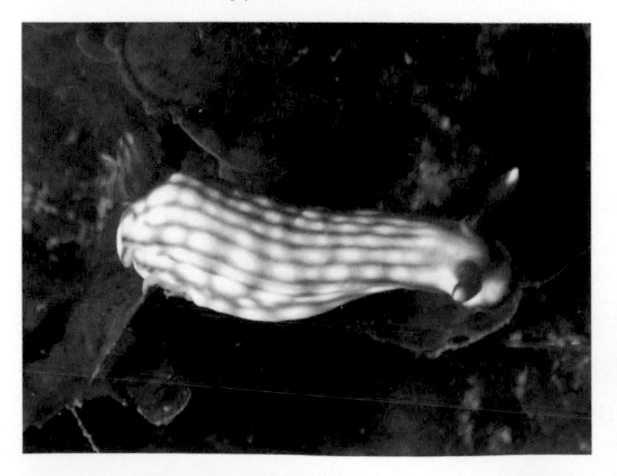

體色乳白，外套膜邊緣淡紫色，體背有許多紫色縱線。觸角與裸鰓紅色。（楊寬智）

紫斑高澤海蛞蝓 *Hypselodoris purpureomaculosa*

體色白，外套膜邊緣橘色，體背排列許多紅紫色斑塊。觸角與裸鰓橘色。（林祐平）

海洋高澤海蛞蝓 *Hypselodoris maritima*

體色乳白，外套膜邊緣藍色，體背有許多流紋狀的黑色縱帶。觸角與裸鰓橘黃色。（林祐平）

相模高澤海蛞蝓 *Hypselodoris sagamiensis*

體色乳白，外套膜頭部邊緣藍色，體背散布許多黑色與黃色的細點。觸角與裸鰓邊緣紅色。（楊寬智）

花斑高澤海蛞蝓 *Hypselodoris maculosa*

體色乳白且邊緣橘紅，體背有白色縱線與紫黑色斑點，不同個體體色差異大。本種特徵為觸角上有兩道橘環。（席平）

裝飾高澤海蛞蝓 *Hypselodoris decorata*

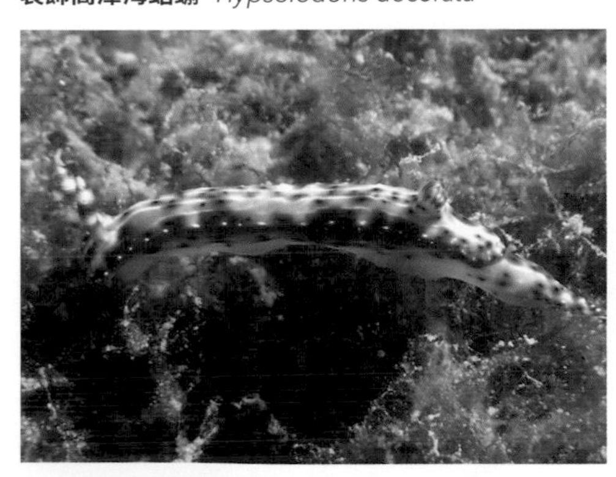

與花斑高澤海蛞蝓外形上非常相似，但觸角上的橘環為三道。廣布於潮間帶至亞潮帶的岩礁區。
（左：李承錄、右：陳致維）

三葉角質海蛞蝓 *Ceratosoma trilobatum*

T-bar nudibranch
草莓海蛞蝓

身形延長的海蛞蝓，體長可達15公分。裸鰓周圍的外套膜有三道角質狀凸起朝左右延伸，裸鰓後的凸起向上與左右捲曲，外套膜周圍具有紫色的邊緣。主要棲息在亞潮帶，常在靠近沙底的岩礁活動，以海綿為主食。

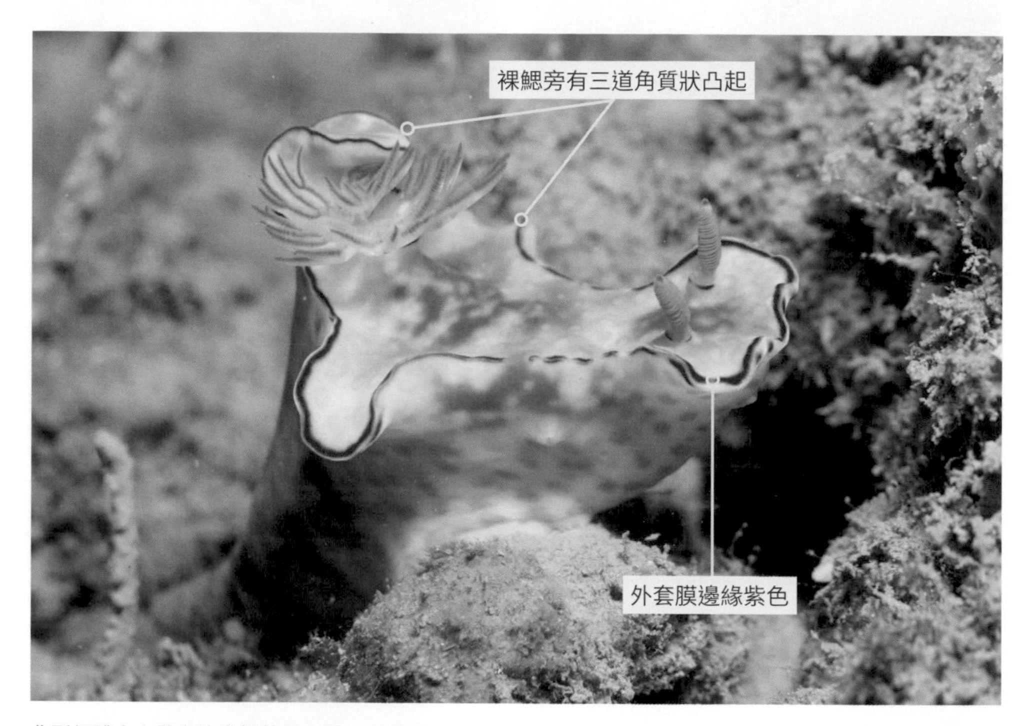

典型個體身上散布許多橘黃色小點。（李承錄）

也有身上斑點為橘紅色圈圈的個體。（李承錄）

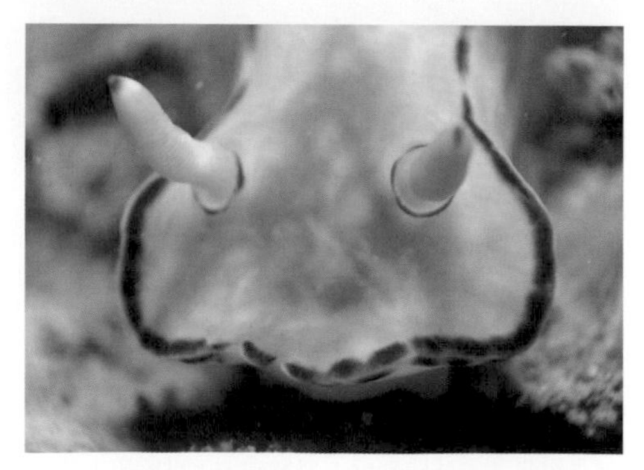

頭部顯眼的觸角宛如牛角。（李承錄）

細長角質海蛞蝓 *Ceratosoma gracillimum*

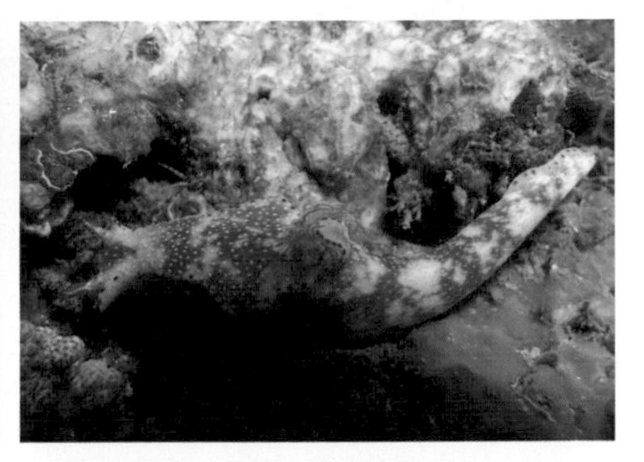

外形類似三葉角質海蛞蝓，但角質凸起較短小且邊緣圓鈍。體色多變，身上有許多彷彿草莓的細點。
（左：楊寬智、右：李承運）

魔蜥瑰麗海蛞蝓 *Miamira moloch*

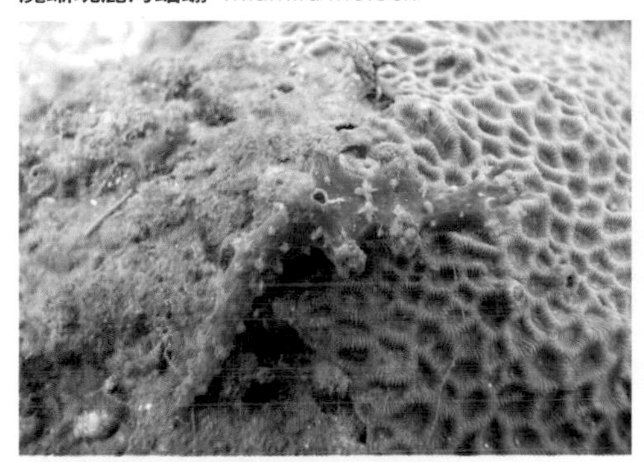
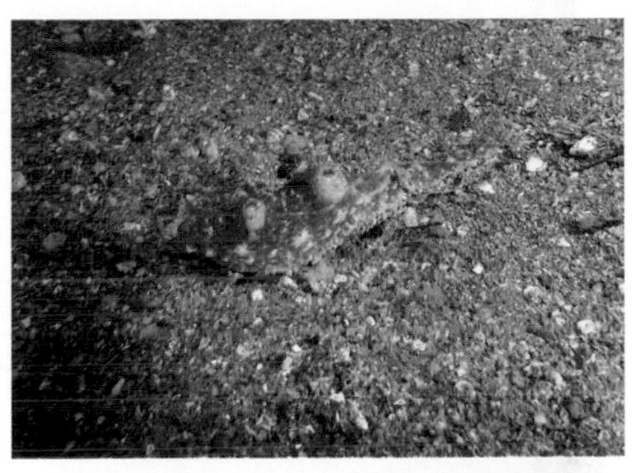

具有多對角質凸起，凸起末端常叢生粗糙的肉刺。體色多變。以海綿為主食，偶爾可在靠近沙底的底質發現。（左：林祐平、右：陳致維）

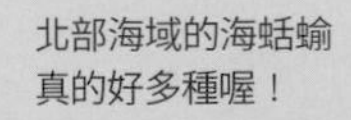

曲折瑰麗海蛞蝓 *Miamira* cf. *sinuata*

體背與外套膜邊緣具有多對粗糙的角質凸起，凸起末端圓鈍，體背有不規則的起伏與青綠色的網紋。體色多變。觸角和裸鰓綠色或褐色。（林祐平）

裝飾法官海蛞蝓 *Cadlinella ornatissima*

體背黃且具有明顯延長的泡狀凸起，凸起的末端常有粉紅色的色澤。觸角與裸鰓白色。（陳致維）

副飾法官海蛞蝓 *Cadlinella subornatissima*

與裝飾法官海蛞蝓外形相似，但外套膜邊緣為白色，泡狀凸起的末端不為粉紅色。觸角與裸鰓白色。（林祐平）

信天翁艾德海蛞蝓 *Aldisa albatrossae*

本種以海綿為食。藍白體色與瘤狀凸起擬態劇毒的葉海蛞蝓。棲息在亞潮帶的岩礁區。（左：楊寬智、右：林祐平）

日本石磺海牛 *Homoiodoris japonica*

體背具有類似石磺般的疙瘩，觸角長且基部光滑。夜間偶爾可在藻類豐富的潮池中發現。（左：洪麗智、右：席平）

美麗扁盤海蛞蝓 *Platydoris formosa*

身形扁平且外套膜邊緣皺褶明顯，體表粗糙，體長可達15公分。觸角的基部由肥厚的鞘包圍，鞘上有褐色斑點。廣泛棲息在潮間帶至亞潮帶的岩礁區。盤海蛞蝓科的成員身形大多扁平且體表粗糙，以海綿為主食。

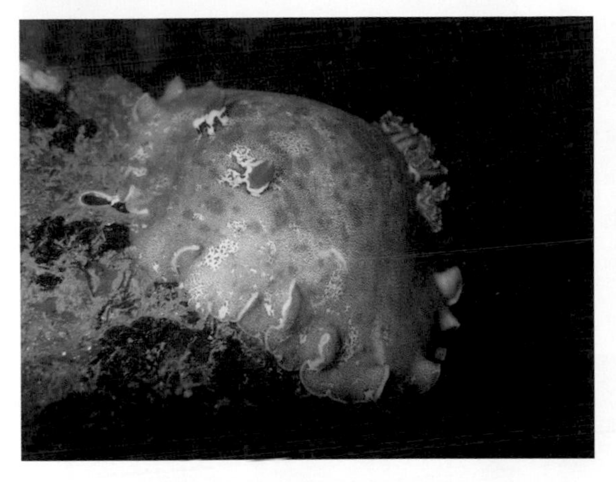

碩大的扁盤海蛞蝓偶爾可在夜間的潮下帶發現。（李承錄）

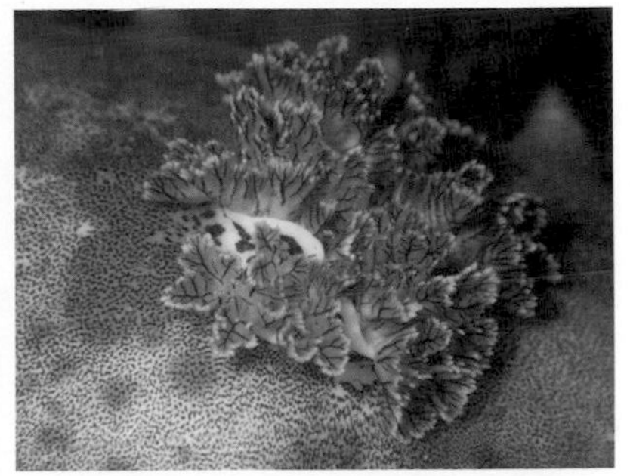

褐色的裸鰓有如花朵般綻放。（李承錄）

血斑扁盤海蛞蝓 *Platydoris cruenta*

身形扁平且邊緣皺褶豐富，體背具有許多褐色交錯的線紋並有不規則的血紅色斑塊。習性類似美麗扁盤海蛞蝓，小型個體偶爾可在潮池中發現。以海綿為主食。

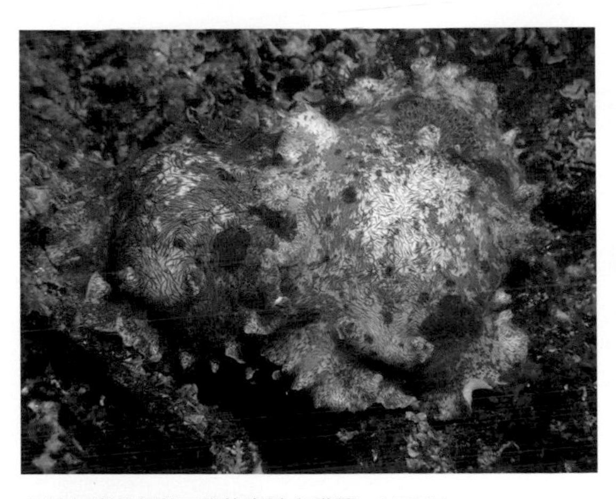

夜間有時可在潮下帶的岩壁上發現。（李承錄）

體背鮮豔的血紅色斑塊是本種名稱的由來。（李承錄）

盤海牛科 Discodorididae

褐鰓扁盤海蛞蝓 *Platydoris* cf. *cinerobranchiata*

身形扁平寬大，體背紅或褐色且常有深色斑點，觸角淡色且有小黑斑。（林祐平）

無飾扁盤海蛞蝓 *Platydoris inornata*

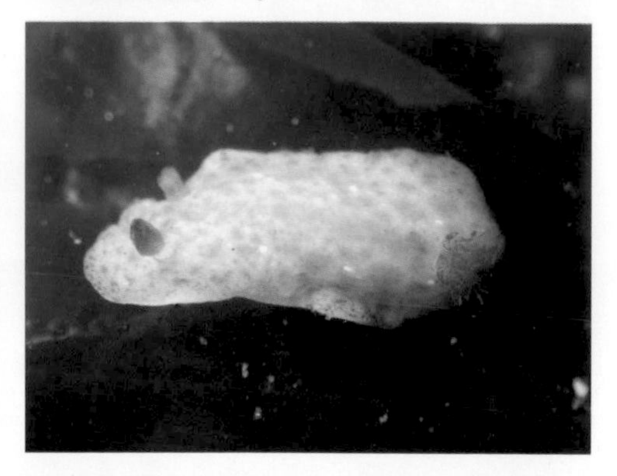

身形扁平寬大，體色黃棕色，觸角淡色且有褐色小點。（李承錄）

卡森瘤背海蛞蝓 *Halgerda carlsoni*

身形肥短且有凸起的肉瘤，肉瘤末端為鮮豔的橘黃色。觸角與裸鰓白色且有許多黑點。（楊寬智）

鑲嵌瘤背海蛞蝓 *Halgerda tessellata*

體背有許多橘色與黑褐色的脊狀凸起，組成類似拼貼的網格。觸角與裸鰓白色且邊緣黑色。（李承錄）

威利瘤背海蛞蝓 *Halgerda* cf. *willeyi*

身形肥短且有不規則的脊狀凸起，體背常有黑色或黃色的斑點。為一體色多變的種群，可能混有不同物種。（左：林祐平、右：陳致維）

煙囪壺型海蛞蝓 *Jorunna funebris*

體色白，體表有黑褐色的細毛，組成類似煙圈的圖案。細毛的密集程度常有個體差異。觸角與裸鰓為黑褐色。體長可達15公分，但常見的個體體長僅1公分左右。（左：李承錄、右：陳致維）

微小壺型海蛞蝓 *Jorunna parva*

體色黃，體表有黑褐色的細毛，細毛密集程度有個體差異。觸角與裸鰓黑褐色。為體長2公分以下的小型種，常在海綿上進食。（左：陳致維、右：李使璇）

東方叉棘海蛞蝓 *Rostanga orientalis*

體色橘色，體表布滿許多微小的分叉針狀凸起。觸角火柴棒狀，末端尖銳。裸鰓為特殊的圓桶形。（李承錄）

尖盤海蛞蝓 *Tayuva lilacina*

體色灰白，體表布滿類似海綿孔隙的質感，圖案多變。觸角與裸鰓灰棕色。常見於潮間帶至潮下帶。（李承錄）

黑枝鰓海蛞蝓 *Dendrodoris nigra*

為潮間帶十分常見的枝鰓海蛞蝓。體背光滑且體色非常多變，邊緣常散布白色的細點。裸鰓較短小，常會收縮至外套膜內。以海綿為主食。

黑枝鰓海蛞蝓為北部潮間帶最常見的海蛞蝓之一，夜間較為活躍。（李承錄）

體色非常多變，較幼小的個體常有外黑內紅的邊緣。（左下：杜侑哲、上與右下：李承錄）

庫氏枝鰓海蛞蝓 *Dendrodoris krusensternii*

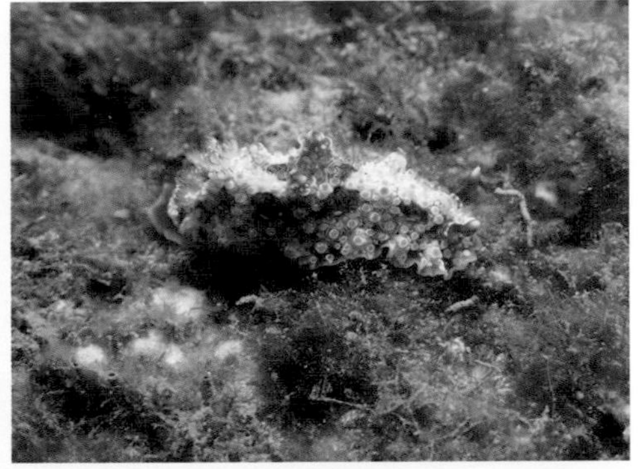

體背叢生許多球狀凸起，光滑部分深褐色且散布許多鮮豔的藍點。棲息在潮間帶至亞潮帶的岩礁區。
（左：李承運、右：林祐平）

結節枝鰓海蛞蝓 *Dendrodoris tuberculosa*

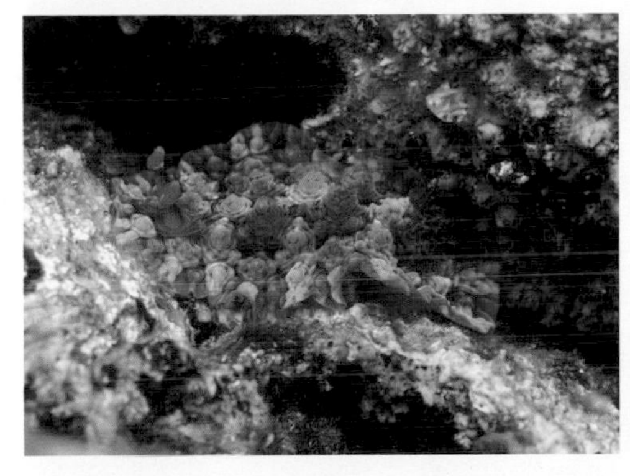

體背叢生許多類似花椰菜造型的肉質凸起，顏色斑駁，常隱身在藻類豐富的岩礁上而不被發現。
（左：李承錄、右：陳致維）

小枝鰓海蛞蝓 *Doriopsilla* cf. *miniata*

體表布滿許多顆粒的扁平海蛞蝓，表面具有亮白色的光澤，體長約2至4公分。廣泛棲息在潮間帶至亞潮帶的岩礁區。（李承錄）

媚眼葉海蛞蝓 *Phyllidia ocellata*

Nobbed seaslug

橡皮擦海蛞蝓

身形肥胖且具有許多堅硬肉瘤的海蛞蝓，裸鰓內收在體內因此外表看不見。大多葉海蛞蝓能有效地將海綿轉化成體內的毒素與硬質結構，因此幾乎沒有天敵。物種繁多，其中顏色鮮黃且有大型眼斑的媚眼葉海蛞蝓是最容易鑑別的物種。其他的葉海蛞蝓鑑定困難，大多需要觀察腹部與口器形態才能辨識。

媚眼葉海蛞蝓具有醒目的大眼斑。（楊寬智）

體側的眼斑與凸起變異非常多，也有如眼斑相連或肉瘤偏大的個體。（左：李承錄、右：林祐平）

馬場葉海蛞蝓 *Phyllidia babai*

體背白且有眾多黑色眼斑，肉質凸起末端黃色。觸角黃色。（陳致維）

威廉葉海蛞蝓 *Phyllidia willani*

體背灰白且體背有兩條較明顯的黑線，肉質凸起黃色。觸角黃色。（林祐平）

多彩葉海蛞蝓 *Phyllidia picta*

體背藍色，體背黑色部分相連成網狀，肉質凸起末端黃色。腹部無一條縱帶。觸角黃色。
（左：楊寬智、右：李承錄）

變形葉海蛞蝓 *Phyllidia varicosa*

體背藍色或淡藍色，體背黑色部分為平行排列的黑線，肉質凸起末端黃色。腹部有一條縱帶。觸角黃色。
（左：楊寬智、右：李承錄）

突丘小葉海蛞蝓 *Phyllidiella* cf. *pustulosa*

體背具有許多不規則的白色肉質凸起，黑色部分網狀排列。觸角整根黑色。（楊寬智）

裂紋擬葉海蛞蝓 *Phyllidiopsis* cf. *fissurata*

體背具有許多不規則的白色肉質凸起，黑色的部分不規則排列。觸角末段黑色基部白色。相似物種非常多，鑑定困難。（楊寬智）

心狀擬葉海蛞蝓 *Phyllidiopsis cardinalis*

體背叢生許多類似花椰菜的肉質凸起，凸起的顏色多變且常有紫色或綠色的斑點。觸角綠色。
（左：李承錄、右：林祐平）

安娜擬葉海蛞蝓 *Phyllidiopsis annae*

體背平滑不具明顯凸起，體背四條黑色縱帶，最邊緣兩條縱帶於尾端不連結。觸角黑色。（鄭德慶）

史氏擬葉海蛞蝓 *Phyllidiopsis sphingis*

外表類似安娜擬葉海蛞蝓，但最邊緣兩條縱帶常有垂直的分叉。觸角白色。（楊寬智）

西沙擬葉海蛞蝓 *Phyllidiopsis xishaensis*

體背平滑不具明顯凸起，體背四條黑色縱帶，最邊緣兩條縱帶於尾端連結。觸角淡黃色。（左：陳致維、右：林祐平）

蕈狀網葉海蛞蝓 *Reticulidia fungia*

體背灰青色或乳黃色，具有許多黃色不規則有如山脈的的隆起線。觸角黃色。（楊寬智）

裸鰓目：蓑海蛞蝓 Cladobranchia

支鰓亞目（Cladobranchia）屬於裸鰓目海蛞蝓的另一類群。與海牛海蛞蝓是親戚，但與海牛海蛞蝓不同的是外套膜不明顯，且背上排列許多凸出的角突（cerata），這些角突中包含鰓與部分的消化器官，讓整個身子變得更為流線。布滿角突的外形宛如披蓑衣的行者，因此常被稱為「蓑海蛞蝓」。

蓑海蛞蝓比起海牛海蛞蝓，靈活度與敏捷性更勝一籌。他們延長的口觸角善於感知氣味，動作輕巧甚至能攀爬至許多難以到達的地區，有些甚至具有游泳的能力，讓他們能更廣泛移動。和海牛海蛞蝓一樣，蓑海蛞蝓可利用他們吃下的食物進行化學防禦，有些甚至將帶有毒性的刺細胞放在角突上，成為防衛的利器。

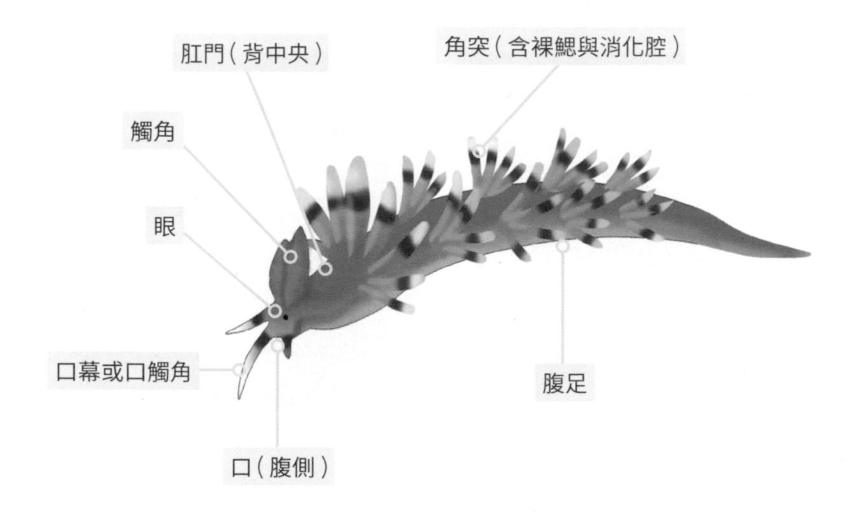

許多蓑海蛞蝓具有豐富的角突。（林祐平）

角突所消化的廢物會從背中的肛門排出。（李承錄）

華麗皮鰓海蛞蝓 *Dermatobranchus ornatus*

薄片狀的外套膜上有許多圓柱形且末端凹陷的凸起，凸起末端與外套膜邊緣皆為橘色。觸角火柴棒狀，整體造型非常特異。棲息在亞潮帶的泥沙底，以柳珊瑚為食，常成群攀爬在柳珊瑚上進食。

火柴棒觸角末端具有許多溝狀的紋路。（Spark）

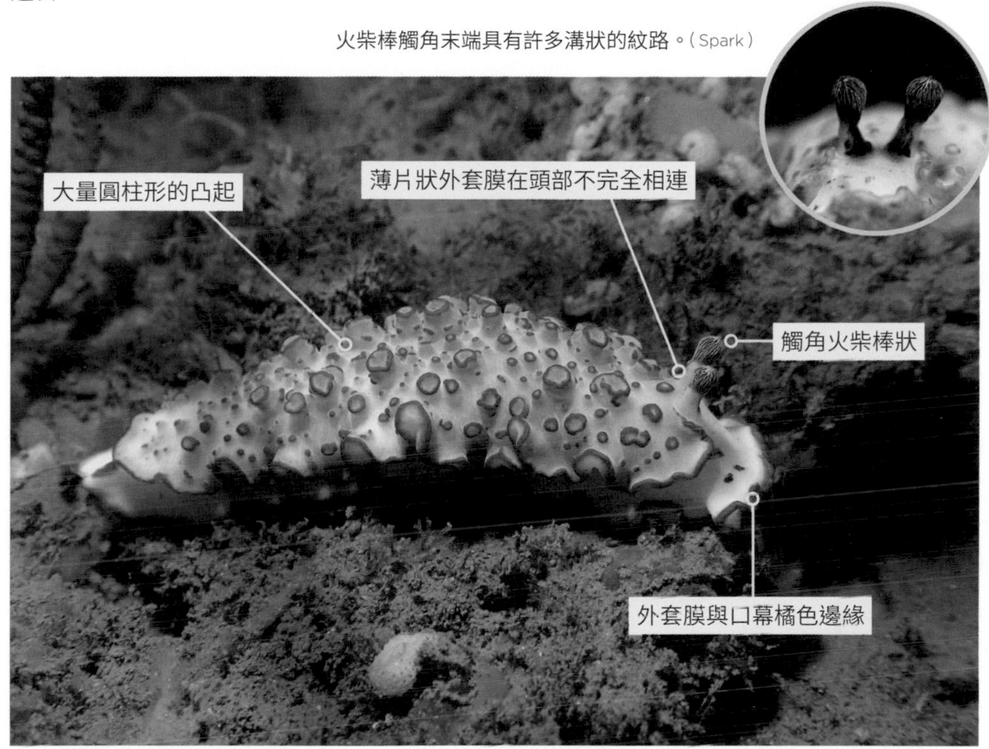

身上特殊的凸起與橘紅的邊緣常被潛水員戲稱「拔罐」。（林祐平）

正面可見波浪狀的外套膜在頭部並不相連。（林祐平）

常成群包圍在柳珊瑚上進食。（林祐平）

鰻游二列鰓海蛞蝓 *Bornella anguilla*

Eel bornella

海麒麟、火麒麟

身形狹長，觸角與體側裸鰓旁生有二列分叉的角突，彷彿鹿角或火炬，加上鮮豔的橘黃體色，因此又有「海麒麟」或「火麒麟」的稱呼。生性活潑，有時能將角向後收起後，以扭動的方式在水中游動，彷彿一隻小鰻魚。以水螅為主食。

本種身上的網紋常有橘色與黃色的圓點參雜其中。（洪麗智）

能如同鰻魚般扭動身軀並游入水中。（Spark）

位於觸角基部的眼睛小巧玲瓏。（林佑平）

星斑二列鰓海蛞蝓 *Bornella stellifer*

Starry bornella

海麒麟、火麒麟

外形與鰻游二列鰓海蛞蝓相似，但體側網紋為暗紅色，二列角突的末端為乳白色且有橘色環紋。與鰻游二列鰓海蛞蝓一樣能在水中游動。春季時常大量出現在亞潮帶的岩礁上，常攀附在羽水螅上進食。

星斑二列鰓海蛞蝓有火炬般的觸角與網狀的花紋。（林祐平）

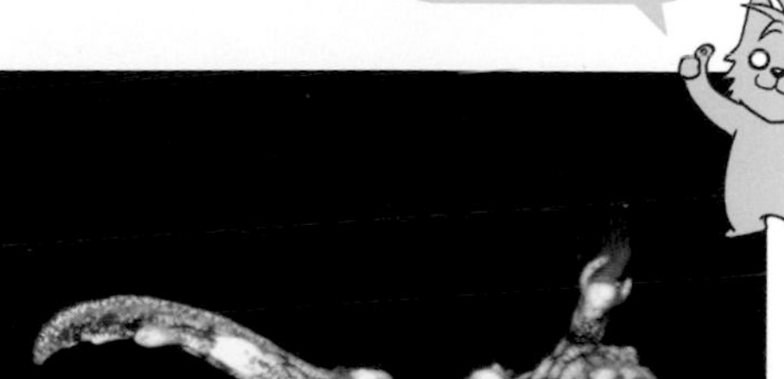

羽狀的觸角由數根分叉的角所包圍。（京太郎）

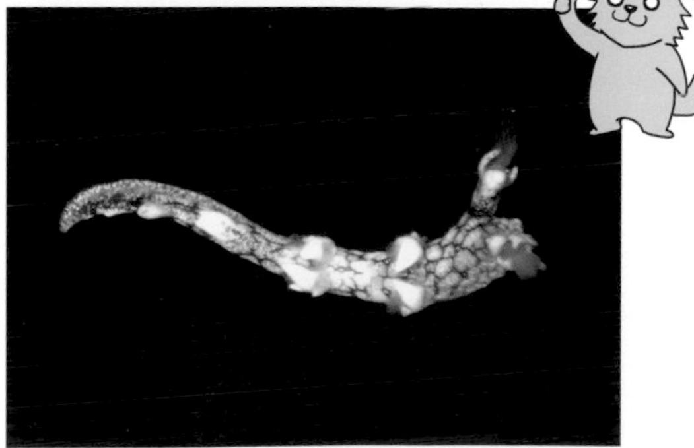

在水中快速游動的小型個體。（李承錄）

黃色席拉海蛞蝓 *Scyllaea fulva*

棲息在漂浮馬尾藻叢中的海蛞蝓，偶爾也會利用海漂垃圾。體色與造型與馬尾藻（p.99）類似，有些大型個體上具有藍色圓點。以漂浮物上的刺胞動物為主食，有時會張開角突短暫地在水中游動。

★ Scylla為希臘神話中多隻手腳的女海妖，形容本屬身上多個凸起的樣貌

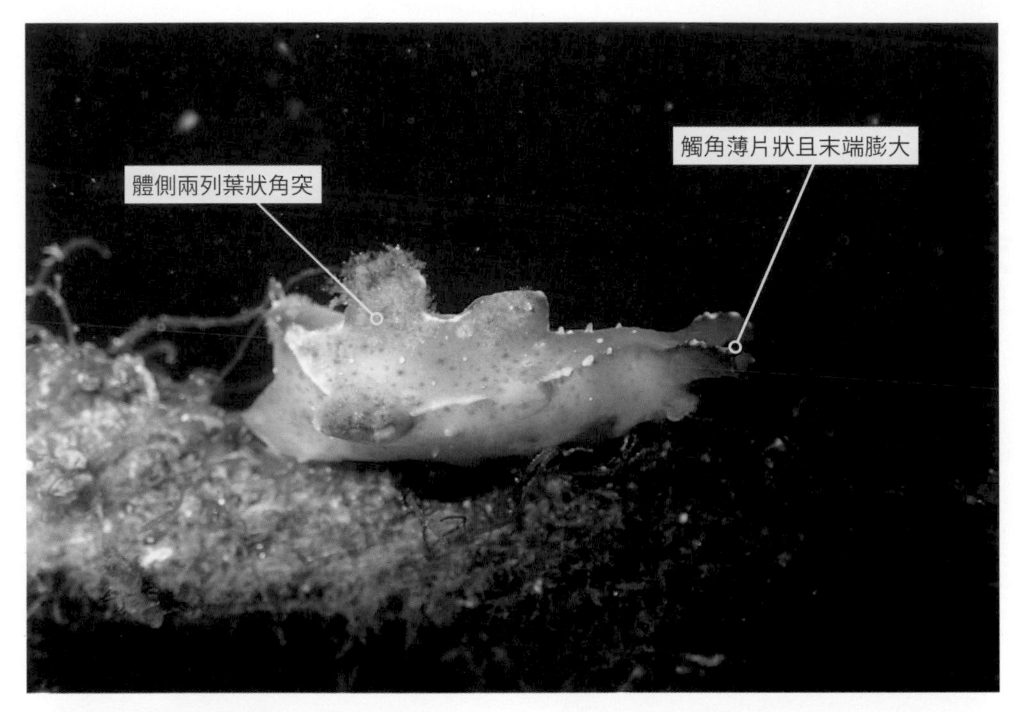

在港邊繩索上發現的黃色席拉海蛞蝓。（李承錄）

造型與顏色跟馬尾藻簡直一模一樣。（李承錄）

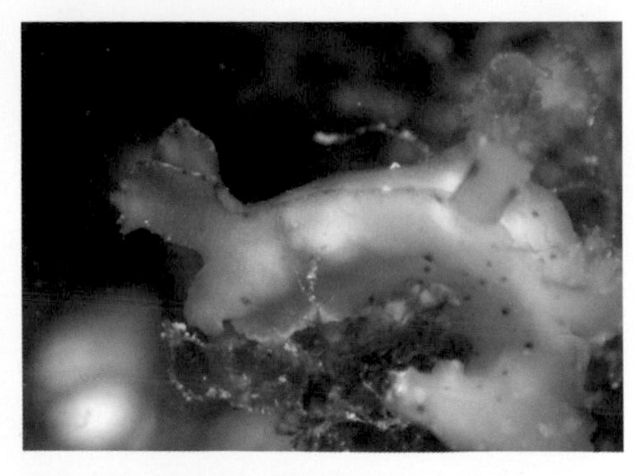

薄片觸角末端有類似馬尾藻的鋸齒。（李承錄）

豆豆海蛞蝓 *Doto* spp.

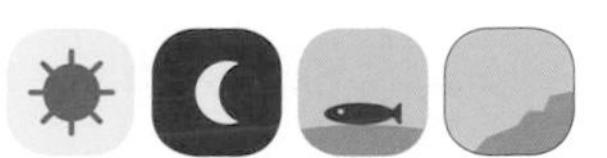

棲息在水螅上的小型海蛞蝓，體長大多不滿2公分。以羽狀的水螅為主食，不僅利用水螅轉化成自身的毒性，也能將卵產在水螅上避免天敵攻擊。本科物種繁多且外觀各異，許多物種尚未被描述和命名。

棲息在水螅上的豆豆海蛞蝓小巧可愛。（林音樂）

近觀可見觸角基部有喇叭狀的鞘。（林音樂）

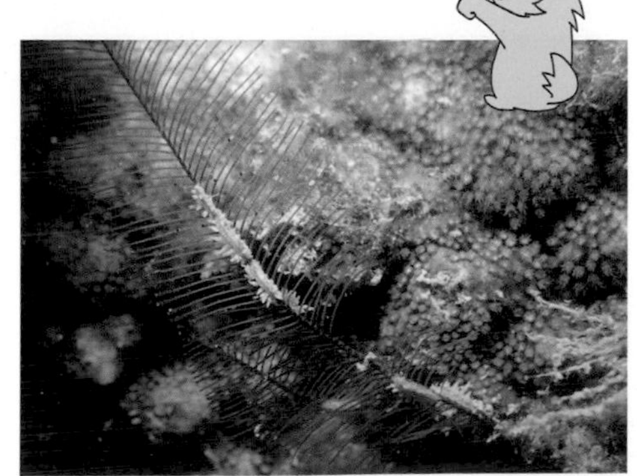

水螅的主幹是豆豆海蛞蝓的藏身處。（楊寬智）

美豔尖冠海蛞蝓 *Coryphellina exoptata*

Desirable flabellina
火焰扇羽海蛞蝓

修長鮮豔的海蛞蝓，叢狀觸角如火焰。角突發達，末端為鮮明的亮白色與鮮豔的紫色環紋。以水螅為主食，背部的角突含有刺細胞的毒性。

★ 同物異名：*Flabellina exoptata*。種名 exoptata 為魅力、慾豔之意。

兩隻交纏的火焰尖冠海蛞蝓準備交配。（楊寬智）

常攀爬在水螅上取食水螅。（陳致維）

高聳叢狀的觸角有如燃燒的火焰。（林祐平）

扇鰓科海蛞蝓原屬於扇羽科，現今研究指出應為獨立的一科。科名拉丁文為集中或收束之意，形容本科海蛞蝓角突收束如扇狀的樣貌。習性與扇羽科的海蛞蝓類似，大多以水螅為食，背部的角突具有毒性。

紅紫扇鰓海蛞蝓 *Samla rubropurpurata*

軀體為均一的紫色，觸角與角突末端皆為鮮豔的橙紅色。（左：楊寬智、右：林音樂）

里沃扇鰓海蛞蝓 *Samla riwo*

體背上有類似哈密瓜的細密網紋，角突末端有橘、白、紫色的環紋。較為少見。（林祐平）

二色扇鰓海蛞蝓 *Samla bicolor*

軀體白色且背後布滿細密的白點，角突白色且有黃色環紋。可能為複雜的種群。（李承錄）

高重扇鰓海蛞蝓 *Samla* cf. *takashigei*

與二色扇鰓類似但背部單色無白點。近似種多且可能包含未描述的物種。（陳致維）

真鰓海蛞蝓 *Eubranchus* sp.

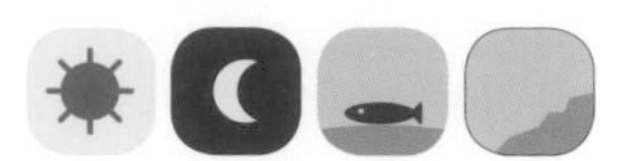

棲息在水螅上的小型海蛞蝓，體型小於1公分。外表很像豆豆海蛞蝓（p.261），但觸角形式不同。平常停棲在羽水螅的主幹上很少移動，讓人難以察覺。產下的卵團也會黏著在水螅的觸手之間。

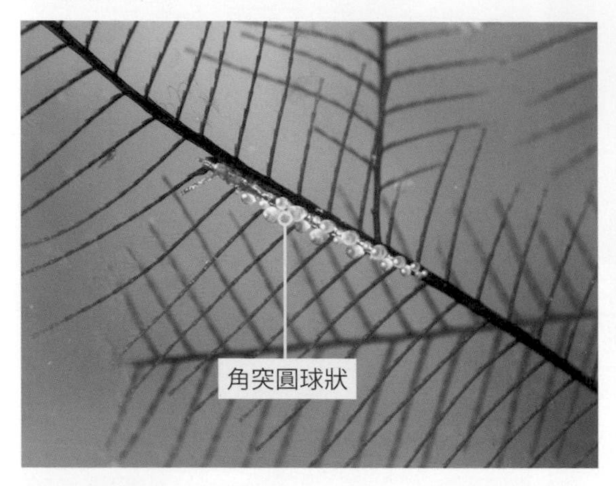

纖細的真鰓海蛞蝓隱身在羽水螅的主幹上。（李承錄）

鬚狀觸角與豆豆海蛞蝓不同。（李承錄）

西寶崔氏海蛞蝓 *Trinchesia sibogae*

體背上角突密布且體色鮮豔的海蛞蝓，觸角為長角狀。常在水螅附近出沒，有時會大量發生並將枝狀的水螅啃食到只剩枝幹。

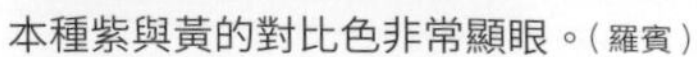

本種紫與黃的對比色非常顯眼。（羅賓）

常在羽狀水螅上大發生，將水螅啃食到只剩枝幹。（李承錄）

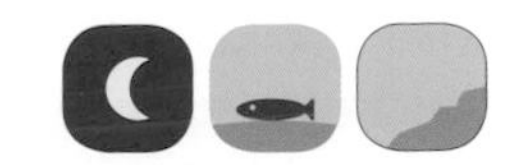

敦賀法沃海蛞蝓 *Favorinus tsuruganus*

體型約1公分的小型海蛞蝓，有時不容易發現，黑色的觸角具有特殊的環狀凸起。為特殊的卵食性，能用齒舌咬破其他海蛞蝓的卵囊，並攝食卵粒。

★ Favorinus由來為古羅馬哲學家「法沃努斯」，許多蓑海蛞蝓都以希臘或羅馬神話人物或文藝哲人的名字來命名。

潛入其他海蛞蝓卵團的敦賀法沃海蛞蝓正準備「偷蛋」。（羅賓）

平時多躲藏藻類或沉積物之間。（林祐平）

觸角上有三個凸起的環。（林音樂）

日本法沃海蛞蝓 *Favorinus japonicu*

觸角有兩個球狀凸起，角突有不規則的鋸齒邊緣。以其他海蛞蝓的卵為主食，吃下的食物顏色會反映在體背的透明角突上。（左：林音樂、右：李承錄）

印度卡羅海蛞蝓 *Caloria indica*

觸角長角狀，軀體橘色，角突色彩鮮豔。行動敏捷，移動速度很快，以亞潮帶的各種水螅為主食。
（左：林祐平、右：陳致維）

無名瀨戶海蛞蝓 *Setoeolis inconspicua*

觸角長角狀，角突透明且末端有鮮豔的紫色環紋，腹足後半針狀。棲息在潮間帶，受刺激會捲成一團進行防衛。（李承錄）

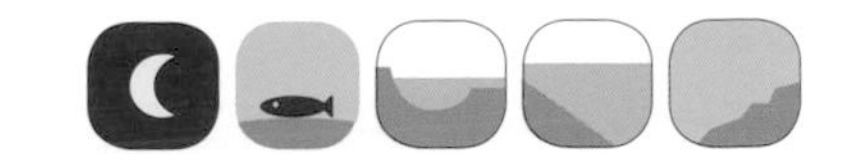

似蓑海蛞蝓 *Aeolidiopsis spp.*

棲息在瘤沙葵上啃食其組織的海蛞蝓，甚至會將其體內的共生藻轉化到自身體內，使自身的體色幾乎與背景的瘤沙葵一致。被啃食的瘤沙葵因為失去共生藻而呈現白色，常可在瘤沙葵上發現他們啃食過的白色路徑。有兩個相似的種類，北部海域皆有發現。

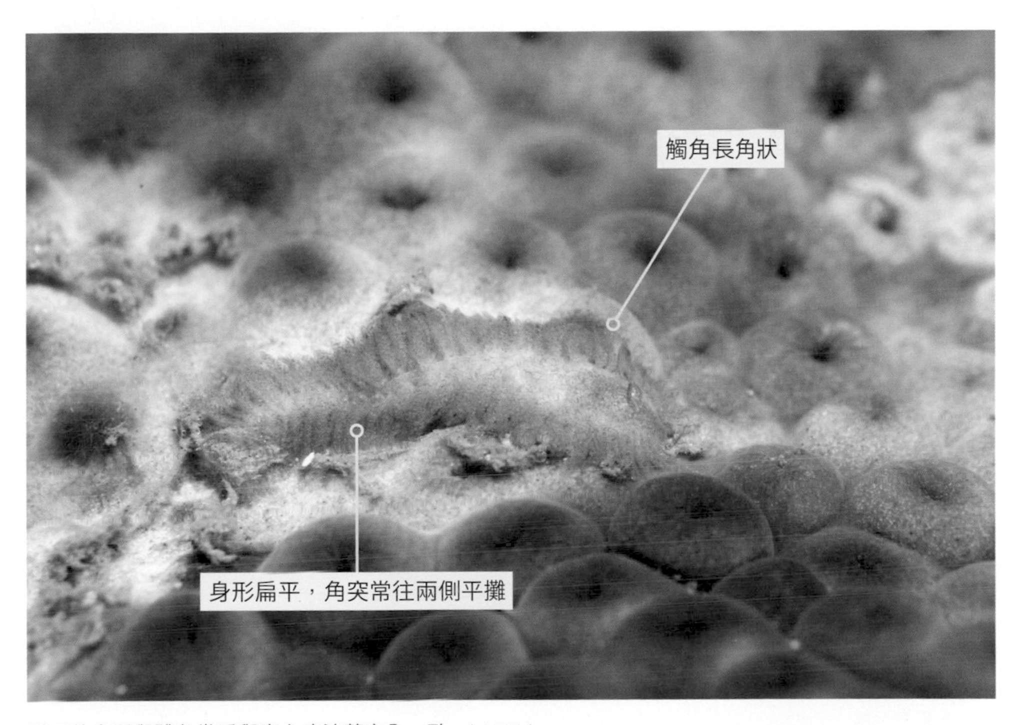

扁平的身形與體色幾乎與寄主瘤沙葵完全一致。（李承錄）

被蹂躪過的瘤沙葵常留下白色的食痕。（李承錄）

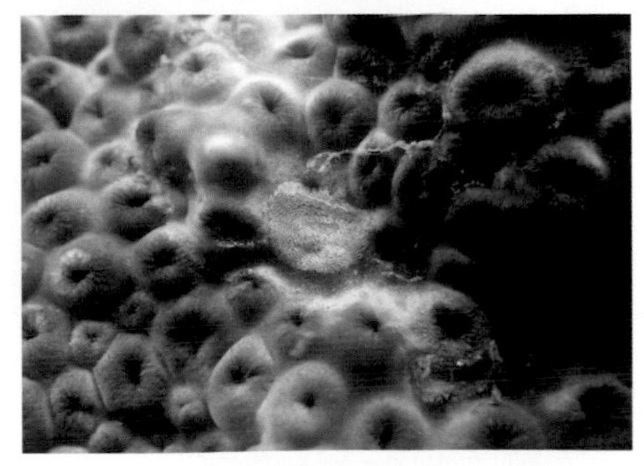

卵團常產在白色的食痕之中。（李承錄）

雷氏似蓑海蛞蝓 *Aeolidiopsis ransoni*

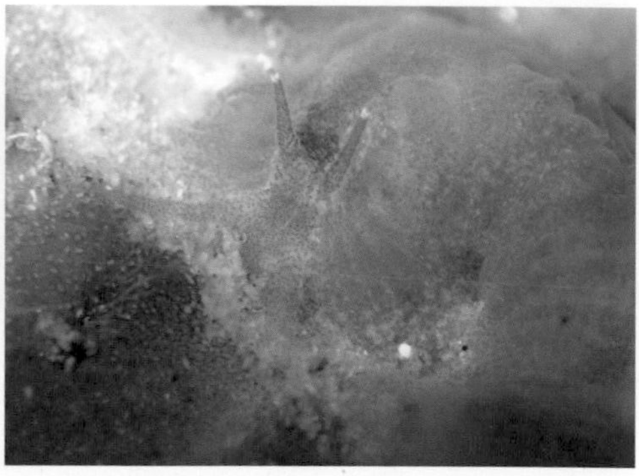

本種較常見，夜間會出現在瘤沙葵上覓食。特徵為平滑無任何顆粒凸起的觸角。（李承錄）

哈氏似蓑海蛞蝓 *Aeolidiopsis harrietae*

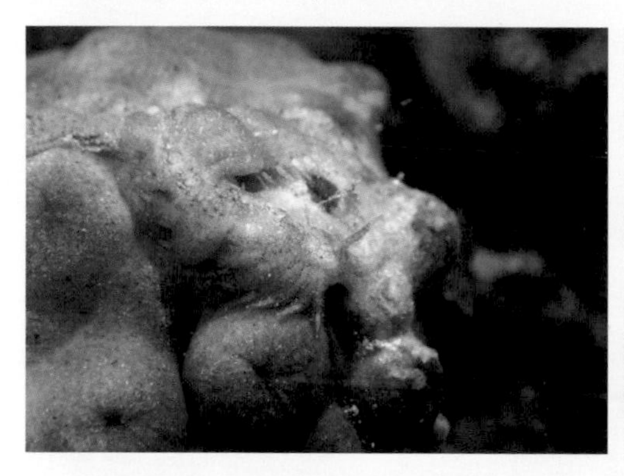

另一種較少見的似蓑海蛞蝓，與雷氏似蓑海蛞蝓非常類似，但本種觸角上具有不平整的齒狀凸起。（陳致維）

白瘤角蓑海蛞蝓 *Bulbaeolidia alba*

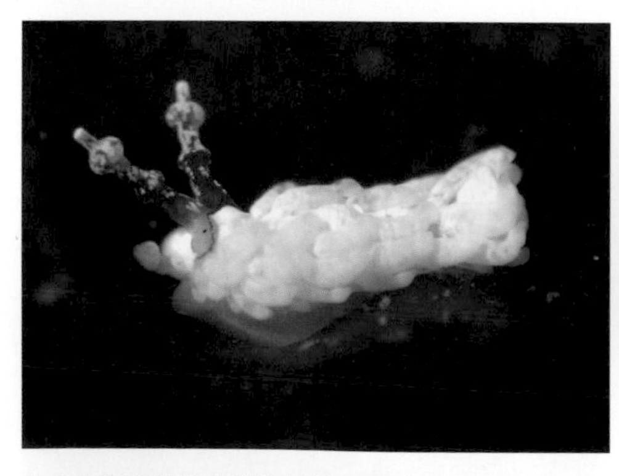

棲息在潮間帶的小型海蛞蝓，體長約1公分。觸角上具有明顯的乳突狀瘤，眼後有明顯的紅紋。夜間較活躍，以小型海葵為主食。（李承錄）

你的武器就是我的武器

在弱肉強食的海洋環境中，多數動物會盡可能躲藏身子。然而海蛞蝓大多都花枝招展且引人注目，這樣真的沒問題嗎？

原來海蛞蝓看似柔弱，其實身懷獨特的防禦絕技。他們取食藻類、海綿、海葵、海鞘之後，會將這些生物所含的化學物質或細微成分轉化成自己體內的防禦利器！如葉海蛞蝓從取食的海綿上得到毒素和堅硬的骨針，成為沒人敢招惹的存在。另外像是各種蓑海蛞蝓，他們從水螅或海葵身上得到刺絲胞有部分會轉化到角突上，面對敵人時，他們會緊縮頭部並讓背上帶有毒性刺細胞的部分朝外進行防禦。因此，海蛞蝓身上亮麗奪目的體色是他們的「警戒色」，警告周遭的生物自己可不好惹，不要靠近。

鮮豔的葉海蛞蝓從海綿獲得劇毒與骨針。（楊寬智）

蓑海蛞蝓角突含有從食物奪來的刺絲胞。（李承錄）

巴西旋蓑海蛞蝓 *Spurilla braziliana*

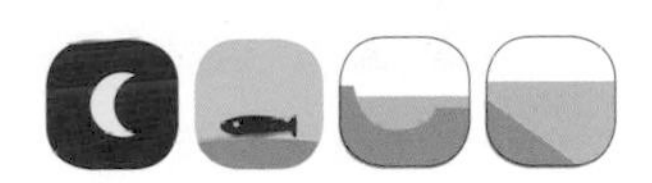

觸角具有螺旋狀凸起的海蛞蝓，體長可達8公分。棲息在潮間帶的潮溝中，嗜食海葵，在北部常以紅海葵或布氏襟疣海葵為主食。夜間較活躍，日間常潛藏在陰暗處休息。

體色常因攝食的海葵不同而有個體變化。（李承錄）

近看觸角可見表面上的螺旋凸起。（李承錄）

體色鮮豔的巴西旋蓑海蛞蝓宛如一隻大海葵。（李承錄）

蓑海蛞蝓的角突常會因為外力而自割，請勿任意觸摸而傷害他們喔！

尚未進食的個體角突中無明顯的顏色。（李承錄）

體背上遍布許多白色斑點。（李承錄）

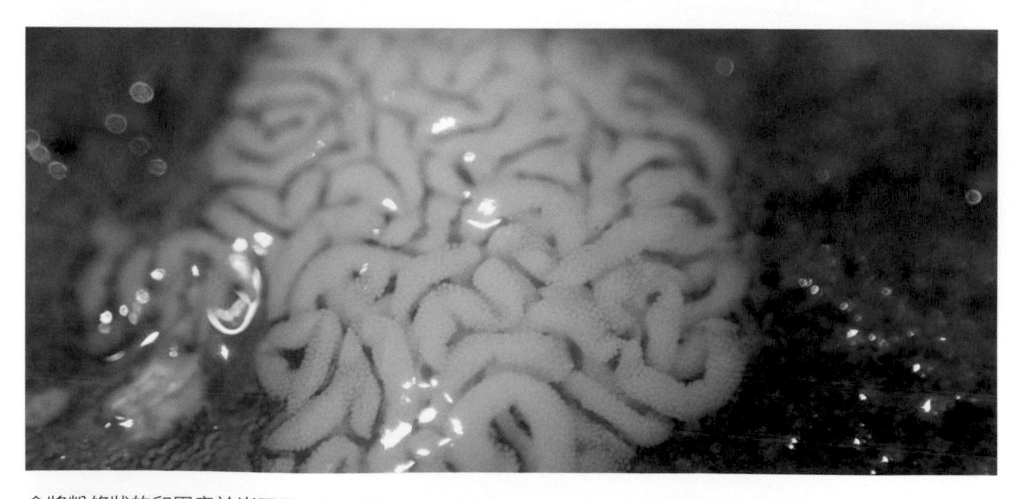

會將粉條狀的卵團產於岩石下。（李承錄）

印太馬場海蛞蝓 *Babakina indopacifica*

構造特殊的海蛞蝓，兩支紅色的叢狀觸角有共同基部，且具有鮮豔的角突。棲息在藻類繁盛處，以水螅或海葵為主食。屬名中的Baba為紀念著名的海蛞蝓學者「馬場菊太郎」。(李承錄)

茱莉側角海蛞蝓 *Pleurolidia juliae*

棲息在樹水螅上的纖細海蛞蝓，角突的顏色也與樹水螅的水螅體類似。頭頂至背部有一條白色縱帶。以樹水螅為主食，亦會在樹水螅上產下粉紅色的卵團。(左：李承錄、右 鄭德慶)

黑原蓑海蛞蝓 *Protaeolidiella atra*

棲息在樹水螅上的另一種海蛞蝓，外表與習性和茱莉側角海蛞蝓非常類似，但頭頂至背部無一條白帶。為數量較少的稀有種。(李承錄)

頭楯海蛞蝓 Headshield Slug

頭楯目（Cephalaspidea）為一群頭部無觸角，但具有硬質頭楯（Headshield）的海蛞蝓。型態多變，有些物種還保有螺殼，有些退化後收在體內，更有些物種的螺殼已完全退化。許多物種棲息在靠近沙質的環境，擅長鑽入沙中覓食。大多為肉食性，以扁蟲、多毛類、無腔蟲等底棲動物為主食，少數攝食藻類或藍綠菌。

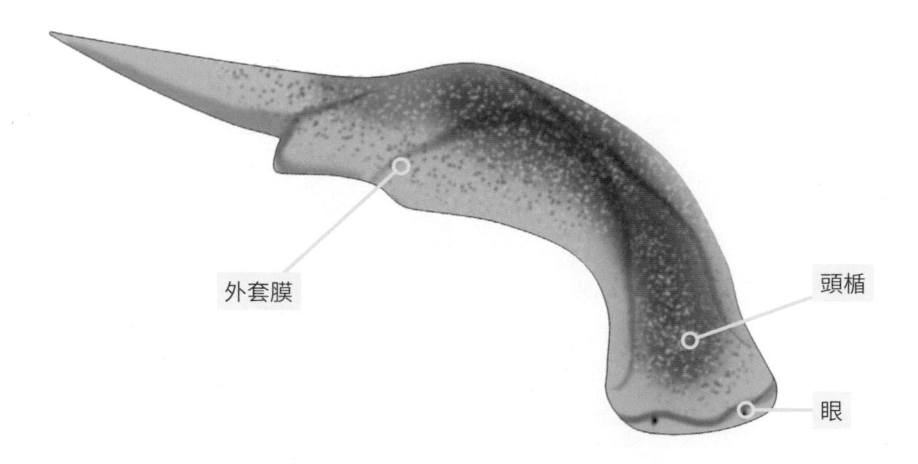

近觀頭楯正前方，可見頭楯海蛞蝓小小的雙眼與靈敏的感覺鬚。（李承錄）

迷人燕尾海蛞蝓 *Chelidonura amoena*

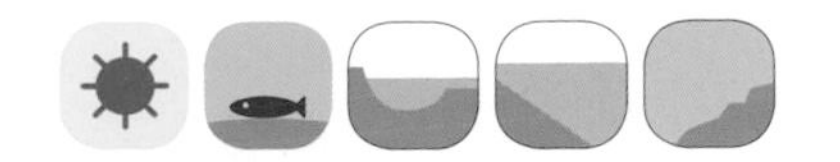

Lovely headshield slug 美麗海蛞蝓

北部海域常見的頭楯海蛞蝓，具有流線的身形，尾部外套膜分叉成一長一短的兩條，彷彿燕尾。以底棲動物為主食。偶爾可見集體交配與產下泡沫狀卵團的景象。

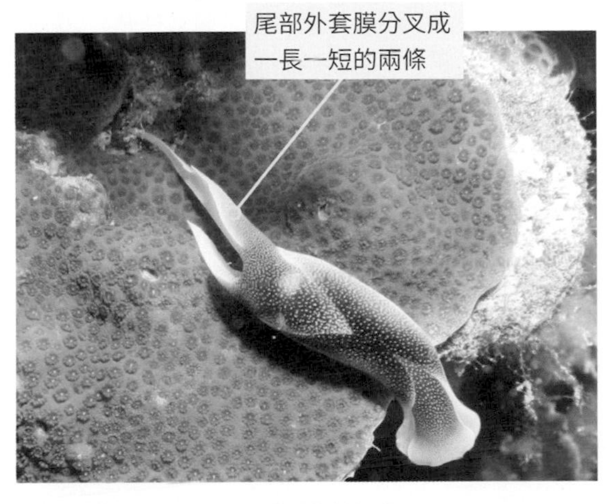

常在珊瑚礁上快速移動追蹤獵物的氣息。(李承錄)

當成群交纏在一起時表示要進行交配，產下的卵團為泡沫團狀(林祐平)

棕緣管翼海蛞蝓 *Siphopteron brunneomarginatum*

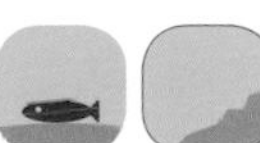

Batwing slug 黃天鵝

體型只有半公分大，頭楯上有豎立的水管構造，彷彿挺著脖子的小天鵝。外套膜黃色且邊緣黑褐色。通常僅在春末夏初時大量出現，出現時期很短。應為肉食性，但生態習性仍有許多未了解之處。

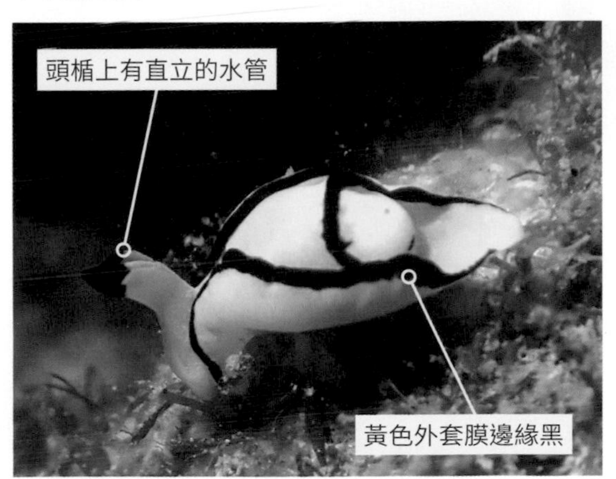

本種亮麗的外形彷彿一隻黃色的小天鵝。(楊寬智)

常在大量發生時頻繁地交配和產卵。(林祐平)

海兔 Sea Hare

無楯目(Aplysiida)的海蛞蝓具有豎起如兔耳的觸角，因此俗名「海兔」。殼大多退化成薄片狀，隱藏在外套膜體內。他們為草食性，北部海域常在冬至春季藻類繁盛期迎來大量在潮池中覓食的海兔。偶爾也能看見他們疊在彼此身上交配，或產下俗稱「海麵條」的卵團。若受到刺激，會分泌出紫色或白色液體進行防禦，其中的毒性可暫時迷惑他們最主要的天敵：甲殼動物。與許多渺小的海蛞蝓不同，許多海兔可以成長至顯眼的尺寸，大海兔與截尾海兔體長甚至可超過50公分。

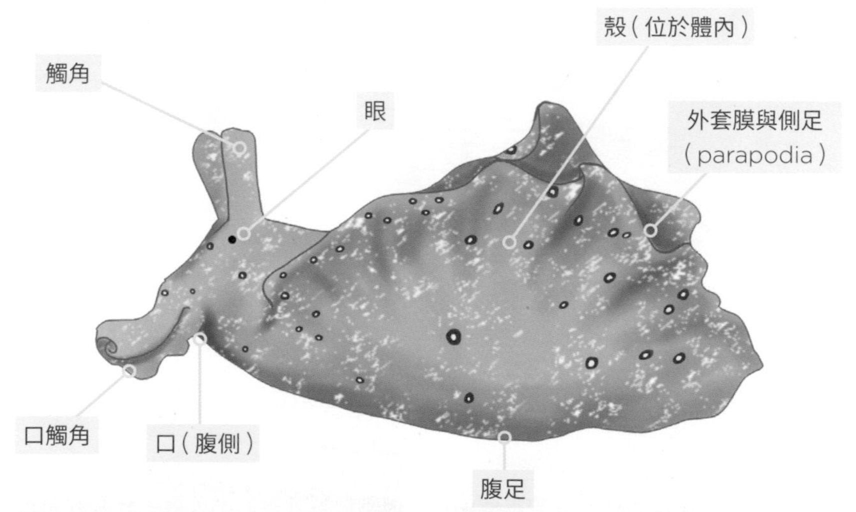

打開外套膜可看見海兔的鰓，與前方的生殖孔。(李承錄)

海兔產下的卵團常被稱為「海米粉」或「海麵條」。(李承運)

卵團內含數萬個細小的卵。(李承錄)

染斑海兔 *Aplysia juliana*

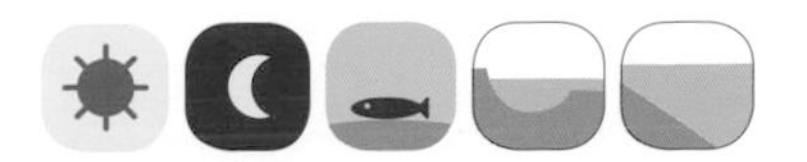

Juliana's sea hare
海鹿

為北部海域最常見的海兔，藻類繁盛的春季常見數量龐大的族群出現，在石蓴上覓食。體色以黃褐色為主，不同個體的斑紋差異很大。夏季水溫升高後數量開始減少，直到入冬後數量才會開始回復。

染斑海兔是北部海域潮間帶最常見的代表性海蛞蝓。（李承錄）

受到刺激時會分泌白色汁液進行防衛。（李承錄）

產下的卵團通常為淡黃色。（洪麗智）

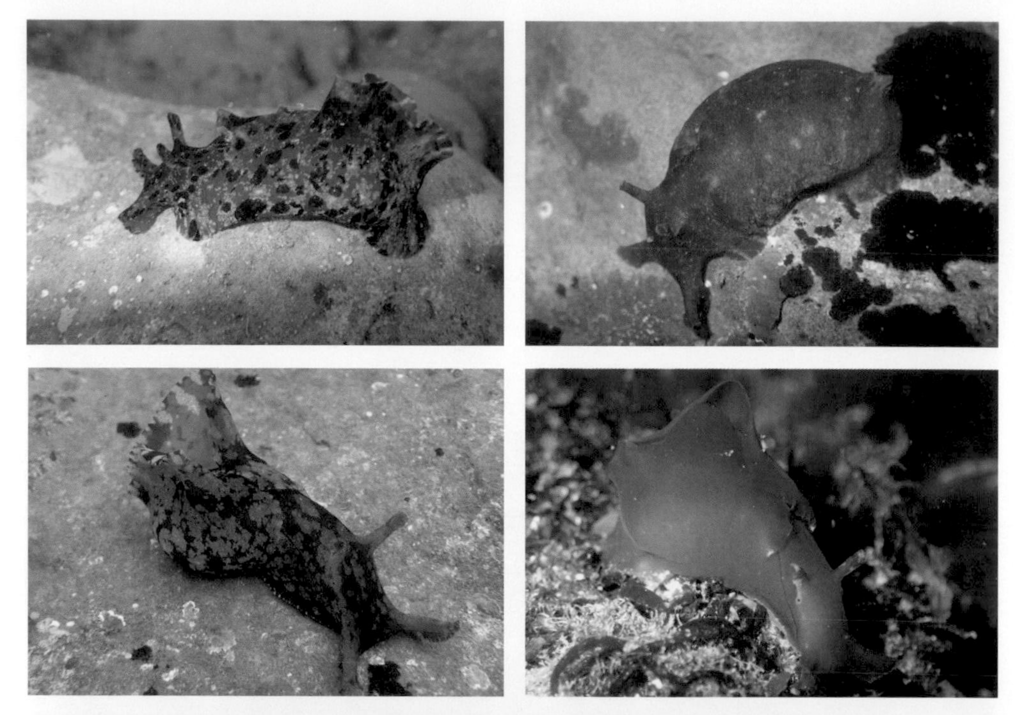

不同個體的染斑海兔花紋皆有所差異。較小的幼體(如右下)通常素色不具任何斑點。(李承錄)

春季在潮池常見疊在一起交配的染斑海兔。(李承錄)

黑田氏海兔 *Aplysia kurodai*

Kuroda's sea hare 海鹿

溫帶物種，常見於水溫較低的北部海域。具有比染斑海兔還要寬大的側足，可在水中游動。數量較少。偶爾可在染斑海兔的群體中發現。

本種的外套膜寬大且邊緣有深淺交錯的斑紋。（李承錄）

頭腹連續的白點非常細緻。（陳彥宏）

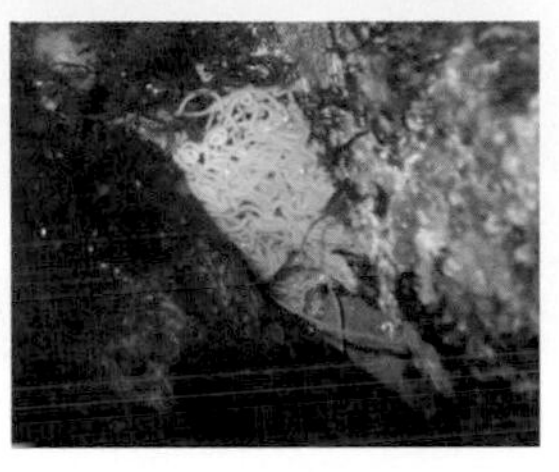

本種產下的卵團為橘色。（李承錄）

大海兔 *Aplysia gigantea*

Giant sea hare 海鹿

溫帶物種，常見於水溫較低的北部海域。具有寬大的側足，成體體型碩大，常見超過30公分的大型個體。大多棲息在較深的亞潮帶，以紅藻為主食。

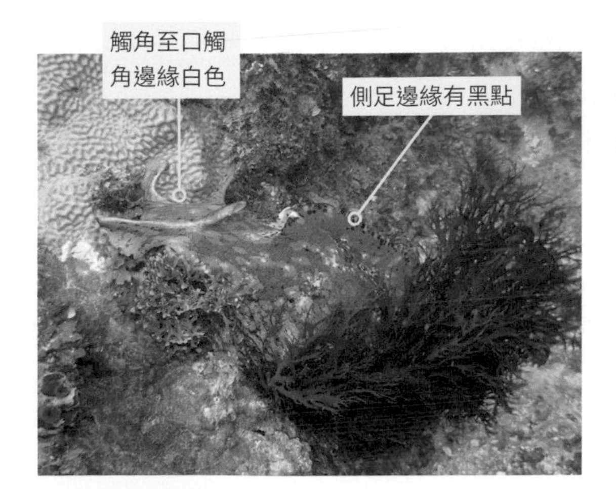

大海兔較常棲息在紅藻豐富的亞潮帶岩礁。（林祐平）

雖體型碩大但也能用側足游泳。（陳致維）

眼斑海兔 *Aplysia oculifera*

Eyed sea hare、Spotted sea hare 海鹿

體色黃褐且有許多眼斑的海兔，體長較少達10公分。春夏之際偶爾可在潮間帶的石蓴中發現。受到刺激會分泌紫色的汁液。

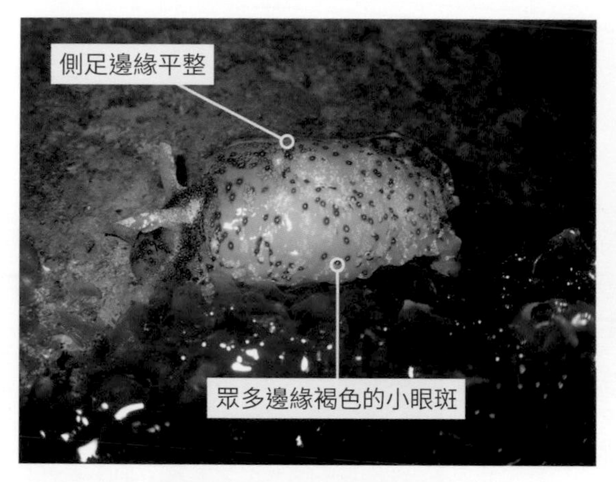

本種全身具有黑邊的眼斑與細小的白點。（李承錄）

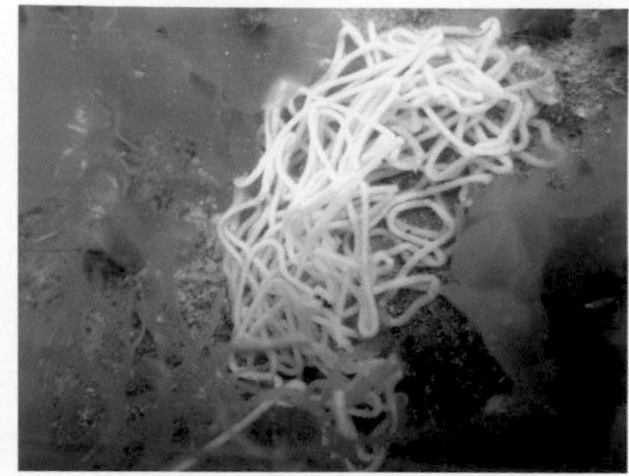

本種剛產下的卵團為黃色。（李承錄）

環眼海兔 *Aplysia argus*

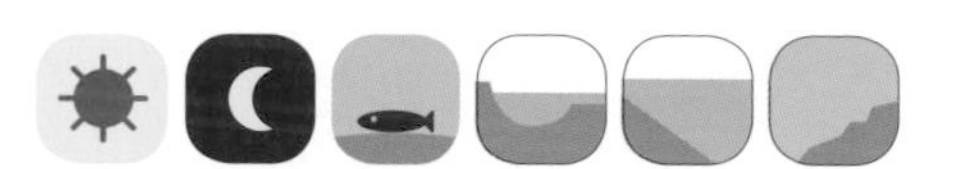

White-speckled sea hare 海鹿

全身具有黑邊的大眼點與連結眼點的黑色網紋，十分容易辨識。體色多變，習性與眼斑海兔類似。本種在北部海域數量較少。

★ 過去台灣記錄之黑指紋海兔（*Aplysia dactylomela*）為本種之誤鑑，該物種僅分布於大西洋。

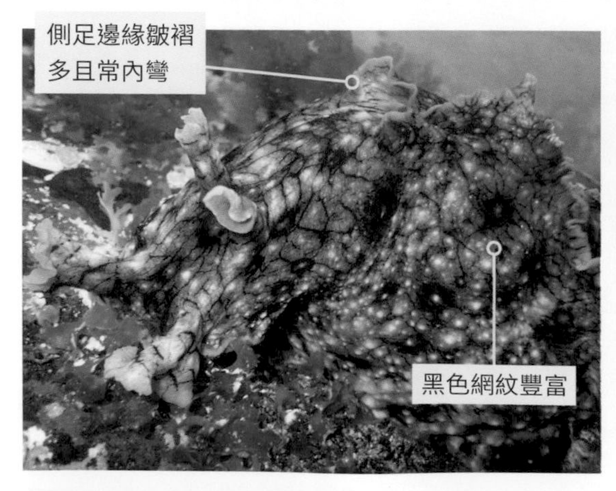

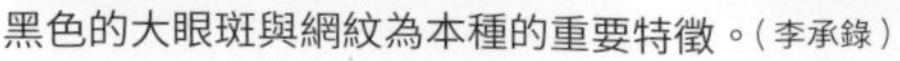

黑色的大眼斑與網紋為本種的重要特徵。（李承錄）

受到刺激時會從背部噴出紫色汁液。（李承錄）

日本海兔 *Aplysia japonica*

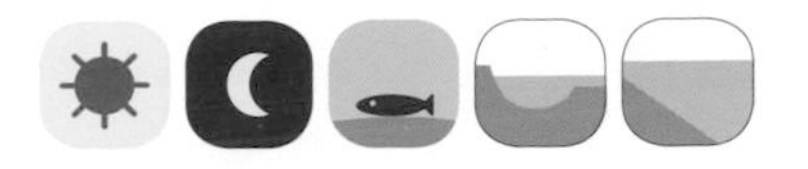

Japanese sea hare 海鹿

溫帶物種，常見於水溫較低的北部海域。為體型不到5公分的小型海兔，僅在春季出現在石蓴豐富的潮池，水溫升高後數量銳減。受到刺激會分泌白色的汁液。

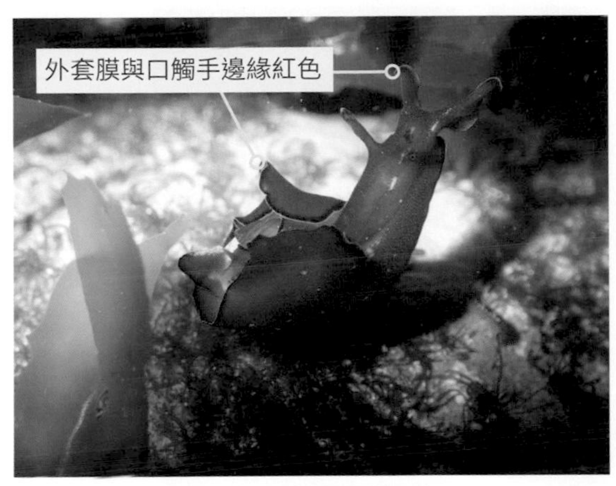

在綠色石蓴中的日本海兔看起來格外鮮豔。（李承錄）

春季有時可在潮間帶的藻叢中發現。（李承錄）

黑邊海兔 *Aplysia* cf. *nigrocincta*

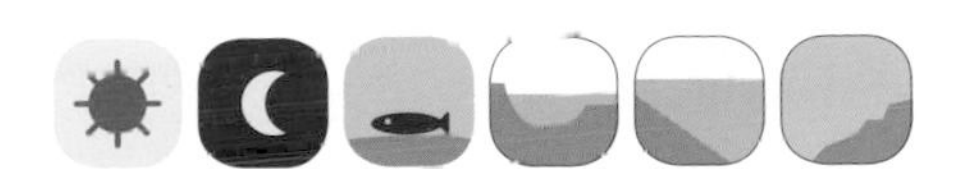

Dwarf sea hare、Pygmy sea hare 海鹿

體長大多在5公分以下的小型海兔，不同個體色與花紋差異極大，可能混有不同的物種待未來分類學家檢視。★ 過去記錄的微小海兔*Aplysia parvula*為分布在大西洋的物種。

在巢沙菜中覓食的一群黑邊海兔。（李承錄）

不同個體的花紋差異非常大。（李承錄）

截尾海兔 *Dolabella auricularia*

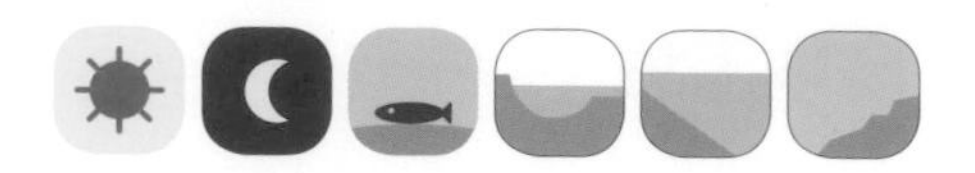

Wedge sea hare 龍骨海兔、海鹿

身軀尾部彷彿斷面為本種「截尾」的名稱由來。身上具有豐富的肉突，讓截尾海兔看似一團長滿藻類的石頭。常在底層緩緩爬動並覓食藻類，偶爾可見從後水管進行排泄。受到刺激會分泌紫色的汁液。

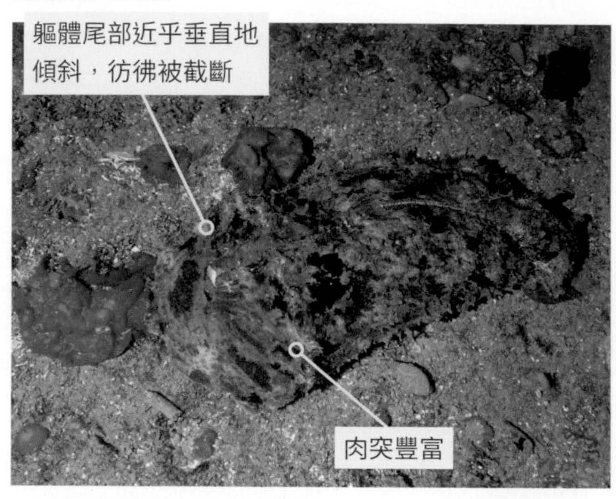

潮池中懶洋洋爬行的截尾海兔常引起人們的注意。（陳彥宏）

身上的肉突讓截尾海兔看似一團藻類。（李承錄）

較小的幼體有時會漂在水中。（李承錄）

斧殼海兔 *Dolabrifera dolabrifera*

Flattened sea hare 短斧海兔、海鹿

身形扁平的海兔，主要棲息在平滑的石塊下方。扁平的體態與絕佳的保護色能在石塊上隱藏自己。夜間較為活躍，主要刮食岩石上的細微藻類為主食。

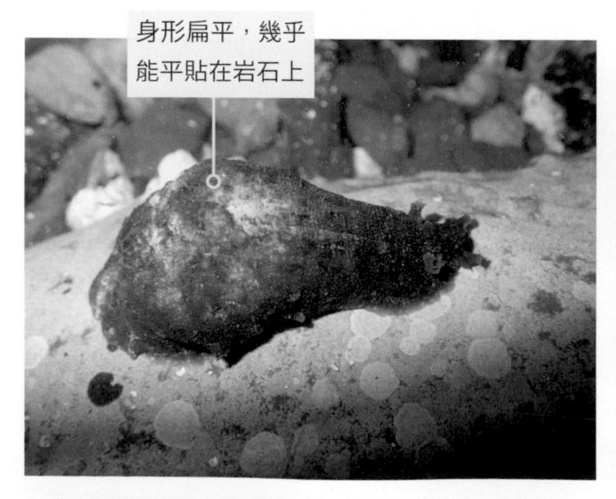

身體扁平的斧殼海兔能適應狹窄的岩縫環境。（李承錄）

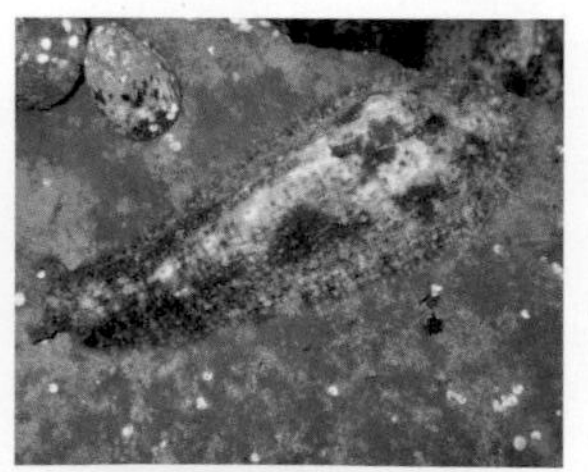

體色與肉突常隨環境改變。（李承錄）

將身體壓平時，幾乎與岩石融為一體。（李承錄）

長尾柱唇海兔 *Stylocheilus longicaudus*

Long-tailed sea hare、Lemon sea hare 海鹿

身形修長的海兔，體色黃且常有藍色的斑點與白色的肉突。常棲息在漂浮的馬尾藻上，也因此常被海流帶往世界各地。以絲狀綠藻或藍綠菌為主食。

在港灣內漂浮物上發現的長尾柱唇海兔。（李承錄）

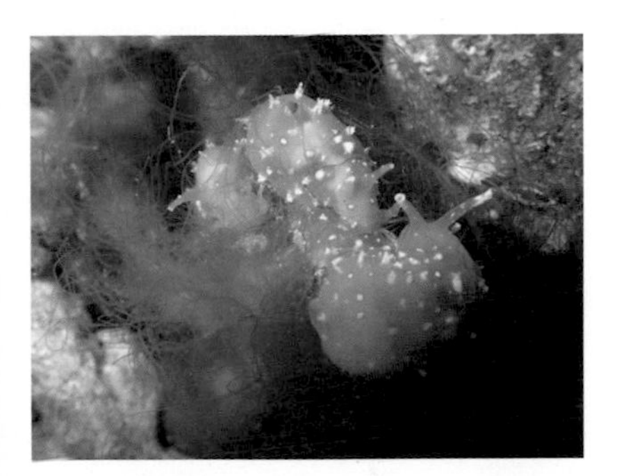

偶爾在絲狀藻類中大量發生。（李承錄）

條紋柱唇海兔 *Stylocheilus striatus*

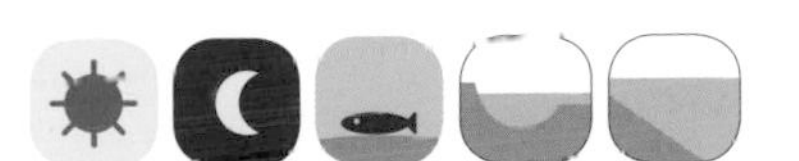

Lined sea hare 海鹿

身形修長，體側常長有許多不規則的肉突，有時停在藻類上不容易發現。以絲狀綠藻或藍綠菌為主食。

在綠藻叢中穿梭的條紋柱唇海兔。（杜侑哲）

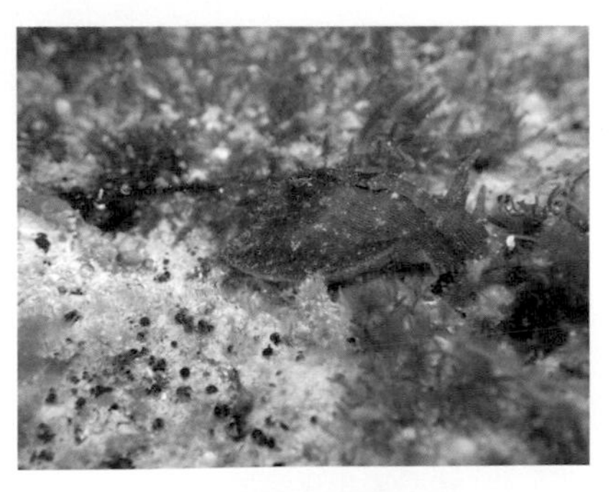

受刺激會分泌紫色的汁液防衛自己。（李承錄）

囊舌海蛞蝓 Sap-sucking Sea Slugs

囊舌上目（Sacoglossa）常被稱為「海天牛」。他們的造型多變，有些具有可向左右張開的側足，也有些具有類似蓑海蛞蝓的複雜角突。他們大多素食，會利用口中獨特的「齒舌囊」挫開藻類並吸食汁液。許多種類對食物有專一性，只對特定的藻類情有獨鍾。

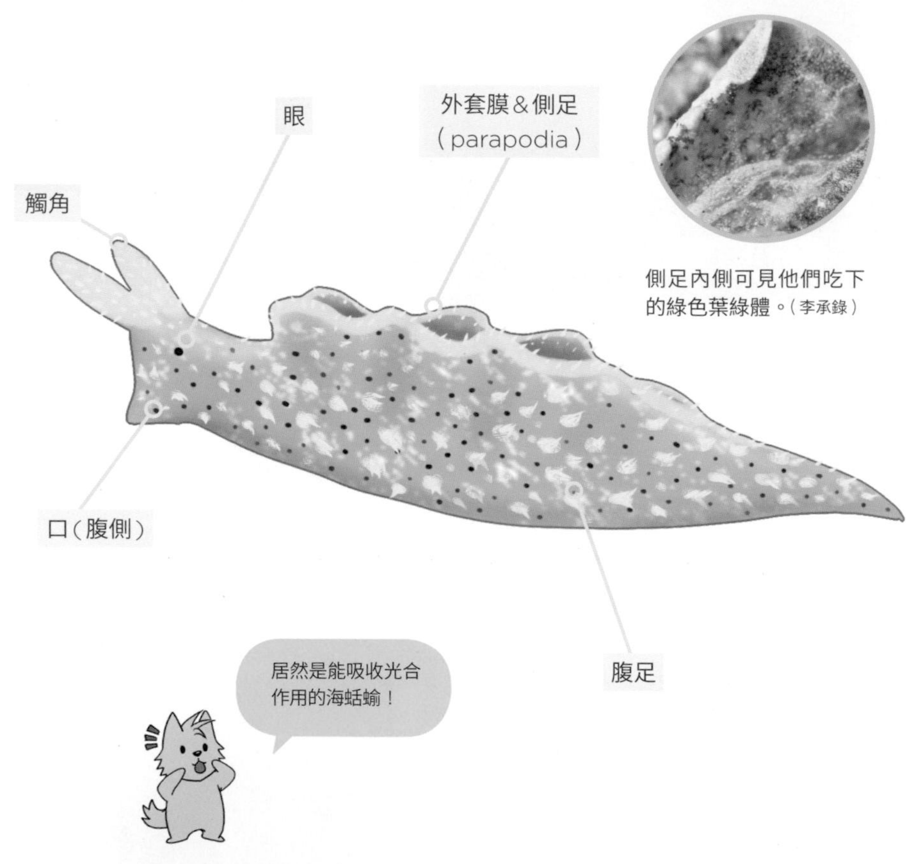

側足內側可見他們吃下的綠色葉綠體。（李承錄）

和其他海蛞蝓一樣，他們能將藻類的成分轉化成自己的毒性進行防禦。而囊舌海蛞蝓還身懷一種奇特的絕招，讓他們成為少數能行光合作用的動物。部分囊舌海蛞蝓擁有特殊的「盜食質體 kleptoplasty」行為。他們能從食物中分離出藻類的葉綠體並轉化在自己體內，甚至在缺乏食物時，靠這些搶過來的葉綠體行光合作用自給自足，宛如攜帶專屬的太陽能板。這種奪取葉綠體的能力十分特別，也吸引許多科學家研究他們的身體結構和新陳代謝。

緣邊海天牛 *Elysia marginata*

Dark-margined sapsucking slug
海天牛

觸角與側足邊緣有外黑內橘輪廓的海天牛，常在藻類繁盛的岩礁棲息，以羽藻為主食。體色與花紋個體差異很大，為一複雜的種群（Species complex）需進一步研究。春季偶爾會與其他海天牛一同在綠藻叢中活動。

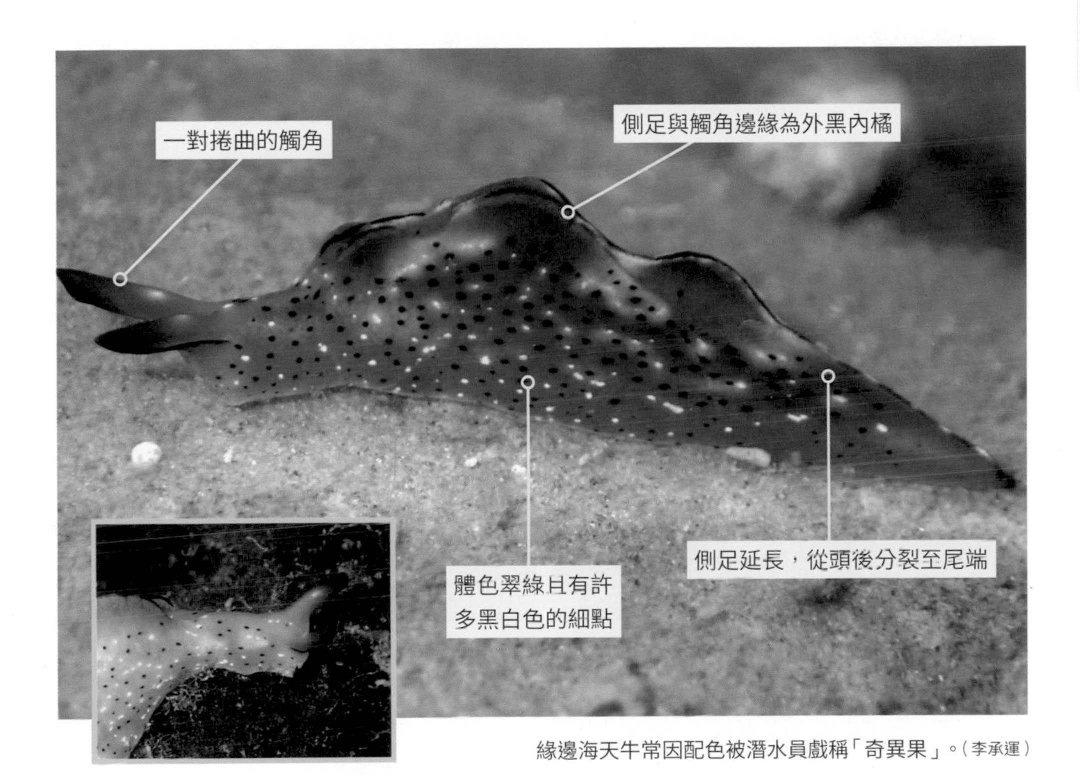

緣邊海天牛常因配色被潛水員戲稱「奇異果」。（李承運）

近看頭部可見海天牛小小的眼睛。（李承錄）

外黑內橘的側足輪廓為本種主要特徵。（李承運）

側足闔上時常以波浪狀折疊在背後。（林祐平）

橙緣海天牛 *Elysia rufescens*

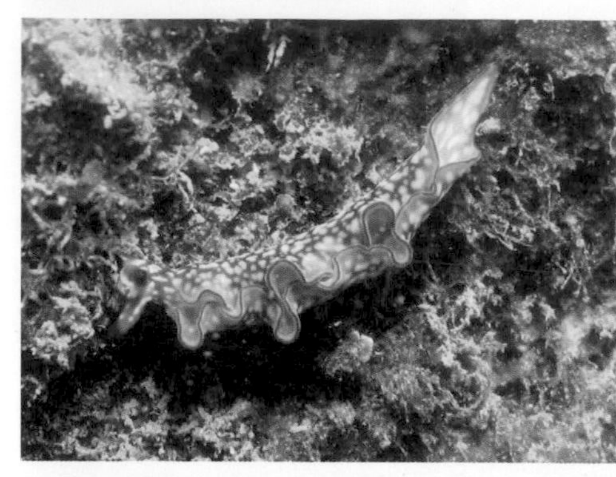

體色紅褐且有許多密集的白色圓斑，側足邊緣為鮮豔的橙紅色，以蕨藻或羽藻為主食。（左：李承運、右：李承錄）

密毛海天牛 *Elysia tomentosa*

體色淺綠且渾身長滿毛叢狀的凸起，以盾狀蕨藻為食。受到刺激有時會自割側足。北部海域的數量較少。（李承錄）

肥胖海天牛 *Elysia obtusa*

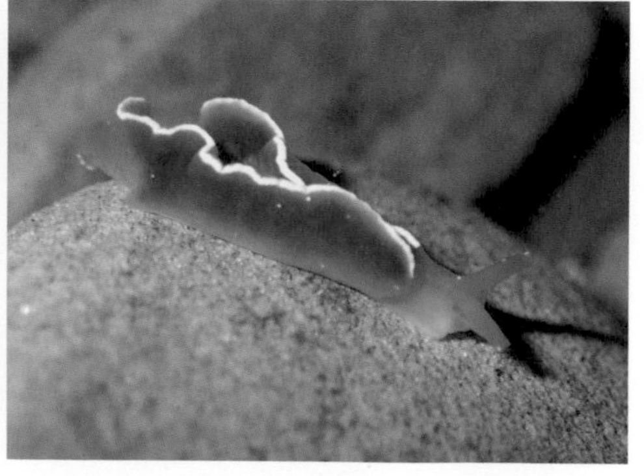

體色鮮黃略帶透明，側足邊緣白色。以絲狀綠藻為主食，進食後隱約可見側足變為綠色。（李承錄）

黃斑海天牛 *Elysia flavomacula*

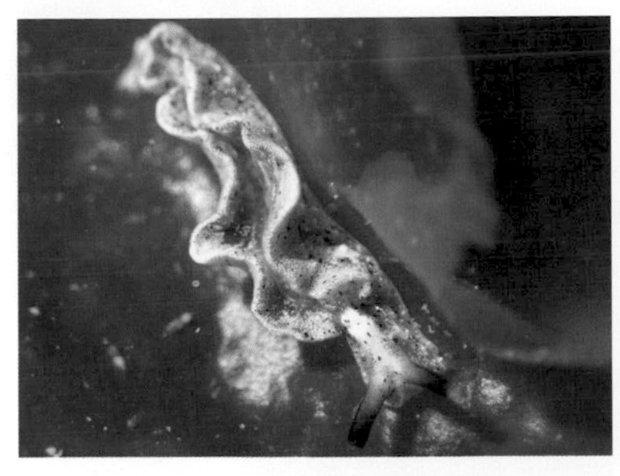

體芥末色且邊緣散布密集的白點，觸角黑藍色，頭頂有一塊黃斑。以絲狀綠藻為食，通常在春季較容易見到。（李承錄）

平瀨海天牛 *Elysia hirasei*

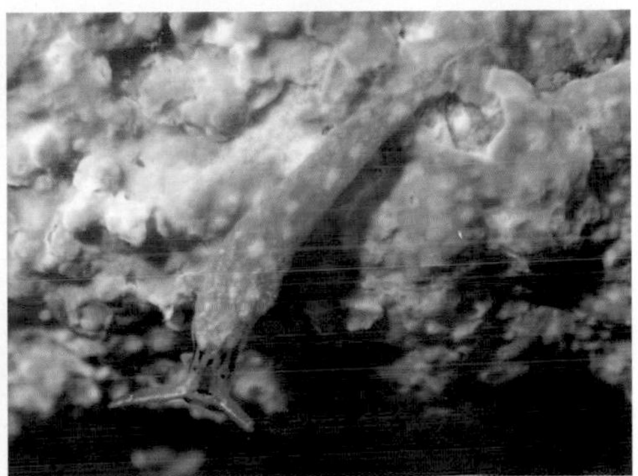

體粉綠色且邊緣有粉末狀的白點，頭頂紅斑與觸角的條紋十分特殊。為體長約1公分的小型物種。以絲狀綠藻為食。（李承錄）

燦爛卷角海天牛 *Thuridilla splendens*

觸角較延長且粗大，體色鮮豔且有許多亮麗的黃色細點，背中線常有黑白縱帶。棲息在較深的亞潮帶。（左：林祐平、右：陳致維）

布氏葉鰓海蛞蝓 *Ercolania boodleae*

體型嬌小且身上有許多角突的海蛞蝓，角突為深綠色且末端橙色。春初在有綠藻的潮池偶爾可見數量驚人的族群，但由於體型細小而少被注意。隨夏天水溫逐漸升高，綠藻逐漸消退，數量也跟著減少。

美麗的布氏葉鰓海蛞蝓是春初的嬌客。（李承錄）

直挺的觸角與小眼睛非常可愛。（李承錄）

體型非常細小因此不太容易發現。（李承錄）

初春潮池的石蓴中常見集體活動。（李承錄）

巴氏柔海蛞蝓 *Placida barackobamai*

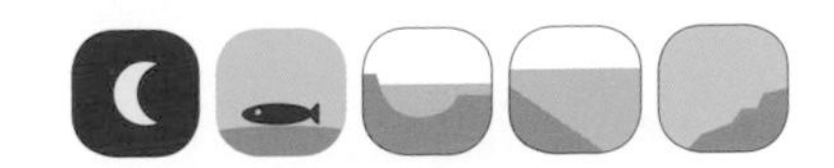

外形與布氏葉鰓海蛞蝓類似，身上有許多角突。金色角突末端為明顯的黑藍色，非常美麗。以絲狀綠藻為主食，亦在夏天藻類消退之後數量銳減。

亮眼的體色與閃耀的觸角非常引人注目。（李承錄）

觸角的黑色一路延伸至口觸角基部。（李承錄）

金邊柱海蛞蝓 *Stiliger aureomarginatus*

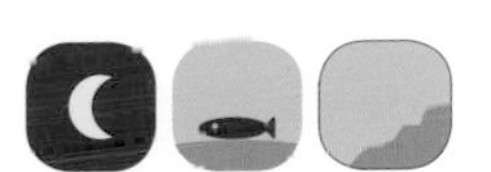

身上的角突圓球狀，體色黑且邊緣金黃色。棲息在較深的亞潮帶岩礁，以松藻為主食。在春季較容易發現。

本種角突末端為鮮豔的金黃色，觸角銀藍色。（鄭德慶）

通常棲息在球狀的松藻附近。（林祐平）

〔松螺〕False Limpet

住在潮間帶的斗笠修行者

松螺的螺殼斗笠狀且有許多輻射狀的肋，左右有些不對稱。外表與笠螺（p.180）非常類似，但其實是屬於異鰓類的成員，因此英文被稱為「假笠螺」（False Limpet）。他們並無觸角，呼吸用的鰓開於身體右側，可呼吸濕潤的空氣，較接近於陸生的蝸牛。他們棲息在潮間帶靠近海水的中低潮線，日間在岩縫或洞穴中休息以避開高溫，夜間會離開巢穴四處啃食藻類，日出後再度回到同樣的洞穴中休息。繁殖時會在岩礁上產下甜甜圈狀的膠質卵團，以保持卵團的濕潤，並避免掠食者吃掉珍貴的卵。

松螺 *Siphonaria* spp.

False limpet 淺戳仔

螺殼斗笠狀的松螺常在岩石表面啃食藻類。（李承錄）

俯瞰松螺可發現其左右不對稱。（李承錄）

產下的卵團具有類似果凍的膠質。（李承錄）

〔石磺〕Air-breathing Slug

我是石頭，你們什麼都沒有看見

石磺屬於有肺總目（Eupulmonata），渾身充滿類似岩石的肉瘤，沒有外殼且直接呼吸空氣，且有明顯的眼柄構造，與我們熟知的陸生蝸牛和蛞蝓親緣關係相近，狹義上不算是海蛞蝓。他們通常棲息在高潮帶的岩礁區，身上的肉瘤與雜亂的顏色可隱身在岩礁的背景中。通常晝伏夜出。他們白天多半在陰暗的洞穴中休息。大部分石磺擁有自己的固定棲所，夜間四處尋找藻類為食，日出後再回到同樣的洞穴休息。不同潮間帶環境的石磺體型和肉瘤形態皆有差異，可能是一個包含多種物種的種群（Species complex）。

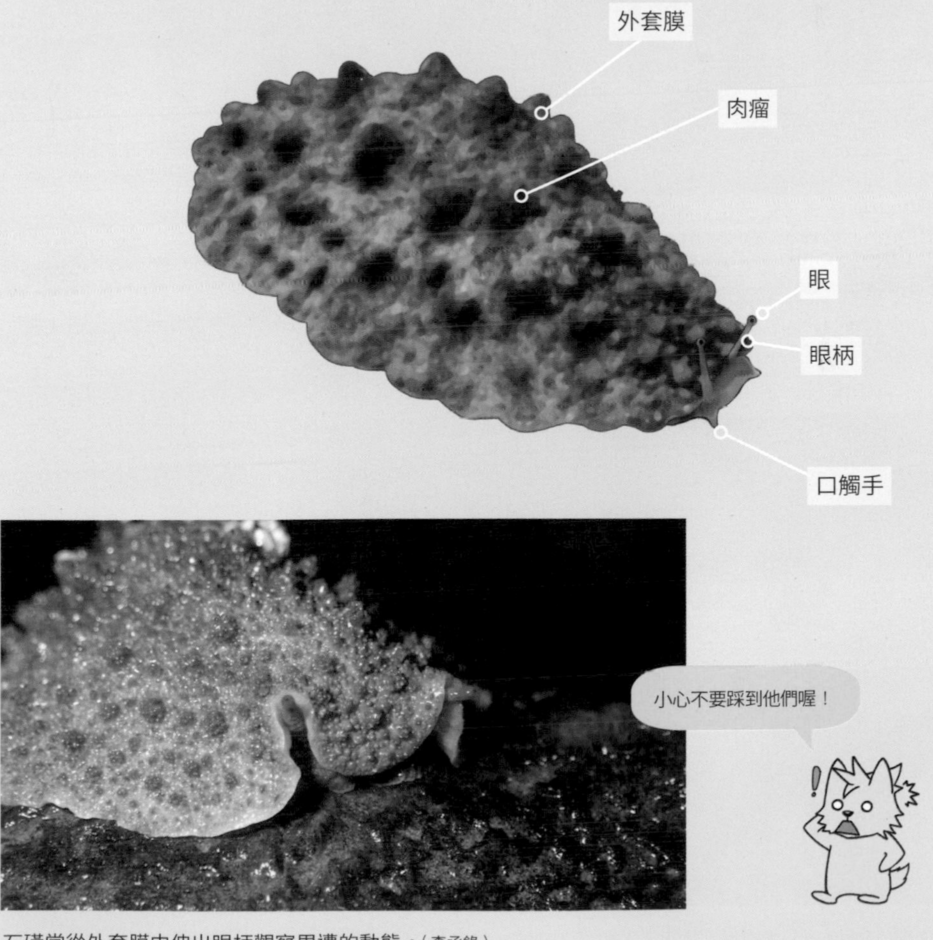

石磺常從外套膜中伸出眼柄觀察周遭的動態。（李承錄）

石磺 *Peronia verruculata*

Onch slugs

泥龜、土海參、海癩子

具有許多瘤狀凸起的石磺棲息在較高潮位的岩礁上。（李坤瑄）

凡吃過必留下痕跡。

石磺邊吃藻類時也一邊排泄，常可沿著糞便的痕跡找到石磺。（李承錄）

〔雙殼類〕Bivalve

用一對外殼包覆軟體的貝類

雙殼綱顧名思義為具有兩片殼構造的軟體動物，常被稱為「蛤」、「蚌」或「二枚貝」。他們沒有明顯的頭部，通常用殼內的閉殼肌（adductor muscles）將雙殼緊閉保護自己。他們的足部斧片狀，可透過運動鑽入沙中或進行移動，因此又被稱為「斧足綱」。在北部潮間帶常見的雙殼綱大多是固著性物種，以附著在岩石上或鑽入礁岩中的種類最多。

擬潛穴蛤 *Parapholas quadrizonata*

Piddock
樹皮鷗蛤

會在岩石上鑽洞棲息的二枚貝。他們幼小時從岩縫中鑽入，開始用他們殼上鋸齒狀的肋摩擦岩石並配合分泌的酸液，最後漸漸深入岩石之中，隨著經年累月的研磨，最後形成一個只能讓出入水口進出，外觀啞鈴狀的垂直洞穴。除了進食或繁殖會讓出入水口進出外，擬潛穴蛤將安置在這個洞穴中不動。

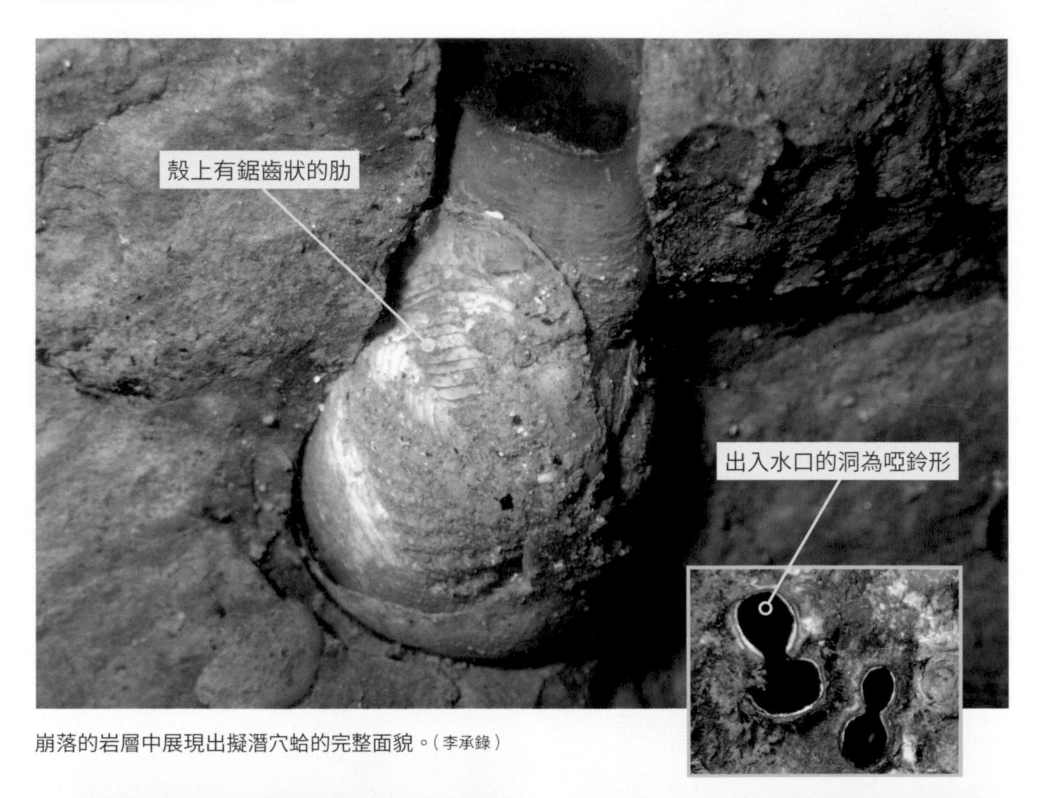

崩落的岩層中展現出擬潛穴蛤的完整面貌。（李承錄）

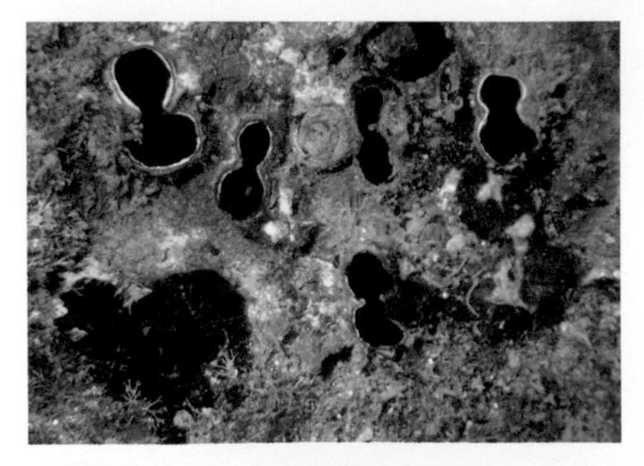

岩礁上鑿出的啞鈴形洞穴都是他們的傑作。（李承錄）

伸出表面的水管是他們覓食的工具。（李承錄）

葡萄牙牡蠣 *Crassostrea angulata*

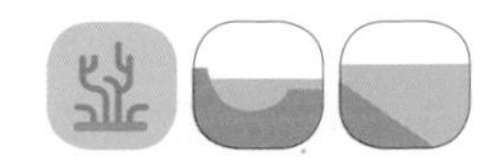

Portuguese oyster

野牡蠣

牡蠣常成群附著在潮間帶的岩石上。他們的幼體會藉由感知適合的底質再進行附著，經過變態後開始分泌石灰質的外殼，並永久固定在該處。他們為濾食性生物，以漲潮時潮水帶來的有機物質為食。鋸齒狀的邊緣鋒利，很容易刮傷皮肉，因此接觸時要特別當心。本種貝肉較小，食用價值較低。

葡萄牙牡蠣的邊緣銳利，觸碰時須特別注意。（李坤瑄）

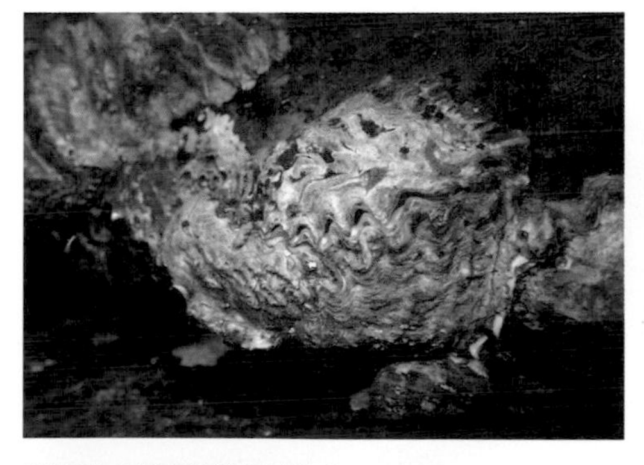

漲潮時會微張殼縫過濾海水。（李承錄）

退潮時大多緊閉殼，對抗烈日和乾旱。（李承錄）

〔頭足類〕Cephalopod

觸手發達、變幻萬千的海底外星人

頭足類因有明顯頭部與腕足部分而得名。主要分為體內仍有甲殼構造的烏賊，以及甲殼全退化的章魚兩大類。他們的頭部具有發達的眼睛和大腦，常被認為是最聰明的無脊椎動物。他們能利用視覺感應周遭並做出反應，再透過身上的色素細胞變色，隱藏自己或進行溝通。與其他軟體動物相比，他們有更強的運動能力，能吸入海水並使用漏斗狀的水管進行噴射。烏賊們更具有膜狀的鰭，能長時間在水中游動。若遇緊急狀況，他們會從漏斗噴出濃稠的墨汁混淆天敵，再趁機逃跑。

頭足類皆為肉食，他們能靈活地使用腕足上的吸盤進行狩獵，烏賊更有一對延長的捕捉足能襲擊距離更遠的獵物。位於腕足中心的口中有齒舌與尖銳的喙，可有效地切碎食物。

頭足類家族

烏賊

p.295

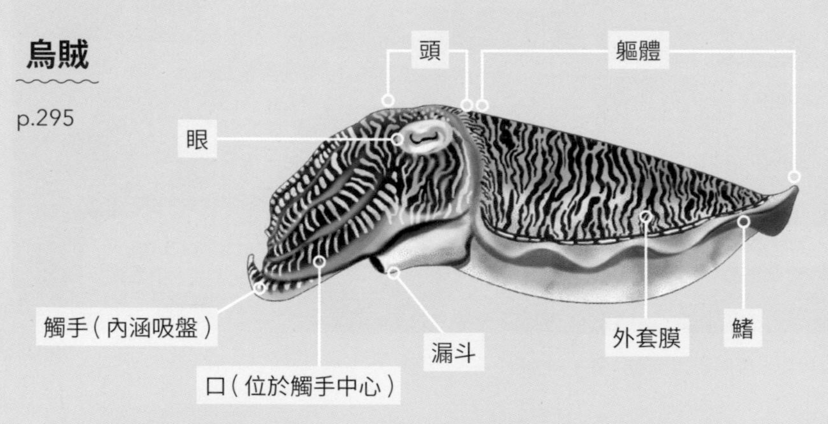

章魚

p.302

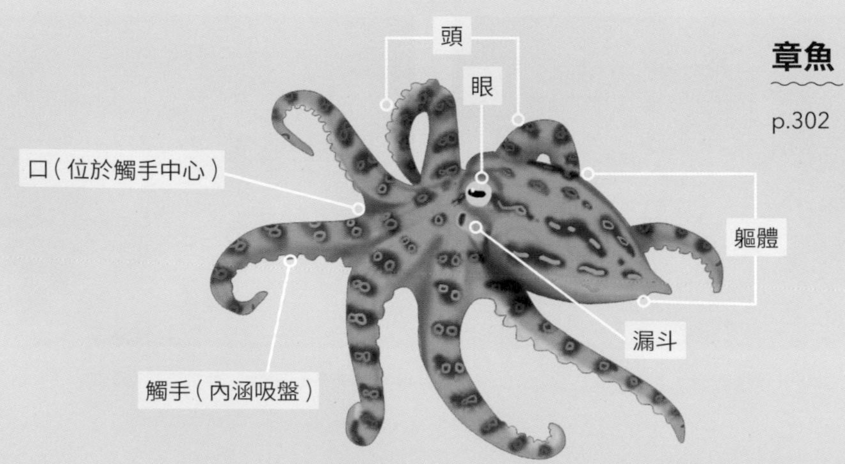

虎斑烏賊 *Sepia pharaonis*

Pharaoh cuttlefish

法老烏賊、花枝、墨魚

北部海域的常見烏賊，常棲息在靠岩礁的沙地上。平時單獨活動，偶爾會埋在沙中隱藏身子。體表色素細胞發達，能瞬間改變體色以融入環境。繁殖季在冬末春初的3-4月之間，會集結在較淺的岩礁區集體繁殖，此時全身虎紋的雄性常為了爭奪交配權大打出手。

體色變化萬千的虎斑烏賊是海中的變色高手。(林祐平)

埋沙的虎斑烏賊體色變得與沙地完全一致。(李承運)

較小的幼體常在夏初發現。(陳致維)

繁殖時體色鮮明的雄性常為了雌性互相張開觸手威嚇。（林祐平）

為了霸占最小的雌性（最右）其他的雄性正準備大打出手。（京太郎）

激戰後獲勝的雄烏賊與雌烏賊進行配對後交配。（京太郎）

寬腕烏賊 *Sepia latimanus*

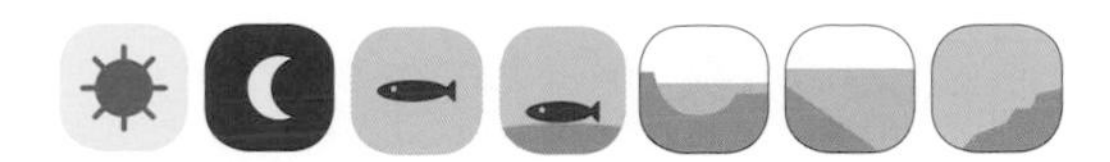

Broadclub cuttlefishes
白斑烏賊、花枝、墨魚

常見的烏賊，但北部海域的數量比虎斑烏賊少。較喜愛在岩礁區出沒，幼體偶爾可在較淺的水域中發現。常變幻體色接近獵物後，再伸出觸手突襲。

仔細觀察烏賊可發現他們可以在數秒內變化體色好幾次喔！

由鰭基部的鮮豔藍點，可區分本種與虎斑烏賊的差別。（林祐平）

幼體偶爾可在大型潮池中發現。（李承運）

受威脅時常將觸手高舉成「V」字形警戒。（林祐平）

圖氏後烏賊 *Metasepia tullbergi*

Paintpot cuttlefish、Northern flamboyant cuttlefish
火焰花枝、櫻花墨魚

體長通常小於6公分的小型烏賊，具有十分鮮豔的紅、黃、紫色色澤。是少數具有毒性的烏賊，肌肉與表皮因具有毒性，所以少有天敵捕食他們。夏季會在岩礁區交配，在岩石底下產卵。★ 過去台灣記錄之裴氏後烏賊（*Metasepia pfefferi*）為本種之誤鑑。

本種常用觸手在沙上匍匐，緩緩前進。（李承運）

體型小卻擁有令人著迷的豔麗體色。（李承運）

受威脅時也會變化體色保護自己。（楊寬智）

伸出長長的捕捉足，瞄準小蝦準備攻擊的圖氏後烏賊。（賴怡菱）

一對雌雄烏賊準備進行交配。（李承運）

通常在岩礁陰影處產下球狀的卵。（賴怡菱）

萊氏擬烏賊 *Sepioteuthis lessoniana*

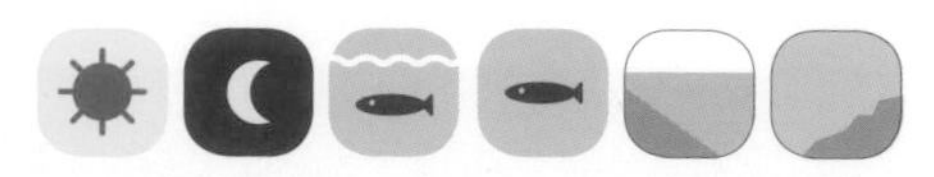

Bigfin reef squid、Glitter squid
軟絲

屬於管魷目，與烏賊不同，外套膜內不具堅硬的內殼。本種為北部海域最常見的烏賊，偶爾也能在海面的漂浮物附近發現。繁殖期在夏季，梅雨季後海面平穩的日間常見成群的軟絲準備交配，體色華麗的雄性會進行鬥爭以獲得交配權，配對後的雄性會護送雌性進入隱蔽處產下香腸狀的白色卵鞘。卵約20-25日孵化，水流交換情形與水溫都會影響孵化的時間。

每年夏季在海中施放竹叢礁復育軟絲成為北部海域的盛事。(Marco)

每條卵鞘內約有3-8個卵粒。(李承運)

柳珊瑚是軟絲天然的產卵場。(林祐平)

幼體通常在入夜後孵化。(陳致維)

孵化後的小軟絲已具備變化體色的能力，常以小群活動。（林祐平）

夜間有時會受到光線吸引而靠近潛水員。（陳致維）

紅蛸 *Callistoctopus luteus*

常在夜間岩礁區活躍的章魚，俗名紅章。體色紅褐且沿著觸手有白色點列，體色和身形能隨環境迅速變化。擅長捕捉蝦蟹和貝類。（李承錄）

華麗蛸 *Callistoctopus ornatus*

較罕見的章魚，外套膜與觸手邊緣的白點非常容易辨認。棲息在亞潮帶的岩礁區，夜間才較容易發現。（Chou Kao）

沙蛸 *Amphioctopus aegina*

體表充滿顆粒質感的章魚，俗稱白線章魚或石拒。頭頂具有獨特的「T」形白紋。棲息在沙底環境，有時也會鑽入沙中躲藏。（陳致維）

鹿兒島蛸 *Amphioctopus kagoshimensis*

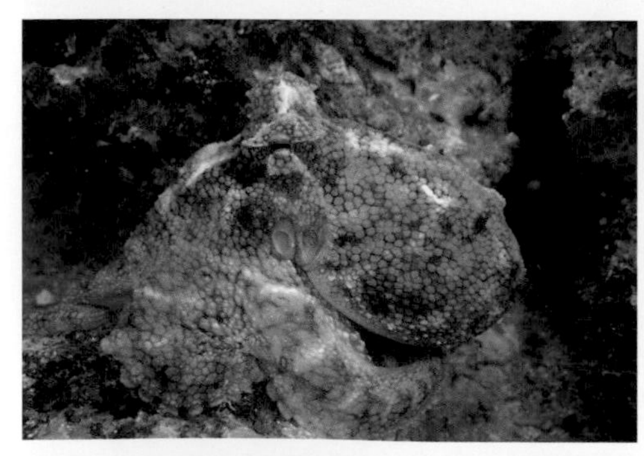

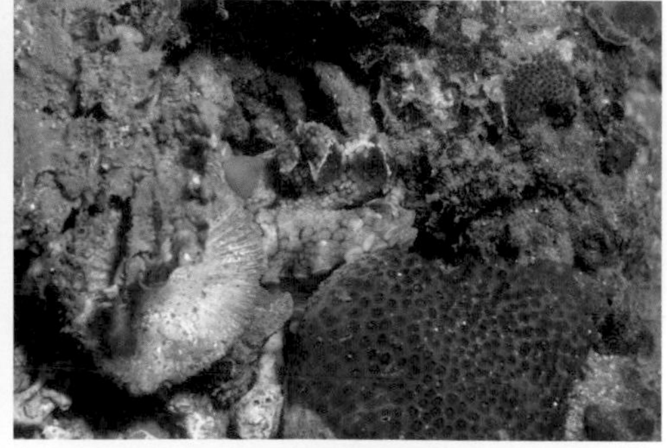

體表充滿蜂巢顆粒質感的章魚，眼周圍有獨特的放射紋路，俗稱石拒。棲息在岩礁區底層，常會在巢穴附近用貝殼或岩石堆砌，平常僅從洞口露出雙眼觀察四周。（左：陳致維、右：李承運）

中華蛸 *Octopus sinensis*

Chinese octopus
章魚

為北部最常見的大型章魚，體表布滿褐色的斑點。從潮間帶至亞潮帶的岩礁區皆可發現，夜間有時會在很淺的潮池狩獵螃蟹。變形能力很強，甚至能瞬間變化體表的皺摺與顏色。夏季為繁殖期，雌章魚會在洞穴中守護一粒粒下垂如麥穗的卵粒直到孵化。

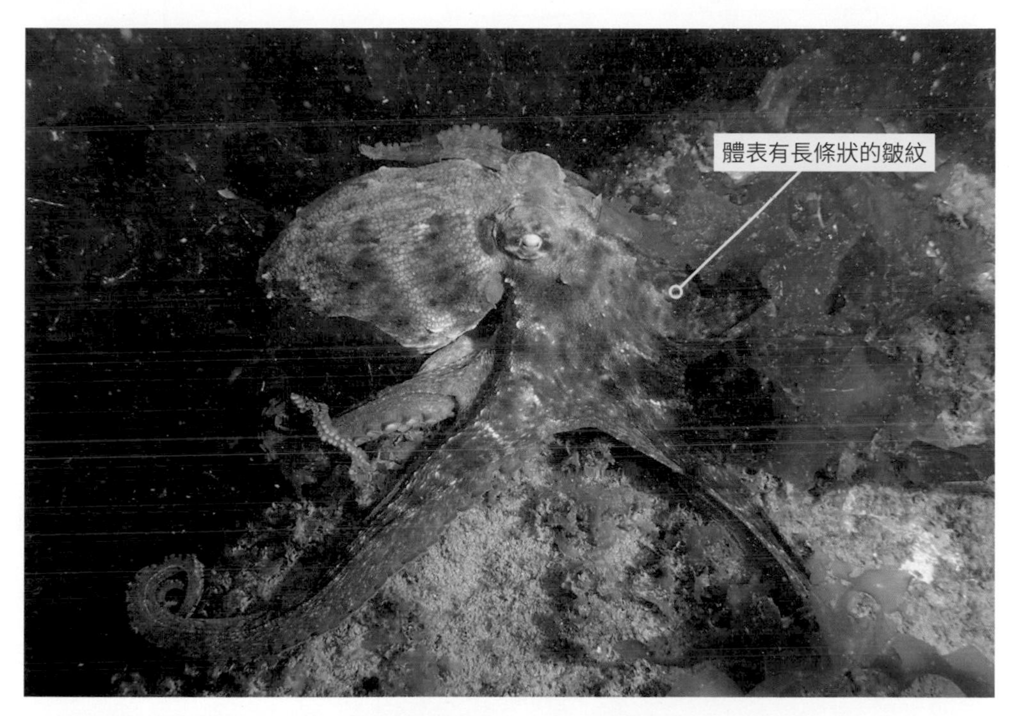

中華蛸是最大體長可達70公分的大型章魚。（林祐平）

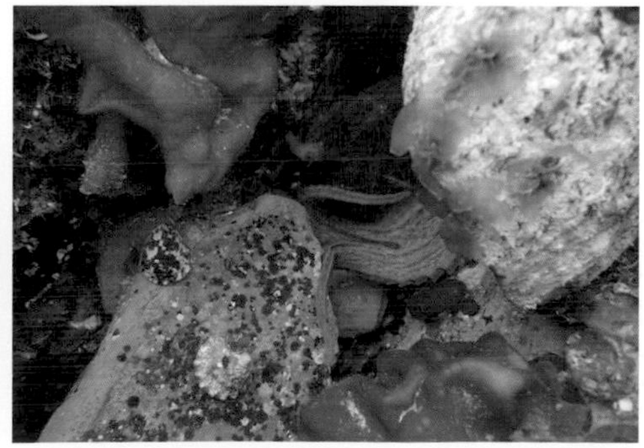

章魚的身體非常柔軟，只要嘴喙能通過的小洞，全身都能鑽進去。（李承錄）

常瞬間改變體表的質地與顏色以利藏身在環境之中。(陳致維)

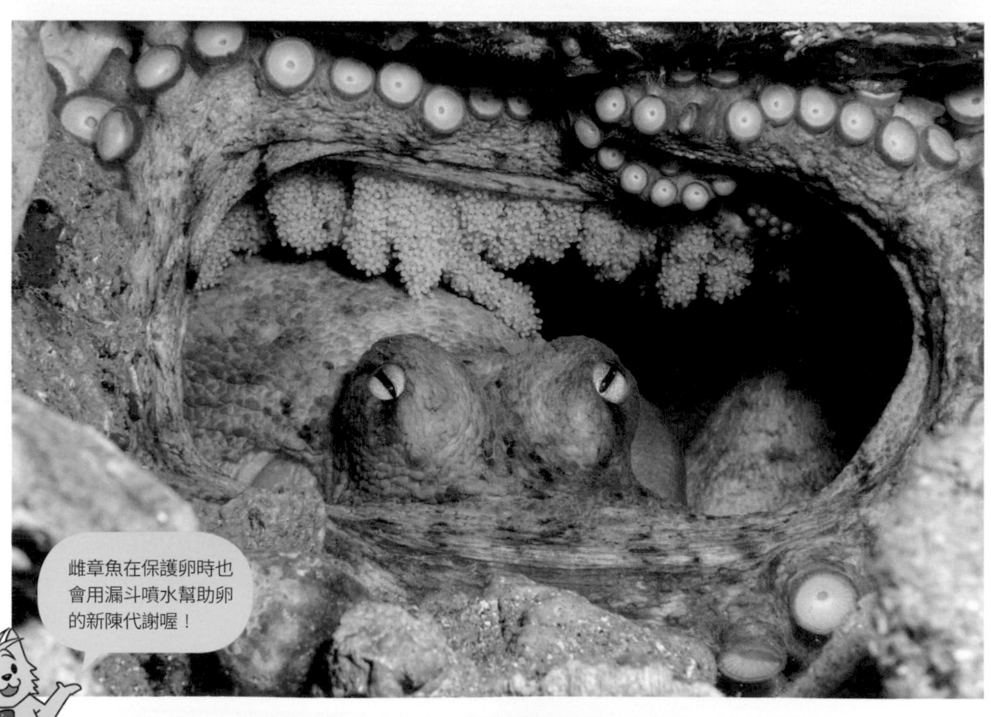

夏季有時可在隱蔽的洞窟中發現正在保護卵的中華蛸。(羅賓)

藍紋章魚 *Hapalochlaena* cf. *fasciata*

Blue-lined octopus

體長大多在7公分以下的小型章魚，體色黃褐，但受到威脅時會顯露出鮮豔的螢光藍紋做為警戒。棲息在潮間帶，常在較大的潮池活動，捕捉蟹類為主食。雖生性溫馴膽小，但口中的嘴喙具有劇毒，切勿任意觸摸。

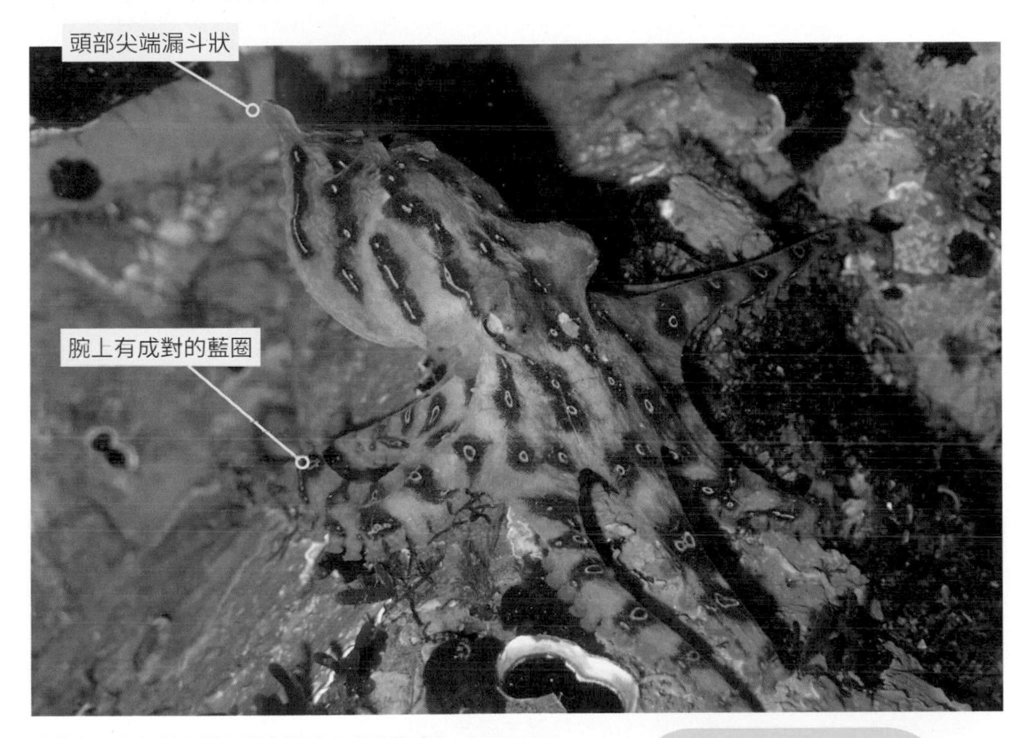

藍紋章魚夢幻般的螢光藍為對掠食者的警戒色。（李承錄）

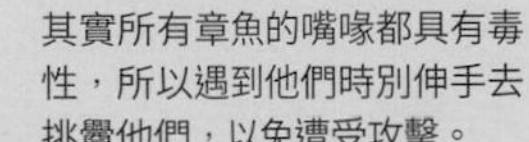

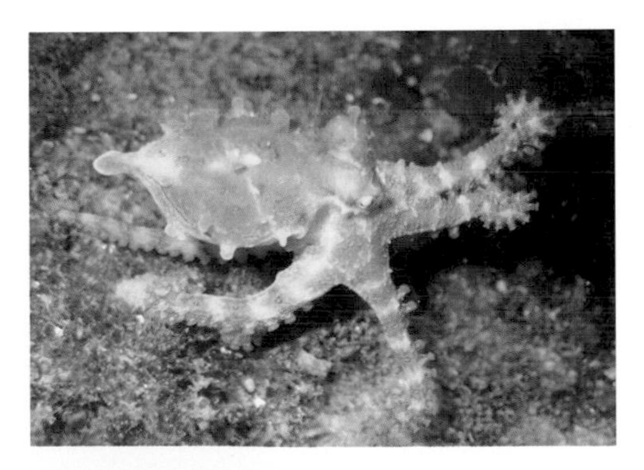

夜間是他們主要活動的時候。（李承錄）

雖身懷劇毒其實非常膽小。（李承錄）

平時會將藍紋收起並改變體色融入環境，等著突襲經過的獵物。（席平）

拉丁學名學問大

拉丁學名主要用來命名各種已描述的生物，書寫時必須斜體，且第一個字的屬名必須大寫。有時在學名中常有不同的標記，來表示該物種在命名上的狀態。

（1）屬名＋sp.

sp.為species的縮寫，通常用於該屬未確定物種，因此僅給予屬名而種名暫時使用sp.。如*Eviota* sp.意指某種未確認的磯塘鱧。

（2）屬名＋spp.

spp.為several species的縮寫，泛指該屬的複數物種。如*Pseudoceros* spp.泛指偽角扁蟲屬的各種物種。

（3）屬名＋cf.＋種名

cf.為confer的縮寫，通常用於某未確定物種，因其外形與某已知物種相近時所給予的學名。如本書的*Hapalochlaena* cf. *fasciata* 藍紋章魚即為此例。

（4）屬名種名＋var.

var.為variation的縮寫。此寫法常用於植物、藻類或農漁業等自然或人工品種。用來表示該物種不同的變異型。

擬態章魚 *Thaumoctopus* cf. *mimicus*

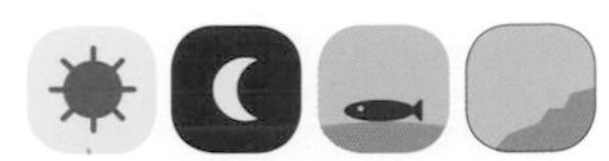

Mimic octopus
百變章魚、祕密客

腕部極度延長的章魚，是非常珍稀的物種。棲息在平坦的沙底環境，通常躲在沙中的洞窟，僅露出雙眼觀察四周。具有擬態許多生物的能力，休息時常攤平腕足模擬大型海葵，移動時又會隨腕足的不同動作擬態獅子魚、比目魚等生物的模樣。

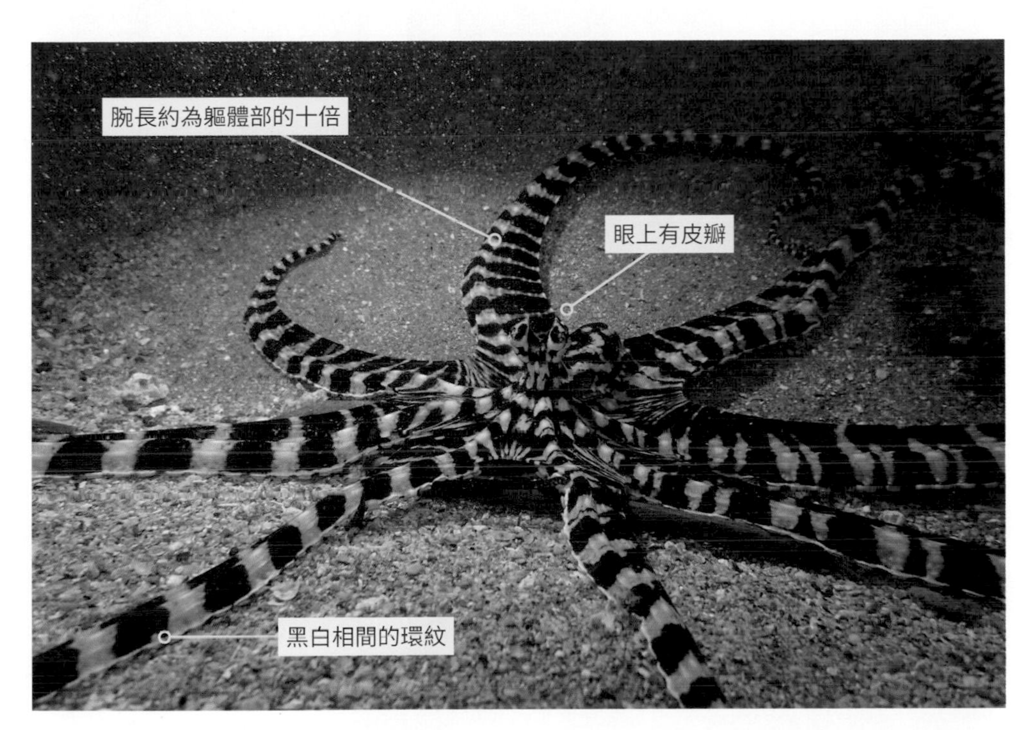

珍奇的擬態章魚是北部海域的稀客。（張智堯）

眼上皮瓣看似一對俏皮的角。（張智堯）

鮮明的黑白紋路十分容易辨識。（張智堯）

平時觸手展開的模樣有如毒性很強的杜氏武裝海葵。（左：張智堯、右：陳致維）

張開腕足遨遊時有如翩翩起舞的魔鬼蓑鮋。（左：張智堯、右：楊寬智）

所有腕足收起快速移動時有如修長的異吻擬鰨。（左：張智堯、右：李承錄）

〔藤壺〕Barnacle

看似貝類卻是不折不扣的甲殼動物

固著在海濱岩石上的藤壺，雖看起來像是貝類，卻和蝦蟹一樣，屬於甲殼動物。藤壺隸屬圍胸總目（Thoracica）。他們的生活史中具有類似水蚤的浮游時期，經過數次脫殼後會進入底質並分泌黏性物質固定自己，並一生都固定在該位置不移動。藤壺為濾食性，會用觸手狀的蔓足靈巧地抓取水中的浮游生物，並以蓋板保護開口防禦天敵或保持潮濕。

藤壺主要可分為有明顯柄狀構造的有柄目（Pedunculata，又名鵝頸藤壺），以及無該構造的無柄目（Sessilia）。以下為他們的構造：

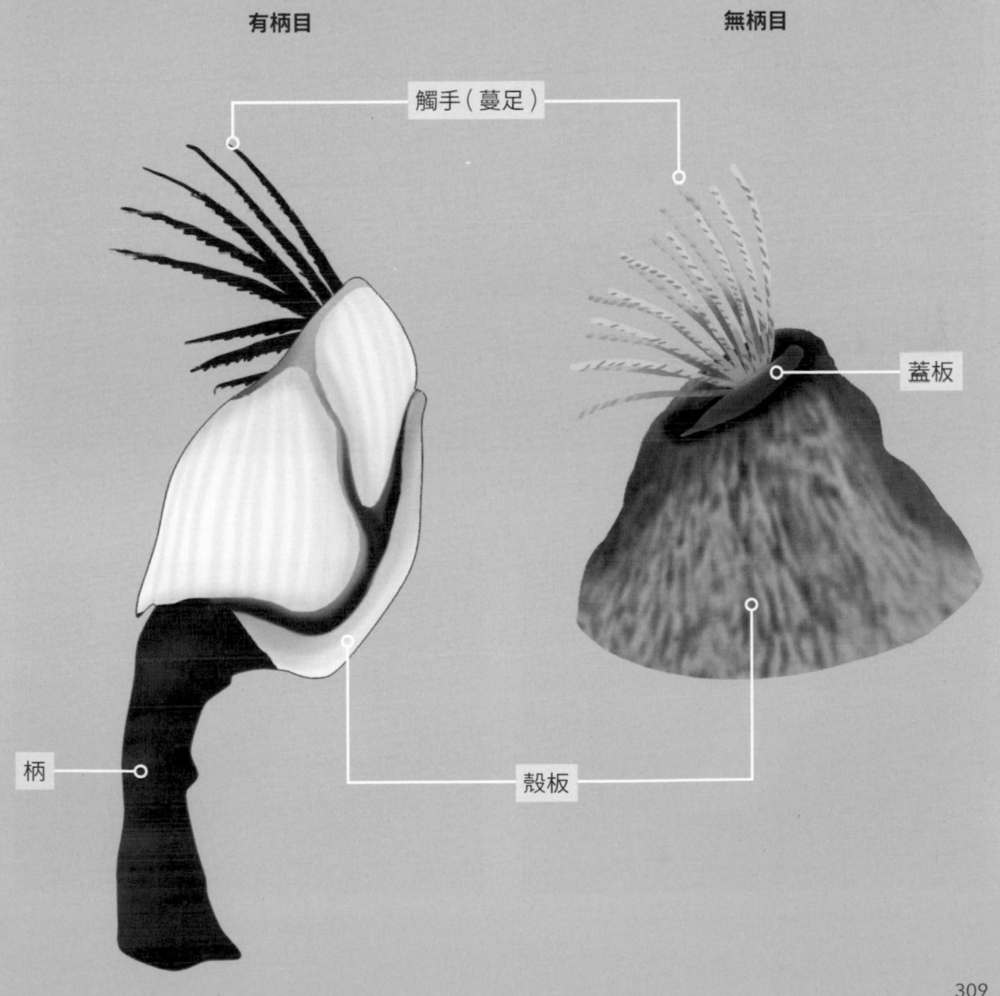

茗荷 *Lepas* spp.

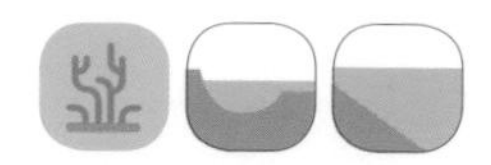

Goose barnacles

鵝頸藤壺

在海面的漂浮物上繁衍的有柄藤壺，基部具有肉質長柄，也常覆蓋在各種海漂垃圾上，藉著海流帶往世界各地。以觸手抓取水中的有機物質為主食。常見有殼板較光滑的茗荷（*L. anatifera*），與殼板上有凸起縱肋的鵝茗荷（*L. anserifera*）兩種。

漂流至岸邊的漂流木上常可見到大量的鵝茗荷。（李承運）

茗荷殼板較光滑，邊緣也較圓潤。（李承錄）

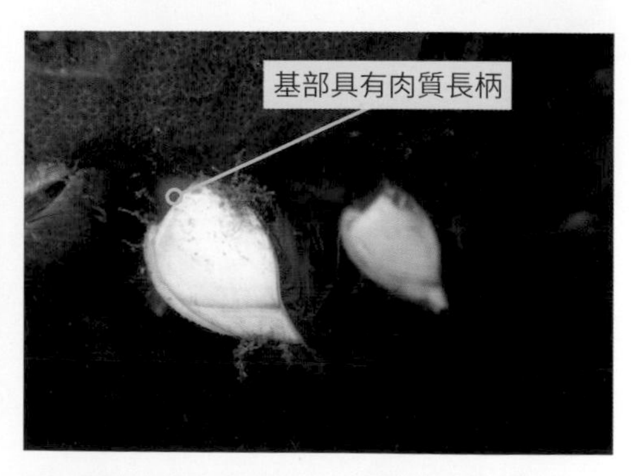

另一種鵝茗荷殼板有縱肋，且邊緣比茗荷尖銳。（李承錄）

常隨潮水活躍地伸出觸手捕捉水中的有機物質。(李承錄)

永久定居：藤壺的變態與發育

固著性的藤壺無法移動，但他們釋放在海水中的幼蟲卻有泳足，且有很強的游動能力。初期的無節幼蟲（Nauplii）會經過多次脫皮後，變成一隻像米粒般的腺介幼蟲（Cyprids）。這時可藉由觸鬚來感知周圍的化學物質，朝著散發適合氣味的底質游去。通常他們會偏愛同類的味道，這也是為什麼藤壺總是一群固著在同一塊地上。找到確定適合的底質後，觸鬚上的附著器會分泌黏液，頭朝地面黏住自己。接著轉身進行最後的變態，長出可蓋住殼口的蓋板，泳足變為未來抓捕食物的蔓足。此時他們的後半生將在這塊底質上永久定居，不再移動。之後的藤壺隨著成長增厚自己的殼板，開始底棲的生活。

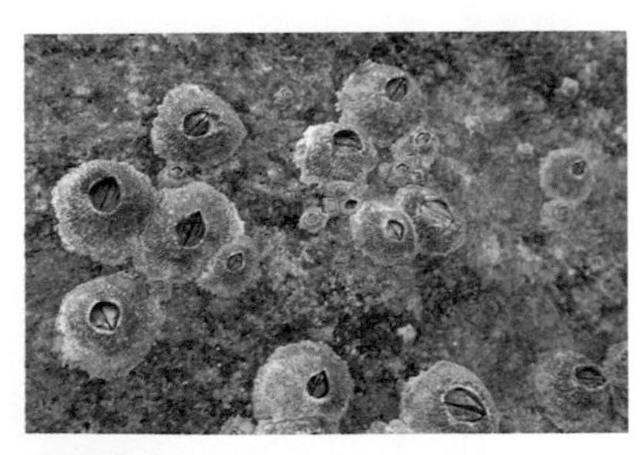

藤壺常隨著氣味回到同類棲息的岩礁上。(李承錄)

解剖藤壺可見上方的蔓足與下方固著的構造。(李承錄)

龜足茗荷 *Capitulum mitella*

Japanese goose barnacle

龜爪藤壺、雞爪螺、佛手貝、筆架

身體由八片三角形殼板所組成的有柄藤壺，柄部覆蓋著細密的鱗狀構造，可牢牢固定在岩縫中。棲息在浪潮較洶湧的岩礁中高潮位，退潮時常緊縮在岩縫中動也不動，等待漲潮海浪沖刷時才伸出觸手覓食。

從岩石隙縫伸出來的龜足茗荷神似烏龜的腳爪。(李承錄)

柄基部鱗狀構造可固定在岩縫中以抵擋風浪。(李坤瑄)

利用漲潮時伸出觸手進行捕食。(李承錄)

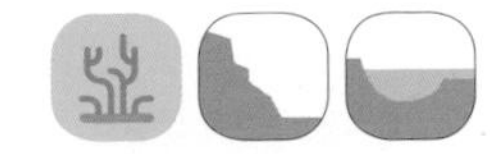

笠藤壺 *Tetraclita* spp.

Volcano barnacle

火山藤壺

北部潮間帶最常見的藤壺，身體由四片殼板組成，成長增厚的外殼常看不清殼板的界線，彷彿一座小火山。他們的結構不僅可牢牢地吸附岩石，更能抵擋東北季風下的強大浪潮，因此常在浪潮洶湧的最前線看見他們大量生長在岩石上。最常見有兩種：外殼灰綠色的黑潮笠藤壺（*T. kuroshioensis*）與外殼粉紅色的美麗笠藤壺（*T. japonica formosae*）

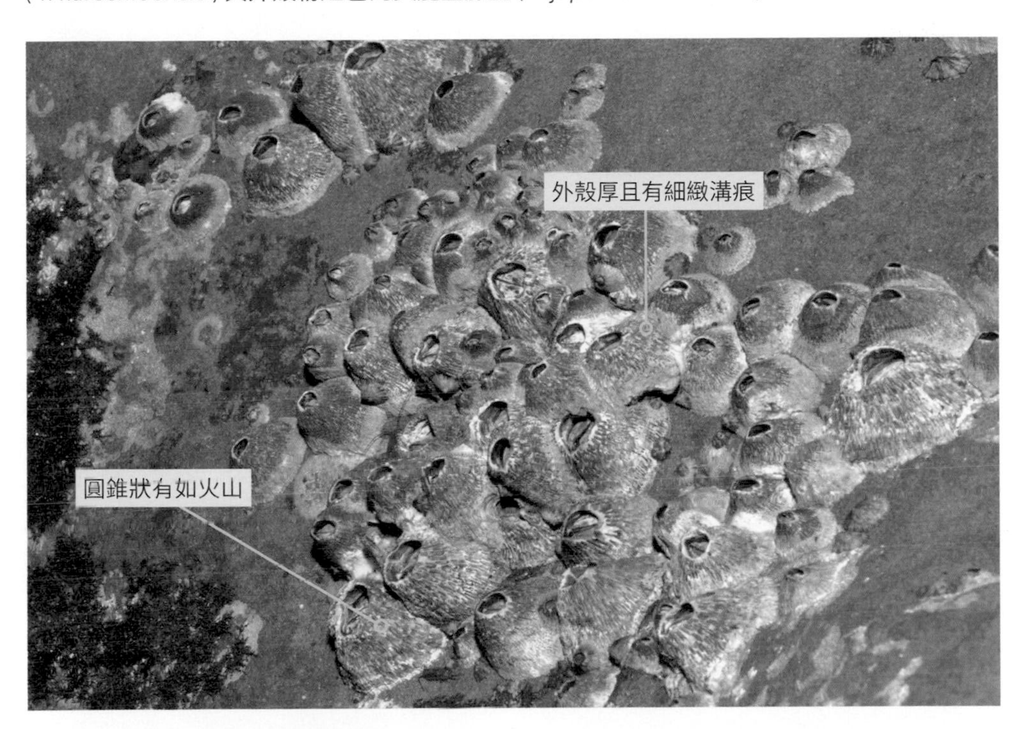

各種不同的笠藤壺常一同生長組成群落。（李坤瑄）

成群固著在面對浪潮的岩礁上。（李承運）

在海水中常快速伸出觸手捕捉食物。（李承錄）

〔蝦蛄〕Mantis Shrimp

視覺超群的甲殼破壞者

蝦蛄屬於口足目（Stomatopoda），外形近似十足目的蝦類，但鰓的位置有所不同。蝦蛄的鰓位於腹部，而十足目則位於頭胸部。蝦蛄為兇猛的掠食者，具有十分強壯的捕捉肢（raptorial appendages）。依照結構的不同，能以強勁的力道刺穿、夾緊、擊碎獵物。

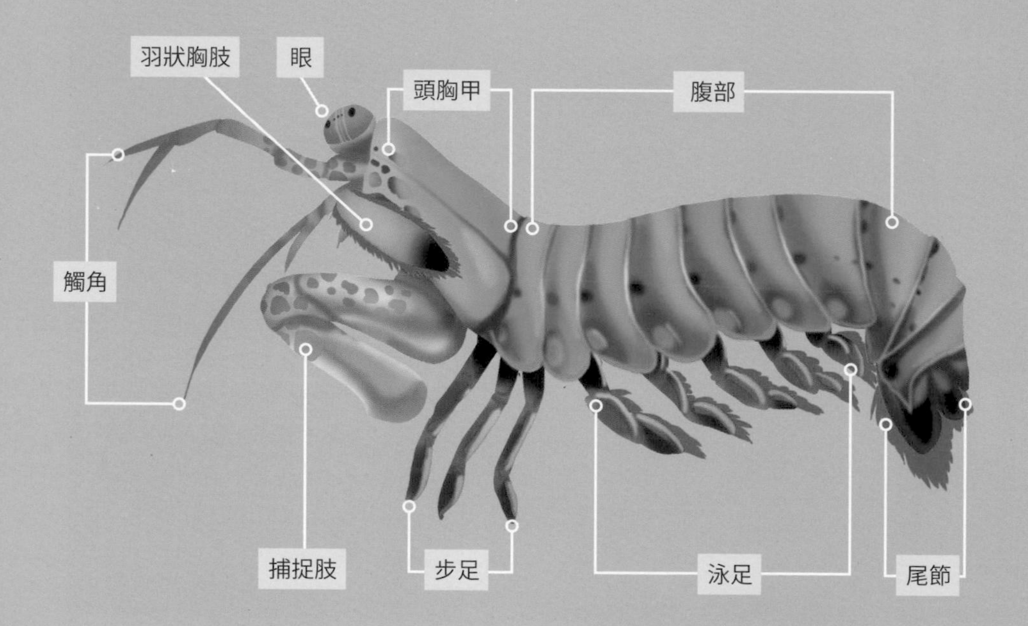

發達的視覺

平時蝦蛄常躲在洞中只露出頭部前端警戒。由於兩隻眼睛能獨立運動，因此幾乎能無死角地觀察四周。而蝦蛄結構複雜的複眼還能夠看見比人類更廣域波長的光線，因此四周一舉一動都逃不過他的眼睛。

蝦蛄的眼睛發達，甚至能感應人類無法看見的光線。（李承運）

蟬型齒指蝦蛄 *Odontodactylus scyllarus*

Peacock mantis shrimp、Rainbow mantis shrimp

雀尾螳螂蝦

在岩礁區最常見的大型蝦蛄，體色鮮豔華麗。常從岩礁底層的洞口探頭並用他們凸出的眼睛觀望，能敏銳地感知水中動靜。生性兇猛，獵食時會用堅硬的棒槌狀捕捉肢朝獵物出擊，力道之強甚至能擊碎螃蟹或貝類的外殼。有時受到刺激也會攻擊人類，是海中的危險生物，勿任意戲弄。

蟬型齒指蝦蛄具有領域性，一處礁岩通常僅有一隻棲息。（李承錄）

蝦蛄的捕捉肢堅硬且力道甚至能擊碎較薄的壓克力玻璃。（李承錄）

常在大塊的礁岩下挖洞而居。（陳致維）

蝦蛄常昂起身子並用眼睛觀察四周。（林祐平）

〔端足類〕Amphipod

藻叢微觀世界中的細小嬌客

端足目（Amphipoda）為一群體型嬌小、身材側扁的甲殼類，體型不到一公分。通常棲息在沙石或藻類叢中，不易發現。頭胸部與腹部總共有八對分工細緻的附肢，能撕碎食物、快速游動，甚至進行跳躍。他們雖小，但數量很多，尤其是在藻類繁盛時期，可在藻類叢中發現大量端足類。許多端足類的雌性具有育兒袋，能將受精卵抱在身上直到幼體孵化。

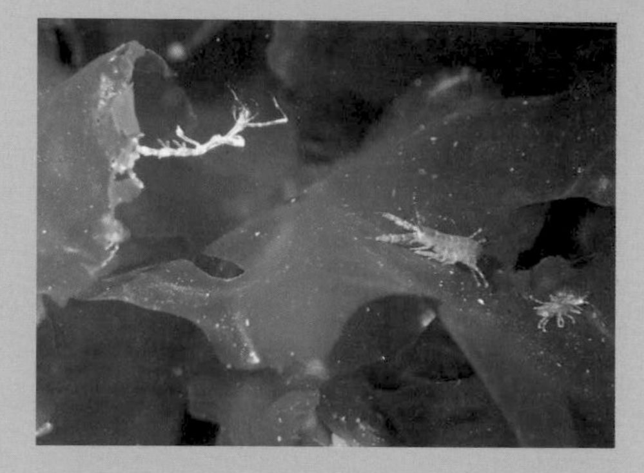

麥稈蟲與扁跳蝦皆為常見的端足類。（李承錄）

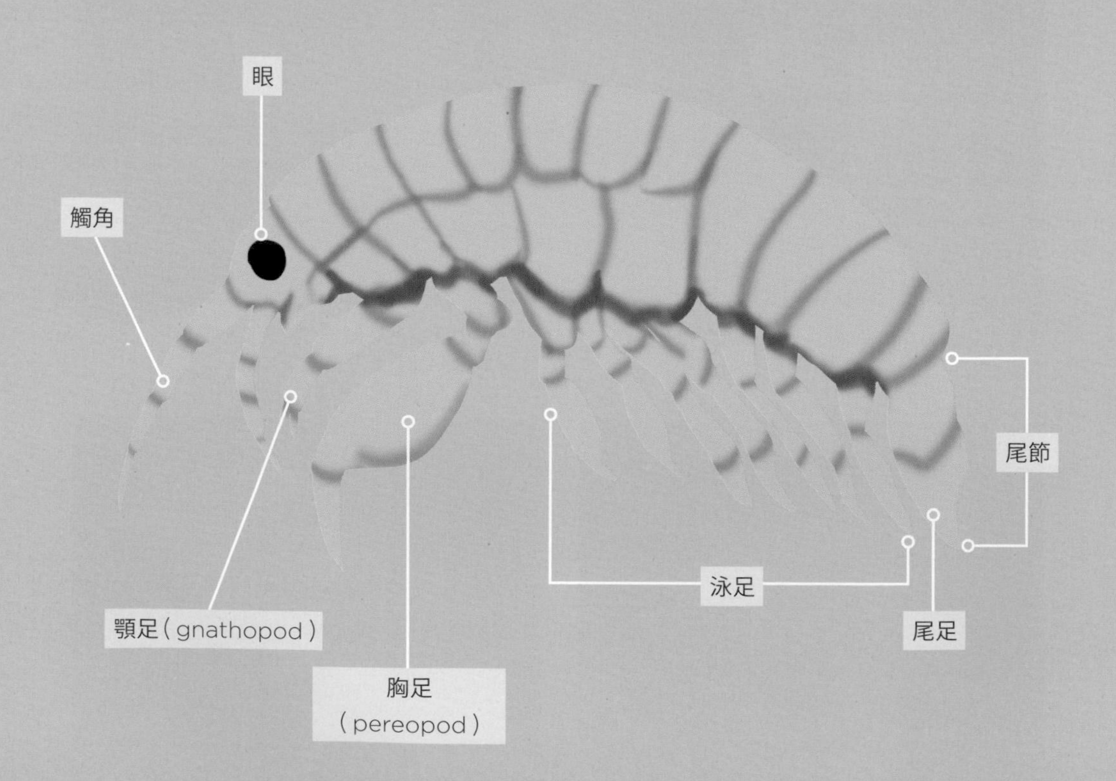

扁跳蝦

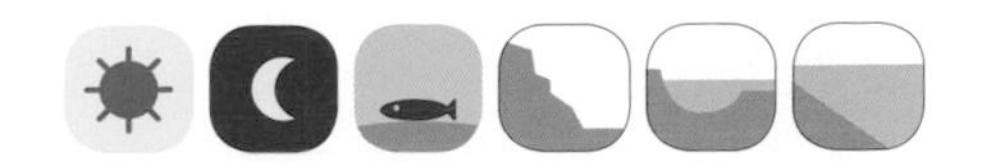

Scuds、Sideswimmers
鉤蝦

常在藻叢中大量出現的小型端足類，以藻類碎屑和有機物質為食，他們同時也是許多大型魚蝦重要的食物來源。生性機警，若發現周遭有動靜會立刻逃跑。雖然他們個頭小，但跳躍能力驚人，能瞬間彈射到另一叢藻叢後消失在掠食者的眼前。物種繁多，需要檢視顎足與體節的構造才能仔細辨識。

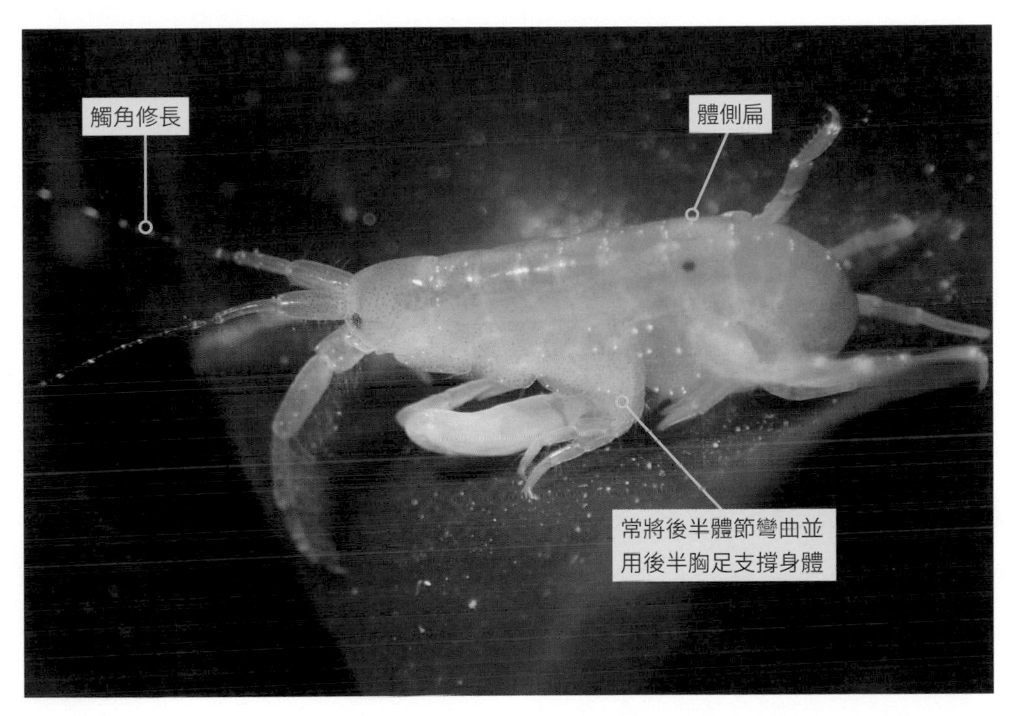

小巧玲瓏的扁跳蝦有纖細的觸鬚與分化精細的胸足。（李承錄）

在石蓴中常有驚人的數量。（李承錄）

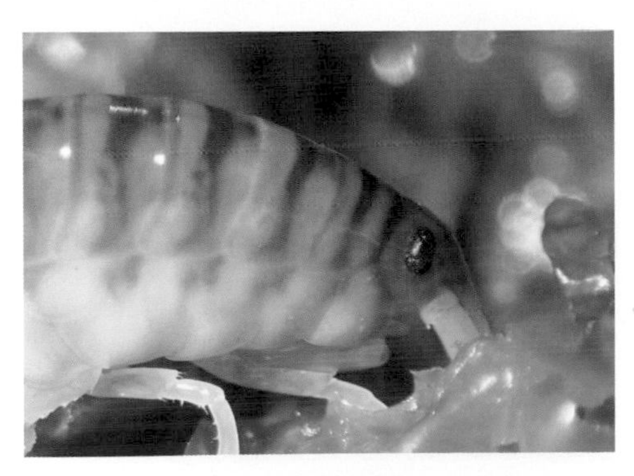

發達的複眼對周遭動靜十分敏感。（李承錄）

麥稈蟲

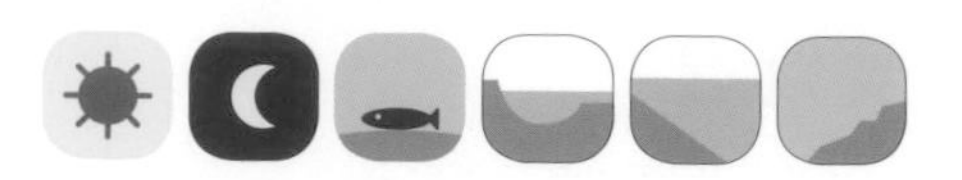

Skeleton shrimp
骷髏蝦

麥稈蟲的外形十分奇異，具有如樹枝的修長身形、細長的觸角，還各有一對細小的顎足與鉤爪狀的胸足。他們數量頗多，但因體型細小不容易發覺。常躲藏在藻叢中，用尺蠖幼蟲般的動作輕巧穿梭其中。他們常用身體後半的腹肢抓住藻類，上半身則伸長到水中抓捕浮游生物或有機碎屑。

麥稈蟲的體色常與棲息的藻類一模一樣。（李承錄）

麥稈蟲靠腹肢牢牢地抓在藻類後，伸出上半身在水中覓食。（李承錄）

濃密的藻叢中常藏有大量的麥稈蟲。（李承錄）

雌性會將卵囊放在腹部直到孵化。（李承錄）

〔等足類〕Isopod

在潮上帶的飛毛腿

等足目（Isopoda）又名等足類，為一群體型嬌小，身材平扁的甲殼類。他們的軀體生有七對步足，可靈活地爬動。在潮間帶最常見的等足類為海蟑螂，具有長長的觸角和延長的尾肢，看起來很類似蟑螂而得名。他們常在海邊高潮區域成群出現，生性警覺，一有動靜就散開不易接近。雖然會游泳，但通常不會在水中活動。和端足類類似，海蟑螂也有抱卵之習性。雌性會將卵抱在腹部直到孵化為止。而在繁殖時，雄性具有疊在雌性上進行交配的行為。

海蟑螂是海邊最常見的等足類。（李承錄）

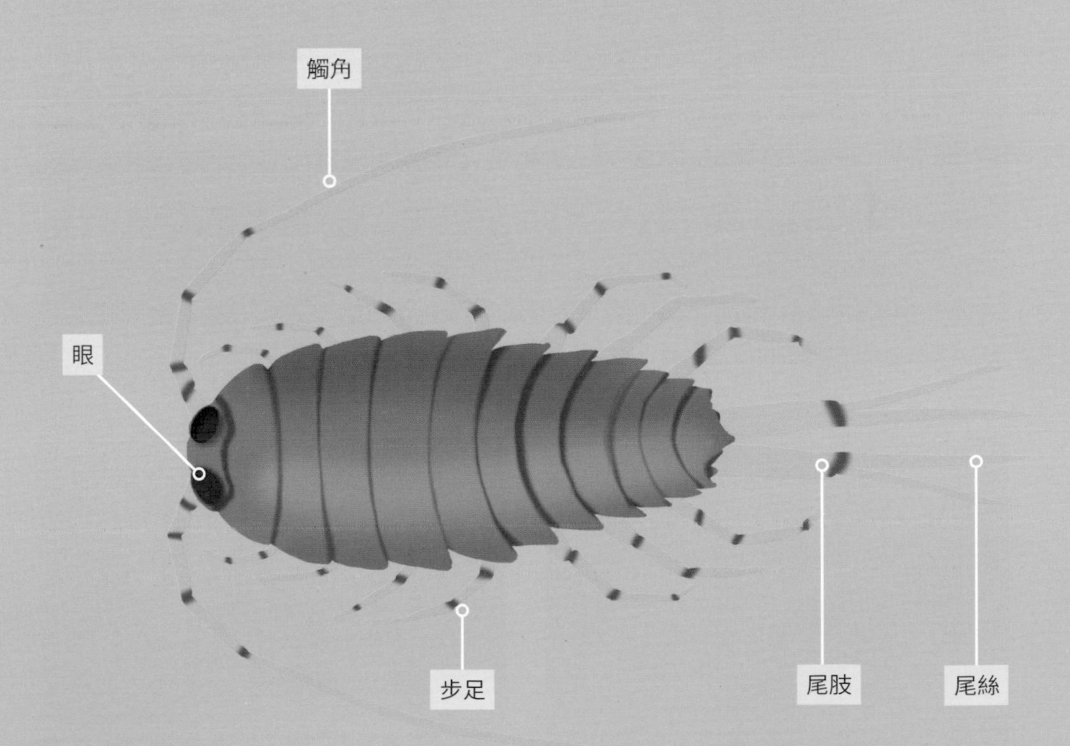

奇異海蟑螂 *Ligia exotica*

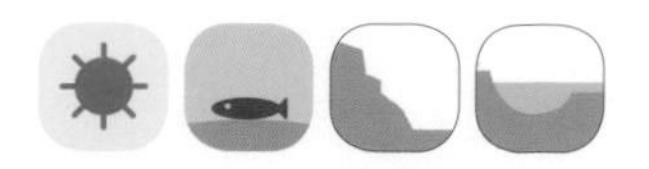

Sea slater、Sea roach

海蟑螂、海蛆

海蟑螂是最適應高潮帶環境的節肢動物，輕巧扁平的身體能快速穿梭在岩縫中。他們鮮少碰水，但危急時也會跳入水中，用足快速滑水逃到鄰近的礁石上。他們為雜食性，以藻類碎屑為主食，偶爾會吃飄上岸的動物屍體，是海岸的清道夫。

靈活的海蟑螂是適應潮間帶極限環境的清道夫。（李坤瑄）

夜間的海蟑螂因黑色素較少而體色淡。（李承錄）

常在高潮帶成群結隊活動。（李承運）

〔十足類〕Decapod

十足的甲殼兵團：龍宮的蝦兵與蟹將

隸屬十足類的甲殼動物，共通點為有一對螯足與四對步足，是甲殼動物中最多樣的一群。我們熟知的蝦、蟹與寄居蟹大多都是屬於此類。十足類物種的外形和生態差異很大，在各種海洋環境都能看見他們的身影。

他們大多為機會性的雜食者或食腐者，通常以撿拾環境中的有機碎屑或生物屍體為主食，若有機會偶爾也會捕捉比自己還小的生物。少數如油彩蠟膜蝦具有專門吃海星的獨特食性。

十足類家族

十足類物種繁多，其中腹部較長且腹部下方有發達泳足者，被稱為「**長尾類**」，也就是蝦；而腹部退化且身形較寬厚者，被稱為「**短尾類**」，也就是螃蟹；其他頭胸甲與腹部有其他特化或退化的十足類常被整理成「**異尾類**」，包含腹部彎曲以躲入貝殼中的寄居蟹、像小蜘蛛的鎧甲蝦，以及類似螃蟹的瓷蟹，都屬於異尾類的成員。

蝦（長尾類）

p.323

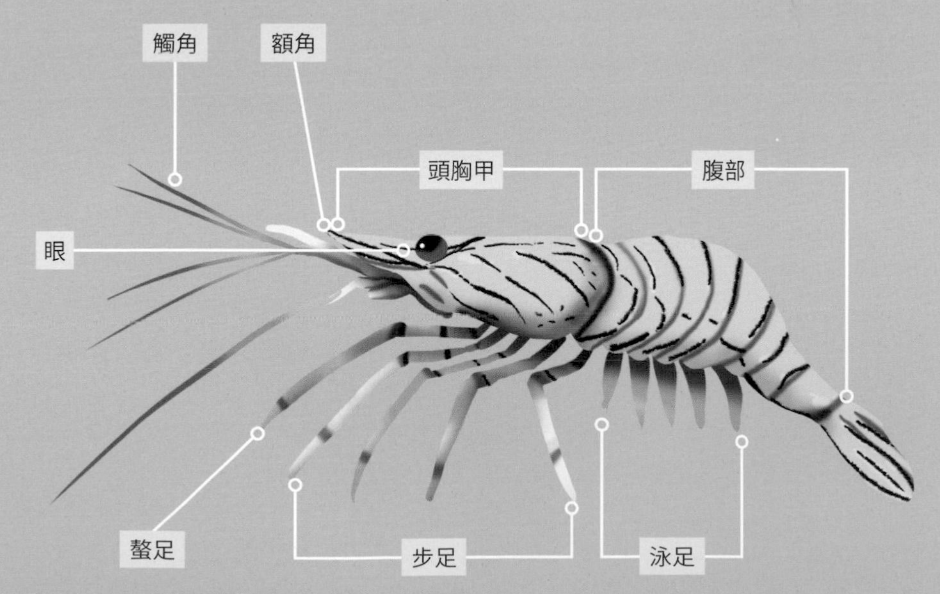

寄居蟹（異尾類）

p.342

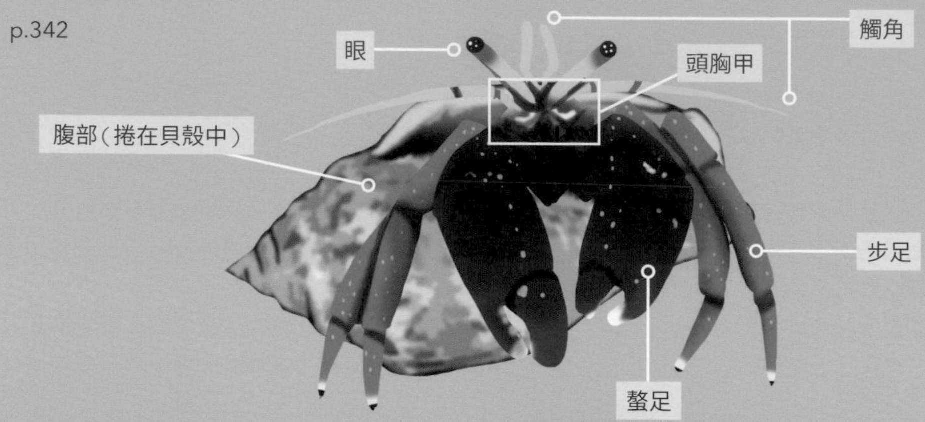

瓷蟹（異尾類）

p.349

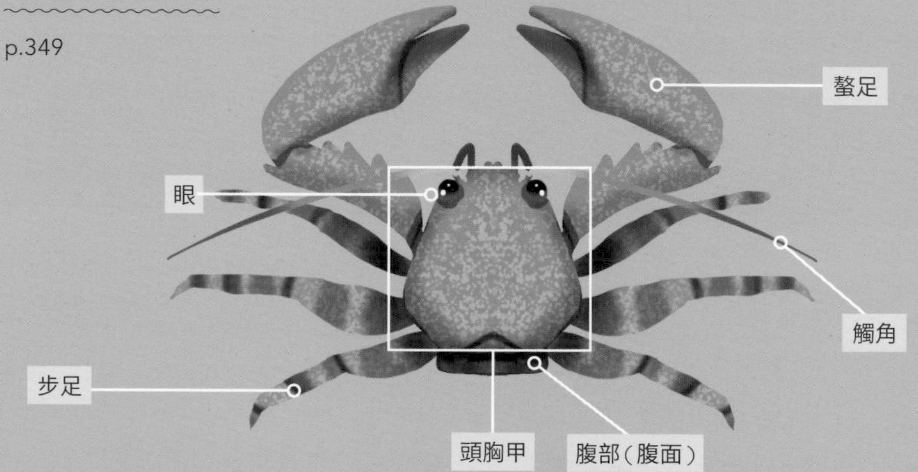

螃蟹（短尾類）

p.351

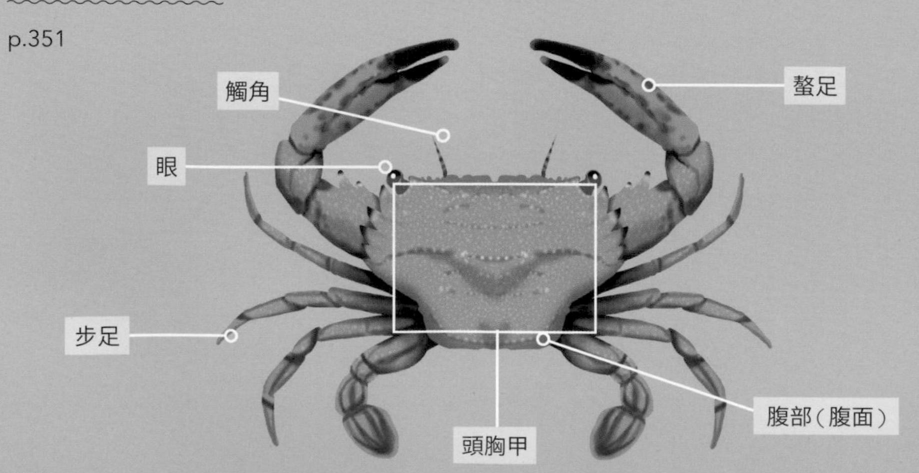

日本龍蝦 *Panulirus japonicus*

Japanese spiny lobster
紅龍蝦、龍蝦

溫帶物種，常見於水溫較低的北部海域。在亞潮帶的岩礁區，偏好躲藏在大塊岩礁的陰影之下。體色透明的幼蝦有時可於潮池中發現，隨成長逐漸浮現暗紅的體色。夜間出洞捕食底棲動物。因遭過度捕撈已不多見，體型也有小型化的趨勢。

包含日本龍蝦在內的各種龍蝦因遭過度獵捕，如今在北部海域的數量已大幅減少。（林祐平）

剛沉降在潮池的透明幼蝦僅有２公分。（李承錄）

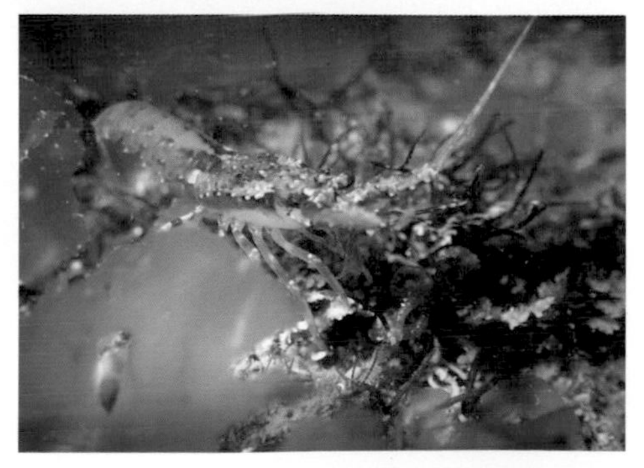

隨成長出現斑駁的花紋以融入環境。（李承錄）

由於過度捕撈，現今常見的日本龍蝦體型都有過小的趨勢。(李承錄)

僅有在少數保育區內還能見到體型龐大的日本龍蝦。(林祐平)

雜色龍蝦 *Panulirus versicolor*

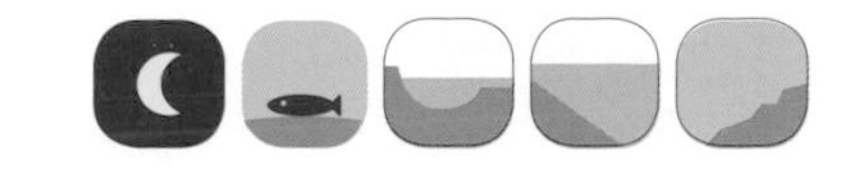

Painted spiny lobster
白鬚龍蝦、龍蝦

具有醒目白色觸鬚的龍蝦，體型通常比較小。棲息在岩礁陰暗縫隙，幼蝦偶爾可在潮間帶藻類豐富處發現其蹤跡。

整根白色的觸角是雜色龍蝦最醒目的特徵。（林祐平）

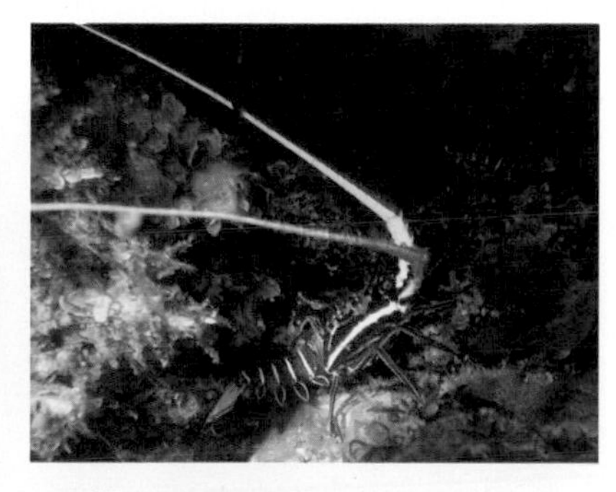

幼蝦的步足具有鮮豔的藍紫色條紋。（陳致維）

姬蟬蝦 *Galearctus* spp.

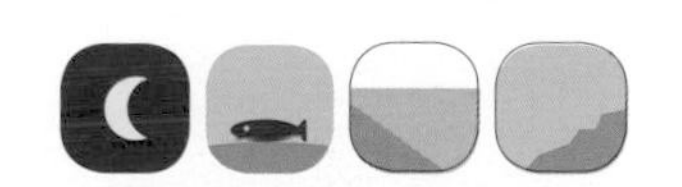

Sculptured slipper lobster
蟬蝦、蝦蛄頭、海戰車

身形扁平的小型蟬蝦，常在夜間從岩礁隙縫中鑽出覓食。生性機警，常用彈跳的方式遊走。體色斑駁多變，頭胸甲上常有一道白色橫帶。

姬蟬蝦的造型彷彿一台小型堆土機。（李承錄）

保護色良好因此不容易發覺。（林祐平）

龍蝦科 Palinuridae

蟬蝦科 Scyllaridae

日本礁扇蝦 *Parribacus japonicus*

Japanese slipper lobster

蟬蝦、蝦蛄頭、海戰車

溫帶物種，常見於水溫較低的北部海域。頭胸甲和腹節皆非常扁平，第二觸角與頭胸甲邊緣具許多尖銳的棘。夜間偶爾可見在伏貼在岩礁表面上爬動，體色可融入岩礁之中。因過度捕撈如今已不多見。

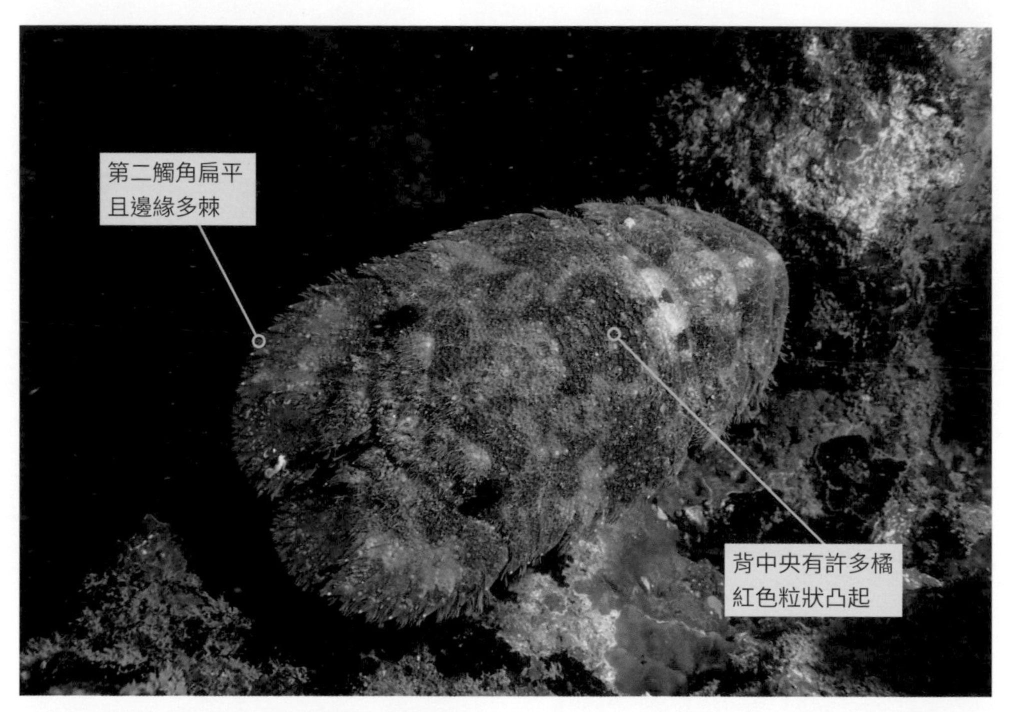

日本礁扇蝦的身形扁平且具有許多顆粒。（陳致維）

在桶狀海綿中休息的成蝦。（林祐平）

伏貼在岩礁上時彷彿與背景融為一體。（林祐平）

蝟蝦 *Stenopus hispidus*

Banded coral shrimp

姬蝦、美人蝦、櫻花蝦

渾身具有細密的刺，體色具有分明的紫紅色橫帶。多棲息在岩礁的陰暗處，常成雙配對，倒掛在洞窟的頂端。雜食性，雖然偶爾會在大型魚身上清潔，但有時也會主動攻擊在洞穴中的小魚蝦，所以嚴格來說並不屬於清潔蝦。雌蝦抱在腹中的卵初期為乳白色，隨著發育逐漸轉為翠綠色。

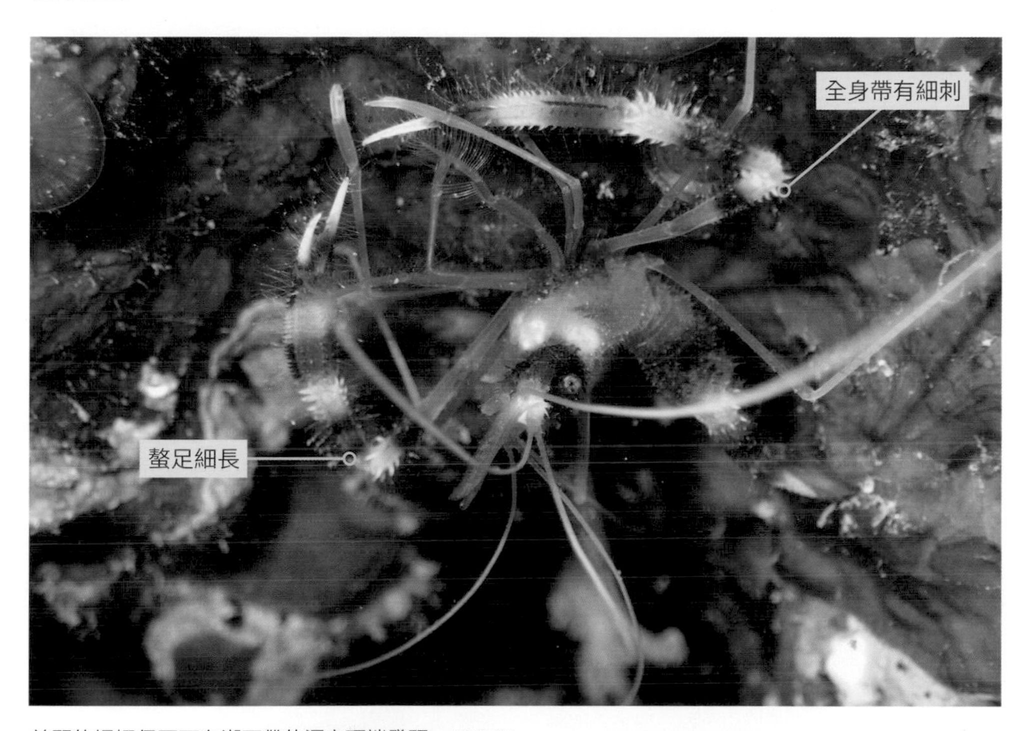

美麗的蝟蝦偶爾可在潮下帶的洞穴頂端發現。（李承錄）

常發現成對的蝟蝦住在同一洞穴中。（陳致維）

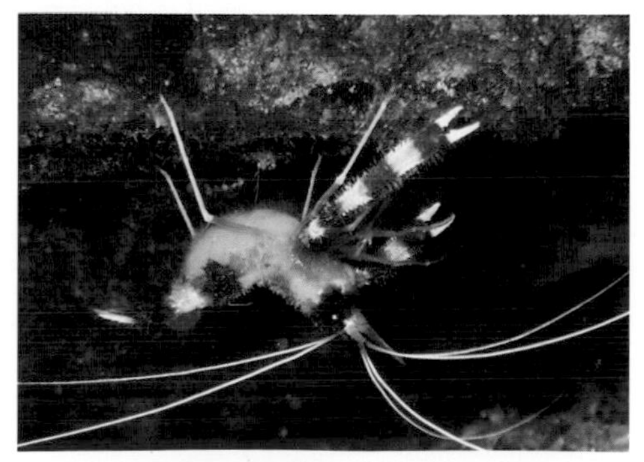

雌蝦抱在腹部的卵會隨發育改變顏色。（李承錄）

眼斑活額蝦 *Rhynchocinetes conspiciocellus*

Hinge-beak shrimp
假機械蝦

活額蝦上揚的額角與頭胸甲間有關節相連，因此可上下擺動。本種是北部海域最常見的活額蝦，夜間常見集體在岩壁上行動，彷彿行軍。偏好在海膽附近活動，有危險時會一起退入海膽的棘刺後躲避。雄性具有較大的螯足。

腹節上的黑色眼斑是眼斑活額蝦的主要特徵。（李承錄）

體型較大的雄蝦常具有巨大延長的螯足。（李承錄）

夜間集體活動時動作整齊彷彿行軍。（李承錄）

槍蝦 *Alpheus* spp.

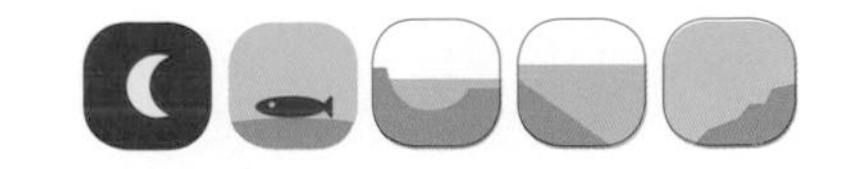

Snapping shrimp
鼓蝦、卡搭蝦

槍蝦其中一側的螯足膨大，可藉由指的高壓彈動將螯間的海水發射，發出響亮的「喀達」聲。這份能力不僅能互相溝通，更可以讓槍蝦近距離擊倒獵物。槍蝦物種繁多，鑑定不易。潮間帶常見許多遊走型的槍蝦，通常在沙底挖洞棲息，夜間則出洞四處覓食。

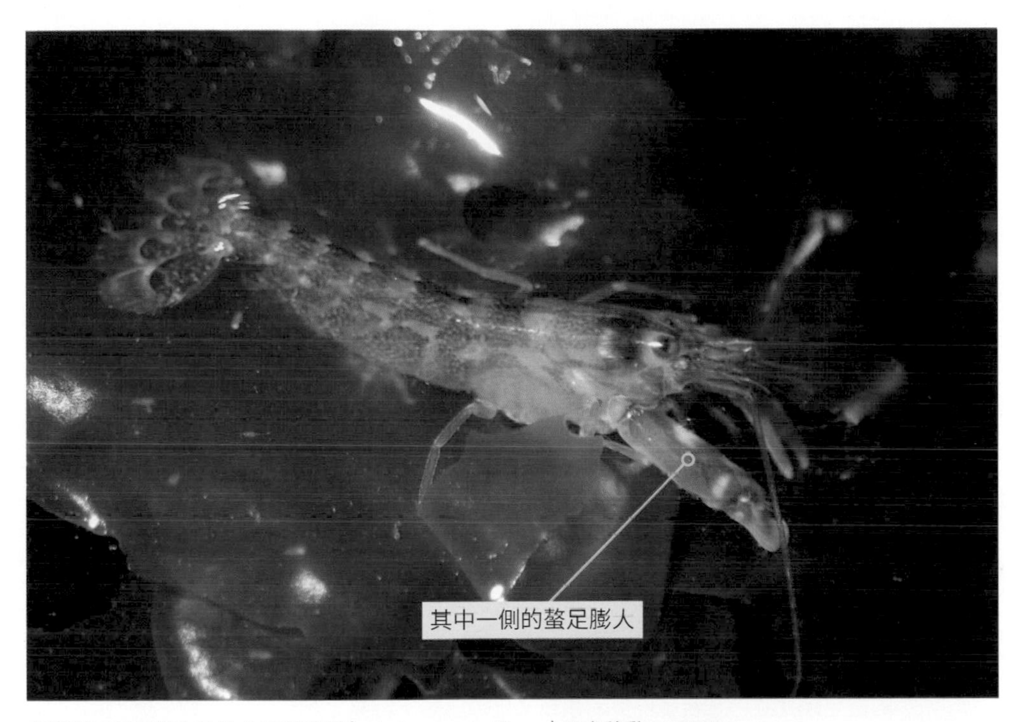

夜間常可看見遊走性的太平洋槍蝦（*Alpheus pacificus*）四處移動。（李承錄）

抱卵的雌性槍蝦有許多的卵在泳足上。（李承錄）

常在礫石堆中挖掘出複雜的洞穴。（李承錄）

粉紅色步足的敏捷槍蝦也是常見的遊走型槍蝦。(李承錄)

海中的神槍手

槍蝦可用特化的指瞬間彈動，從中產生驚人的高壓。而螯中的海水因高壓而發生汽化，隨後這些氣泡連帶海水以每秒30公尺的速度噴射出去，速度之快可媲美子彈，而這一切都在不到一秒的時間內發生。隨後伴隨氣泡噴發的聲音，就是我們常聽到「喀達」聲。所以這個聲響並不是由於彈指碰撞，而是彈指之後水柱中的氣泡爆裂所造成。

彈出的高壓水柱射程很短，但卻足夠成為槍蝦的武器。他們在覓食時常用較小的螯足翻找獵物。若發現多毛類或端足類這類不容易立刻制伏的獵物，他們就會悄悄前進，對著獵物開槍，震暈獵物後，就能享用晚餐了。

膨大的螯足是槍蝦重要的武器。(李承錄)

覓食時槍蝦常兩支螯足並用。(李承錄)

黃帶槍蝦 *Alpheus ochrostriatu*

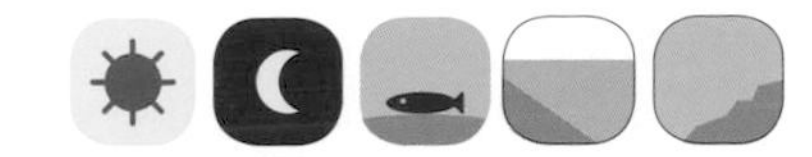

Fine-striped snapping shrimp

鼓蝦、共生槍蝦

本種為在沙地上挖洞棲息的槍蝦，常與鈍塘鱧屬的鰕虎共生。當槍蝦在整理洞穴或清理沙石時，鰕虎就會在洞穴外看守。

與威爾氏鈍塘鱧共棲的黃帶槍蝦。(李承錄)

鰕虎看守時槍蝦可以安心活動，當危險到來鰕虎會擺動身體，提醒槍蝦鑽入洞中躲藏(如右圖)。(陳致維)

嶺槍蝦 *Arete* spp.

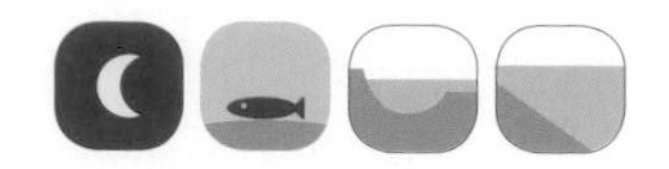

Sea-urchins snapping shrimp
海膽槍蝦

棲息在海膽洞穴中的小型槍蝦，利用海膽的棘刺保護自己，還能取食海膽棘刺之間的海藻碎片或有機碎屑。常見有喜好在梅氏長海膽中的印度嶺槍蝦（*A.* cf. *indicus*），與偏好紫海膽或口鰓海膽的背嶺槍蝦（*A. dorsalis*）

在梅氏長海膽棘刺之間發現的印度嶺槍蝦。體背具有數條乳白色縱帶。（陳彥宏）

常利用口鰓海膽或紫海膽的背嶺槍蝦顏色較深。（李承錄）

背嶺槍蝦的體色常與宿主海膽相似。（李承錄）

花斑掃帚蝦 *Saron marmoratus*

Marbled shrimp
假綿羊蝦

全身甲殼上散布許多毛叢，夜間常在岩礁上覓食藻類或有機碎屑。體色非常多變，不同個體的體色表現都有差異。

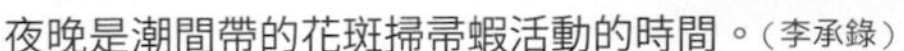
夜晚是潮間帶的花斑掃帚蝦活動的時間。（李承錄）

偶爾也會發現體色偏紅的個體。（李承錄）

雄性螯足較發達且較長。（李承錄）

安邦托蝦 *Thor amboinensis*

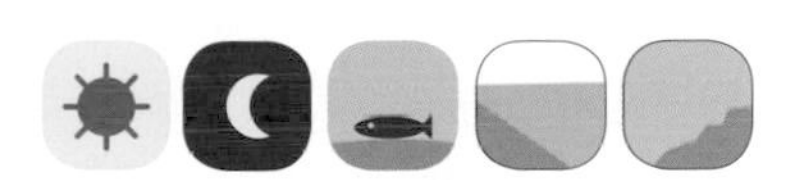

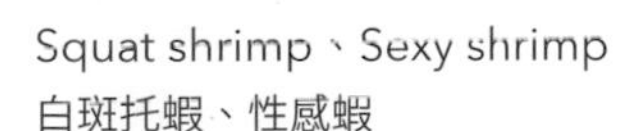

Squat shrimp、Sexy shrimp
白斑托蝦、性感蝦

棲息在大型海葵或石珊瑚附近的小型蝦，因常擺動尾部而廣為人知，潛水員常暱稱「性感蝦」。常成群棲息，有時群體裡存在不同大小的個體。

安邦拖蝦上下擺動尾部的姿態常吸引許多人的目光。（林祐平）

常在大型海葵附近成群活動。（楊寬智）

白斑的邊緣常可見藍色螢光。（陳致維）

美洲葉額蝦 *Gnathophyllum americanum*

Striped bumblebee shrimp
蜜蜂蝦

在淺水岩礁區出沒的小型蝦，體常通常不到 3 公分。大多成對生活，螯足較細長的為雄性，螯足較短且腹部膨大者為雌性。常在棘皮動物（尤其是海膽）附近出沒，偶爾會啃食棘皮動物的管足為食。

黑白黃相間的美洲葉額蝦彷彿一隻住在海裡的小蜜蜂。（李承錄）

左圖螯足較細長者為雄性，右圖螯足較短且腹部膨大者為雌性。（李承錄）

有刺冠海膽的洞窟是他們喜愛棲息的環境。您有發現他躲在哪裡嗎？（李承錄）

與其他蝦類相比，美洲葉額蝦的額角非常不明顯。（陳彥宏）

油彩蠟膜蝦 *Hymenocera picta*

Harlequin shrimp
海星蝦、貴賓蝦、小丑蝦

螯足、觸角皆為薄片狀的美麗小型蝦。棲息在亞潮帶岩礁的洞窟中，通常成對生活。以蛇海星或角海星科的海星為主食，常合力將比自己還要大的海星扛起，帶回洞穴中慢慢享用。進食時會將海星翻面，從最柔軟的管足步帶開始吃。有些學者認為油彩蠟膜蝦具有從海星身上獲得的毒性。

準備享用少飾蛇海星的油彩蠟膜蝦。（李承錄）

體型較大者為雌性，較小者為雄性。（陳致維）

獨特的螯足可切開海星取食其軟組織。（楊寬智）

安氏尾小蝦 *Urocaridella* cf. *antonbruunii*

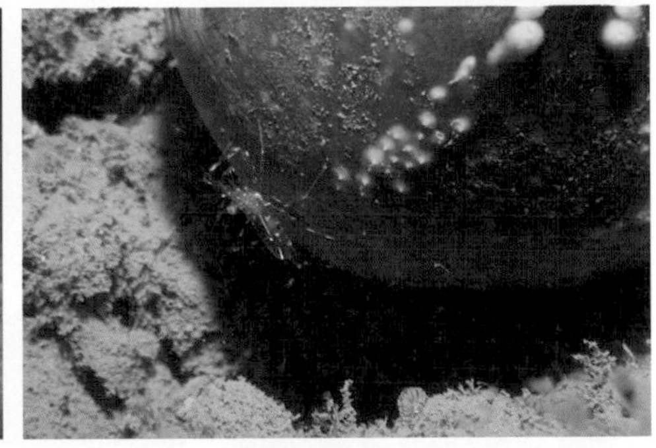

棲息在礁石洞窟，常在水中輕盈地游動，因體色透明有時不容易察覺。偶爾會在其他大型動物身上進行清潔，吃掉他們身上的寄生蟲。（李承錄）

太平洋長臂蝦 *Palaemon pacificus*

潮間帶最常見的長臂蝦，具有透明的體色與黑色的條紋，成熟的個體常有許多亮麗的黃點。本種額角向上翹但不延長。（李承錄）

奧氏長臂蝦 *Palaemon ortmanni*

另一種常見的長臂蝦，外觀類似太平洋長臂蝦，但額角為深紫色且延長凸出。（李承錄）

指隱蝦 *Manipontonia psamathe*

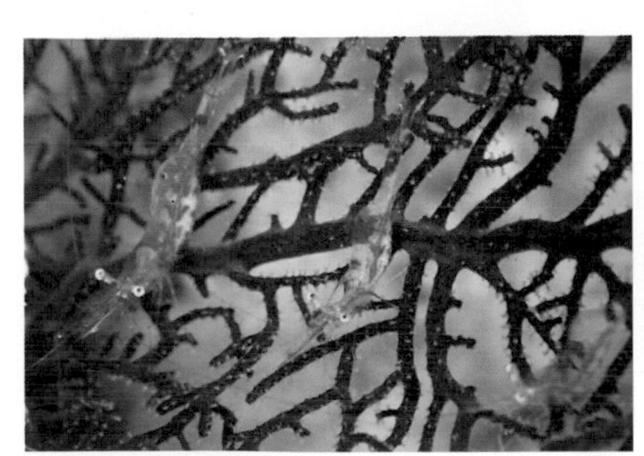

喜愛棲息在柳珊瑚上的透明長臂蝦，體色透明且腹部彎曲部頂端有一顆紫紅色斑點，額角為鮮豔的紅色。（左：陳致維、右：李承錄）

短腕海葵蝦 *Ancylocaris brevicarpalis*

Glass anemone shrimp、Peacock-tail anemone shrimp
短腕岩蝦、玻璃海葵蝦

與海葵共生的小型長臂蝦，體色透明且有亮麗的花紋。常棲息在大型海葵的觸手之間，透明的體色與白斑能巧妙地隱藏在海葵中。以海葵吃剩的殘渣或飄入海葵觸手間的有機碎屑為食。

★ 同物異名：***Periclimenes brevicarpalis***。

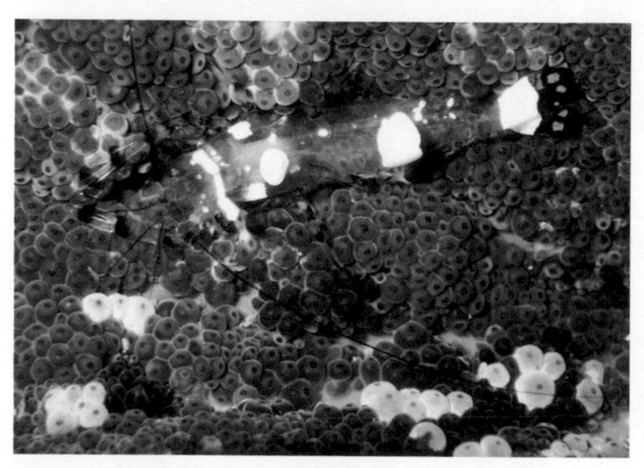

棲息在絨氈列指海葵中的短腕海葵蝦。（李承錄）

雌性體型通常較雄性大且頭部隆起。（陳致維）

益田伊豆蝦 *Izucaris masudai*

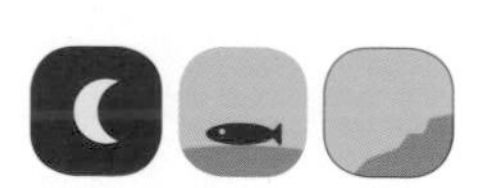

Leopard anemone shrimp
豹紋海葵蝦

棲息在光輝線海葵上的小型長臂蝦，體色幾乎與宿主一致。日間常平貼在海葵上休息，入夜後才較活躍，若停止不動時很難發現其存在。

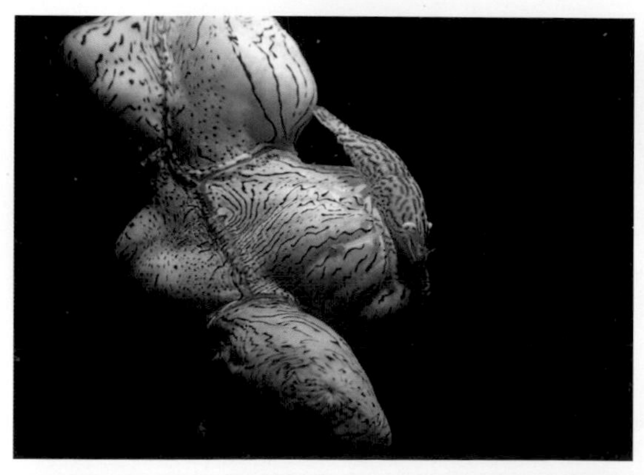

益田伊豆蝦的體色幾乎與宿主完全一致，是完美的保護色。（林祐平）

夜間會趁海葵綻放時取食海葵身上的碎屑。（林祐平）

細角瘦蝦 *Leander* cf. *tenuicornis*

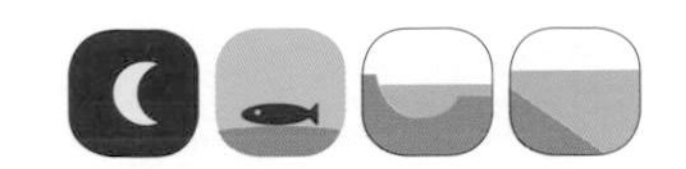

棲息在靠水表層的小型長臂蝦，常靈活地在水中四處游動。特別偏好在馬尾藻或牡蠣殼附近。體色和褐藻的碎片相似，因此有時不易察覺。

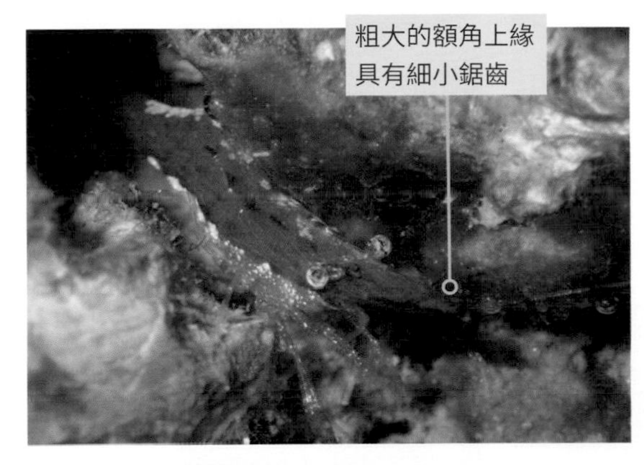

常躲藏在靠近水面的隱蔽處，如牡蠣殼。（李承錄）

俯瞰其外形彷彿漂浮的木片。（李承錄）

共棲蓋隱蝦 *Stegopontonia commensalis*

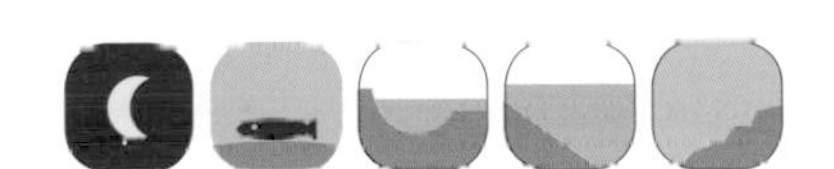

Purple urchin shrimp 海膽釗蝦、共生針蝦

棲息在冠海膽的棘刺之間，身體非常細長且有紫白相間的縱帶，可穿梭在尖銳的棘刺之間暢行無阻。通常頭朝海膽的肛門，以撿拾海膽吃剩的殘渣為食。

最危險的地方就是
最安全的地方

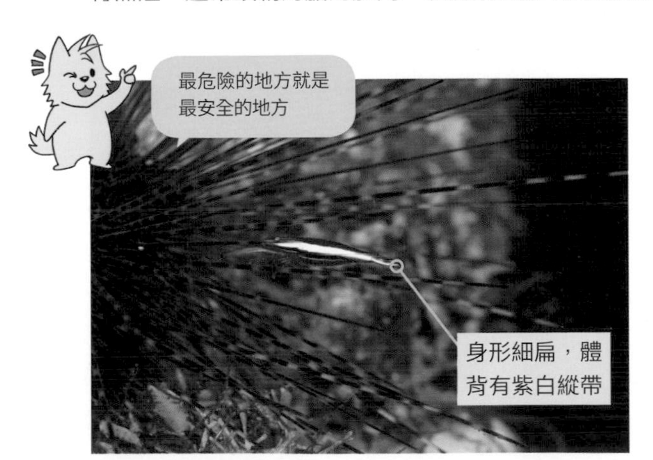

停在棘刺之上的共棲蓋隱蝦彷彿走鋼絲的特技表演者。（李承運）

遇到干擾時會改變角度讓天敵失去目標。（陳致維）

霸王異蝦 *Zenopontonia rex*

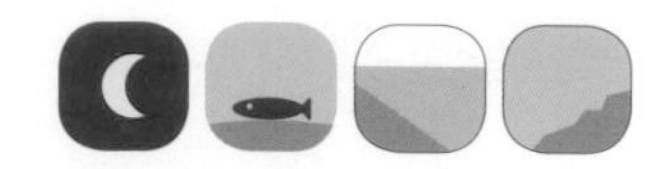

Emperor shrimp 帝王岩蝦、帝王蝦

體色亮麗的小型長臂蝦，常依附在體型較大的軟體動物或棘皮動物上。步足與螯足末端皆為紫色，典型的個體具有橘紅色的底色與數塊背部白斑，但常有個體差異。

★ 同物異名：***Periclimenes imperator***。

霸王異蝦喜愛依附在各種海蛞蝓身上。（鄭德慶）

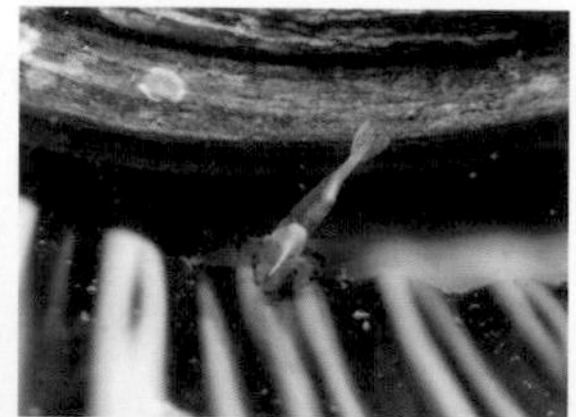

大法螺口蓋旁也能成為棲息地。（林祐平）

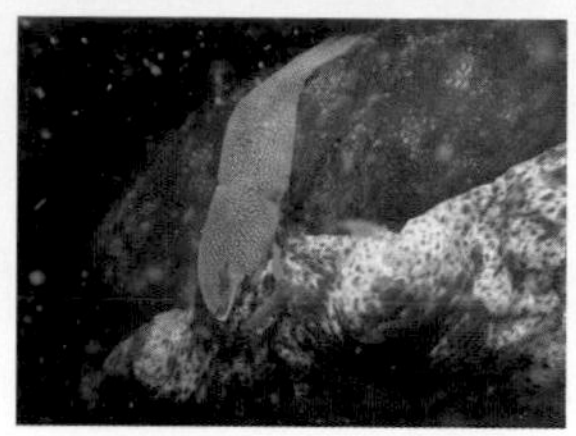

背部由細小白點組成的個體。（林祐平）

姐妹異蝦 *Zenopontonia soror*

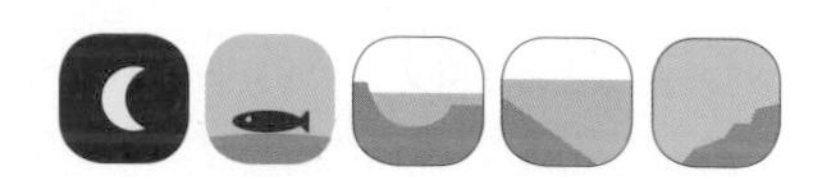

Starfish shrimp 姊妹岩蝦、海星岩蝦

與海星共生的長臂蝦，北部海域常見在麵包海星等大型海星身上，通常躲在海星底部靠近管足的部位。身上的花紋常隨宿主海星而改變。以撿拾海星吃剩的殘渣為食。

★ 同物異名：***Periclimenes soror***。

麵包海星常有成群的姊妹異蝦棲息在身上。（林祐平）

有些個體背上會出現白色縱帶。（陳致維）

鍊狀奇異蝦 *Thaumastocaris streptopus*

Commensal sponge shrimp

鍊狀海神蝦、海綿共生蝦

共生在海綿體內的小型長臂蝦，螯指內具有獨特的彎鉤狀凸起，內側基部凹陷。偏好長筒狀的海棉，常以一隻較大的雌性與複數隻小雄性的組合住在同一海棉中，鮮少離開棲所。一有危險隨即往內鑽入海棉深處。★ **Thaumastos為「奇異、神奇」的意思。**

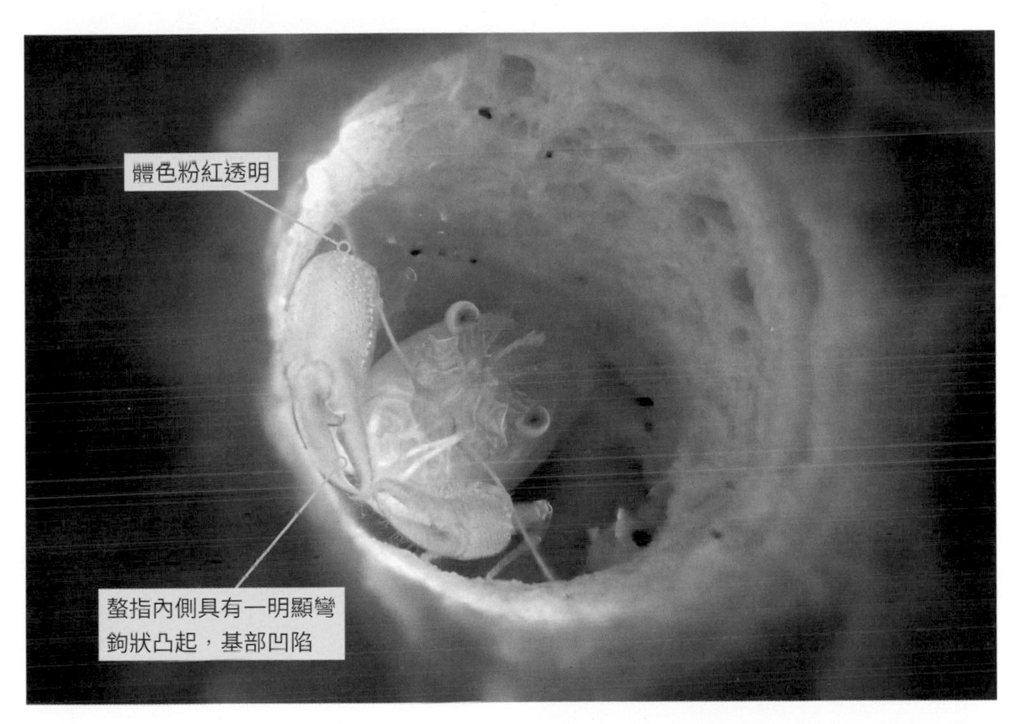

鍊狀奇異蝦的螯指具有奇特的彎鉤狀凸起與基部凹陷。（陳致維）

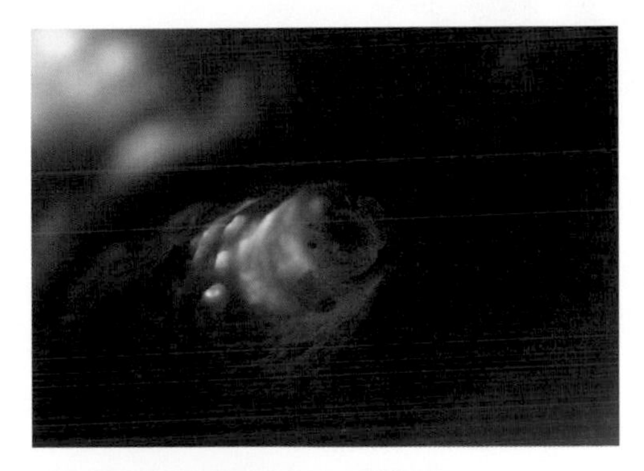

感受到威脅時立即後退進入海棉深處。（陳致維）

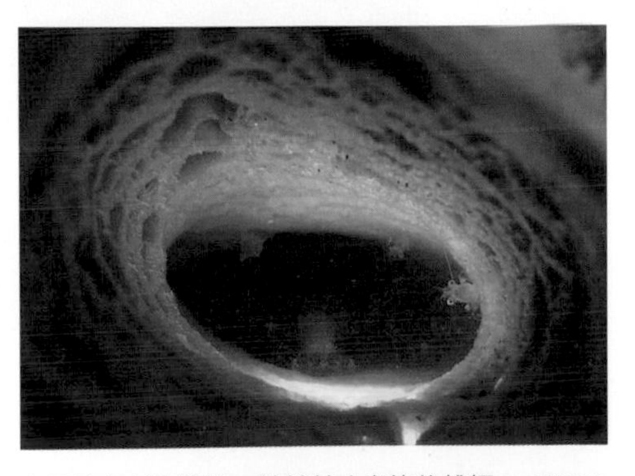

中間較大者為雌蝦，其餘較小者皆為雄蝦。（林祐平）

粗掌真寄居蟹 *Dardanus crassimanus*

Mauve-eyed hermit crab

棲息在亞潮帶沙底的寄居蟹，不常出現在岩礁區。螯足與步足具有豐富的毛且有深紅色橫帶。通常單獨活動，但常受到動物屍體的吸引而成群覓食。

沉在沙底的魚隻屍體常吸引粗掌真寄居蟹前來。（李承錄）

兩隻寄居蟹看上同一個螺殼，正對峙中。（李承運）

珠粒真寄居蟹 *Dardanus gemmatus*

Anemone hermit crab

與海葵共生的寄居蟹，常見其螺殼上有許多蛹形美麗海葵，透過攜帶海葵可幫助其抵禦章魚或魚類等天敵。而在換殼時，也會將原本殼上的海葵一個個換到新的螺殼上。

珠粒真寄居蟹所寄居的螺殼上常背負許多海葵。（林祐平）

本種左螯外側具有許多明顯的刺。（李承錄）

溝紋纖毛寄居蟹 *Ciliopagurus strigatus*

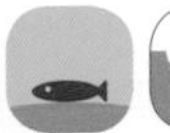

Halloween hermit crab
溝紋銼指寄居蟹

身形扁平的寄居蟹，通常棲息在殼口狹長的寶螺或芋螺殼中。大多生活在潮水流通較佳的環境。警覺性很高，不容易靠近觀察。

本種體色鮮豔且身形扁平，容易辨認。（李承錄）

受驚後常鑽入殼，短時間內不再出來。（李承錄）

正準備換入全新的織錦芋螺殼中。（李承運）

秀麗硬殼寄居蟹 *Calcinus elegans*

Electric blue hermit crab
環指硬殼寄居蟹、藍腳寄居蟹

本種體色鮮明，眼柄與步足上的環紋豔藍，容易辨識。通常棲息在潮間帶的潮池。同屬硬殼寄居蟹的物種繁多，共同特點為左螯足明顯比右螯粗壯。

步足的藍色環紋是秀麗硬殼寄居蟹的主要特徵。（李承錄）

硬殼寄居蟹屬左螯比右螯粗大。（李承運）

摩氏硬殼寄居蟹 *Calcinus morgani*

棲息在潮間帶至亞潮帶的小型寄居蟹。眼柄藍色，觸角黃色，步足紅褐色。（李承錄）

蓋氏硬殼寄居蟹 *Calcinus gaimardii*

外觀與摩氏硬殼寄居蟹相近的小型寄居蟹，但眼柄黃色，末端才為藍色，步足紅褐或黃色。
（左：李承錄、右：楊寬智）

光掌硬殼寄居蟹 *Calcinus laevimanus*

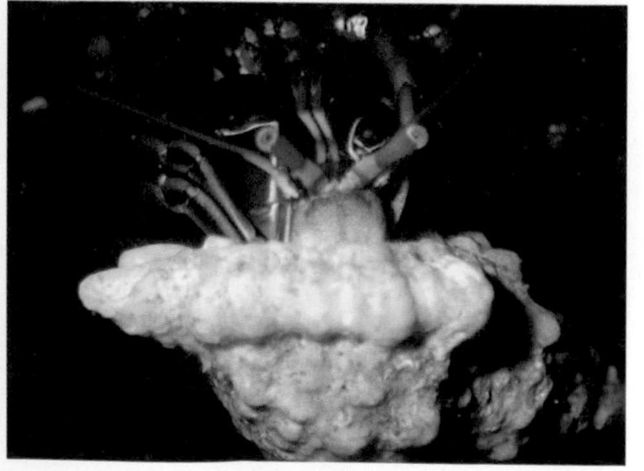

黑色的螯足圓形且末端白色的寄居蟹，眼柄與觸角橙紅色。北部海域的數量較少，在南部為常見種。
（左：李承運、右：李承錄）

隱伏硬殼寄居蟹 *Calcinus latens*

潮間帶最常見的小型寄居蟹，眼柄粉紅色，觸角淡黃，步足基部至末端順序為墨綠、粉紅、黑白相間。眼黑色且具有許多白色小點。（李承錄）

關島硬殼寄居蟹 *Calcinus guamensis*

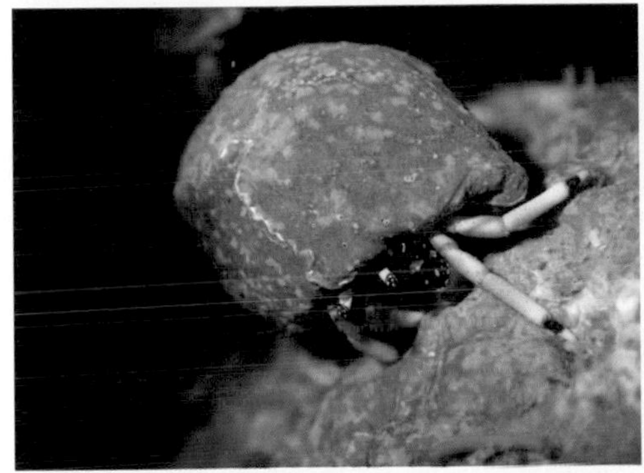

與隱伏硬殼寄居蟹體色類似，但整體體色較灰白且觸角紅色。步足缺乏墨綠與粉紅色的部分。偶爾會混在隱伏硬殼寄居蟹群之中。（李承錄）

微小硬殼寄居蟹 *Calcinus minutus*

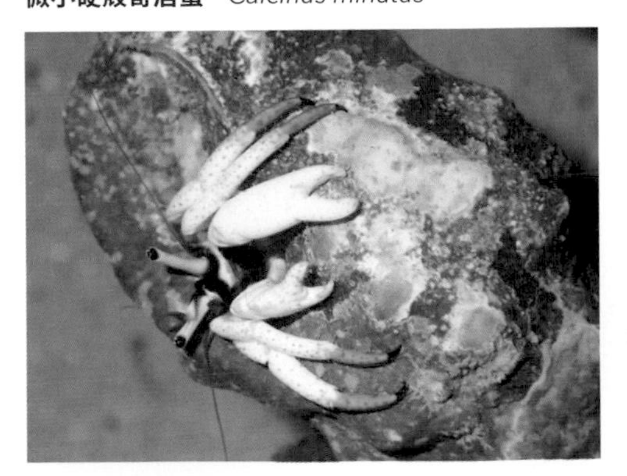

常棲息在石珊瑚中的小型寄居蟹。眼柄白色，觸角黃灰色，步足白色。（李承錄）

瓦氏硬殼寄居蟹 *Calcinus vachoni*

本種與微小硬殼寄居蟹相近，但觸角紅色。常見於潮間帶。（李承錄）

綠色細螯寄居蟹 *Clibanarius virescens*

Hermit crab

本屬不同於硬殼寄居蟹，左右兩支螯足大小差異不大。綠色細螯寄居蟹是北部海岸最常見的物種，常成群在潮間帶出沒。偶爾可見數量驚人的群體正在進行換殼。

細螯寄居蟹的兩支螯足大小差異不大。（李承錄）

有時在潮池可見驚人的數量聚集。（杜侑哲）

一群寄居蟹在分食死亡的虱目魚。（席平）

海邊的房仲市場

寄居蟹隨著成長體型也會長大，但他們身上背負的螺殼可不會。因此，隨著成長而換殼成了許多寄居蟹生活中的重要課題。平時他們若遇到中意的螺殼時，會用螯稍微測量一下尺寸，看看是否能容納自己。若不適合，就會再踏上旅程，繼續尋找新家。

在潮間帶常見數量龐大的小型寄居蟹聚集，包含多種硬殼寄居蟹（*Calcinus*）和細螯寄居蟹（*Clibanarius*），會聚在一起進行換殼行為。經過多次的測量與交換，有些寄居蟹可在交換中取得自己中意的螺殼，但有時候也有些較強壯的寄居蟹，會使用暴力將其他寄居蟹拖出後，搶奪自己中意的螺殼。

一群參與換殼行動的的寄居蟹。（李承運）

有時較強壯的寄居蟹會為了搶殼大打出手。（李承錄）

日本寄居蟹 *Pagurus japonicus*

Japanese hermit crab
大和寄居蟹

溫帶物種，常見於水溫較低的北部海域。本種的步足粉紅色且具有豐富的絨毛，眼睛綠色。棲息在藻類繁盛的岩礁區，通常單獨棲息。

粉紅色的日本寄居蟹具有毛絨絨的螯足與步足。（李承錄）

劣柱蝦 *Chirostylus* sp.

Spider squat lobster
假蜘蛛蟹

軀體短小，但具有十分細長的步足，常被誤認為是蜘蛛蟹，但細觀可發現步足只有較明顯的三對，其實與鎧甲蝦和瓷蟹的親緣關係較近。棲息在亞潮帶的水螅或柳珊瑚上，遇到危險會慢慢移動到隱蔽處。

步足修長的劣柱蝦常被誤認為是蜘蛛蟹。（鄭德慶）

身體好細小喔！

纖細的外觀常為人所忽略。（李承錄）

頭胸甲與細長的步足相比十分微小。（鄭德慶）

大紅岩瓷蟹 *Petrolisthes coccineus*

Red porcelain crab
猩紅岩瓷蟹

瓷蟹外形類似螃蟹，但其實和寄居蟹、劣柱蝦一樣屬於異尾類。他們具有修長的觸角，可與短觸角的螃蟹區別。另外他們僅具有三對較明顯的步足（最後一對步足通常退化），也與四對步足的螃蟹不同。北部潮間帶常見大紅岩瓷蟹躲在岩石隙縫中，伸出他們口部網狀的剛毛捕捉水中的有機物。

大紅岩瓷蟹通常棲息在狹窄的岩縫中捕捉潮水帶來的食物。（李承錄）

退化的第四對步足常藏在體側兩旁。（李承錄）

體色以暗紅色至磚紅色為主。（李承錄）

瓷蟹大多體型扁平，常一溜煙就鑽到岩石的細縫中，平常不易觀察。若情況緊急，他們會將自己的步足或螯足自割，並趁天敵分散注意力時逃跑。北部海域的瓷蟹種類繁多，許多體型小不易鑑定，要觀察螯足腕節前緣的棘與頭胸甲的構造才有辦法辨認。

矛狀岩瓷蟹 *Petrolisthes hastatus*

體色墨綠，腕節前緣四棘，本種為北部潮間帶最常見的瓷蟹。行動敏捷，受到刺激容易而自割。
（左：李坤瑄、右：李承錄）

拉氏岩瓷蟹 *Petrolisthes lamarckii*

體色鈷藍或黑藍，腕節前緣四棘。生性較隱蔽不容易發現。（李承錄）

日本岩瓷蟹 *Petrolisthes japonicus*

體色多變，腕節前緣一棘。常見在靠近河口的沙泥底的岩礁區。（李承錄）

條紋岩瓷蟹 *Petrolisthes virgatus*

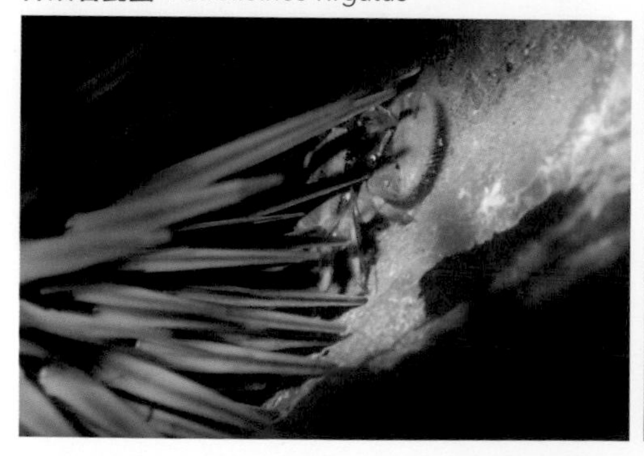

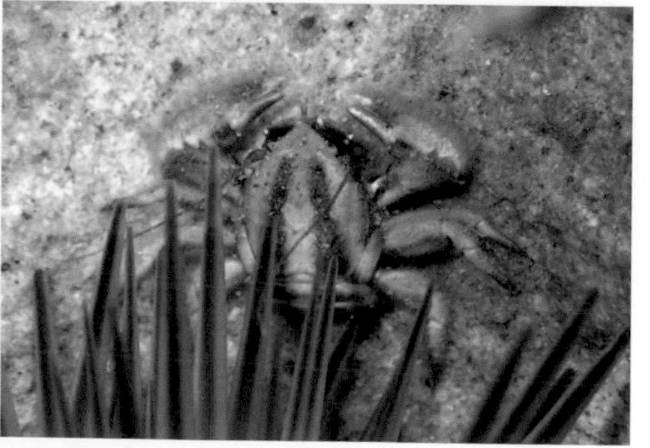

體表邊緣富含細毛，頭胸甲具有兩條黑帶，腕節前緣四棘。常棲息在海膽所挖掘的洞穴中，利用海膽的棘刺保護自己。（左：李承錄、右：陳致維）

饅頭蟹 *Calappa* spp.

Box crab

羞面蟹、麵包蟹、沙錐

饅頭蟹具有又圓又寬的頭胸甲，較短的腳藏身在頭胸甲與粗壯的螯足之下，宛如一個會移動的倒掛飯碗。他們的螯左右不對稱，其結構非常適合插入貝類體內，再像螺絲起子般撬開螺殼取食貝肉。北部海域常見數種饅頭蟹，大多棲息在沙底環境，遇到危險常快速遁入沙中。

正在剝取榧螺的饅頭蟹（*Calappa calappa*）。（陳致維）

饅頭蟹也常有紅紫花紋或大斑塊的個體。（李承錄）

鑽入沙中後常只留兩顆眼睛在外。（陳致維）

螯足與背部有許多疙瘩的肝葉饅頭蟹（*Calappa hepatica*）常見於潮池沙中。（李承運）

頭胸甲有山峰狀方形隆起的公雞饅頭蟹（*Calappa gallus*）也是常見的饅頭蟹。（李承運）

紅星梭子蟹 *Portunus sanguinolentus*

Three-spot swimming crab、
Blood-spotted swimming crab 三點仔、三目公仔、外海市仔

梭子蟹的最後一對步足為槳狀，可快速擺動在水中游動。本種為大型梭子蟹，成體通常棲息在較深的亞潮帶沙底，幼蟹偶爾會在潮間帶出現。生性兇猛，擅長用螯足捕捉獵物，甚至會主動攻擊游動的魚類。

頭胸甲三個大眼斑為紅星梭子蟹的主要特徵。（李承錄）

在潮間帶的幼蟹已出現明顯的眼斑。（李承錄）

蟳？青蟳？梭子蟹？分不清

擅長游動的梭子蟹科是經濟價值高的螃蟹，常在市場看見形形色色的物種。然而他們的種類繁多，常以「蟳」、「青蟳」、「梭子蟹」等名稱稱呼，讓人搞不清楚。其實從他們頭胸甲前緣凸起的棘，就能一窺他們的差異喔！

梭子蟹（*Portunus*）

前緣有九棘，第九棘特別延長使整個頭胸甲呈長梭狀。（李承錄）

青蟳（*Scylla*）

前緣有九棘，第九棘無特別延長。（李承錄）

蟳（*Charybdis*）

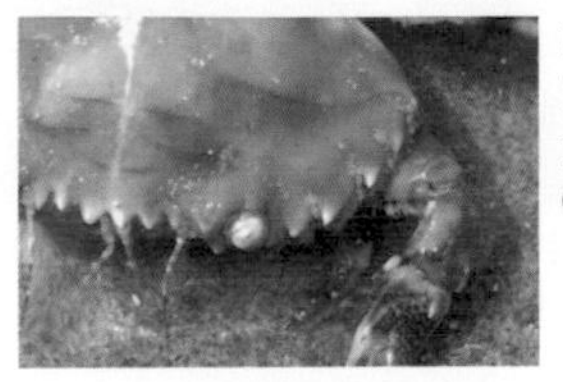

前緣具有六至八棘（通常六棘）。（李承運）

短槳蟹（*Thalamita*）

前緣五棘以下。（席平）

環紋蟳 *Charybdis annulata*

Banded-leg swimming crab
石蟳仔

步足具有環紋的蟳，容易辨識。較偏好在礁石與沙底混合的區域活動，常在夜間活躍地四處狩獵。遇到危險會立刻逃跑或鑽入沙中躲避。

步足上紫青色的環紋是本種名稱的由來。（李承錄）

在潮下帶洞窟中等待獵物的大型個體。（李承錄）

善泳蟳 *Charybdis natator*

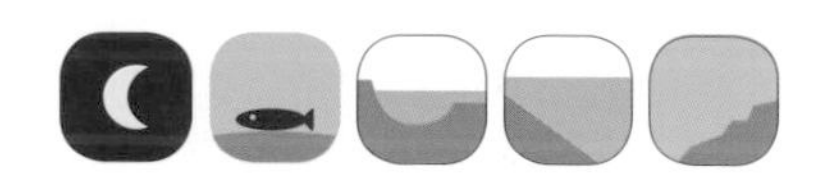

Ridged swimming crab
石蟳仔

螯暗紅色且頭胸甲土黃色的蟳，螯與步足有許多不規則的顆粒。偏好棲息在沙底環境，不常在岩礁出沒。生性兇猛，以蝦蟹或貝類為主食，有時也有自相殘殺的情形。

夜間在沙地上覓食的善泳蟳正揮舞著大螯。（李承錄）

體型較小的螃蟹成為善泳蟳的食物。（李承錄）

達氏短槳蟹 *Thalamita danae*

Dana's crab
少刺短槳蟹、石蟳仔

潮間帶最常見的短槳蟹之一，常在潮池中活動。生性兇猛，夜間常在岩礁陰暗處，等待獵物經過眼前時襲擊。有時也會撿拾動物的屍體為食。

達氏短槳蟹為潮間帶最常見的梭子蟹。（李承錄）

大意的染斑海兔成為達氏短槳蟹的晚餐。（李承錄）

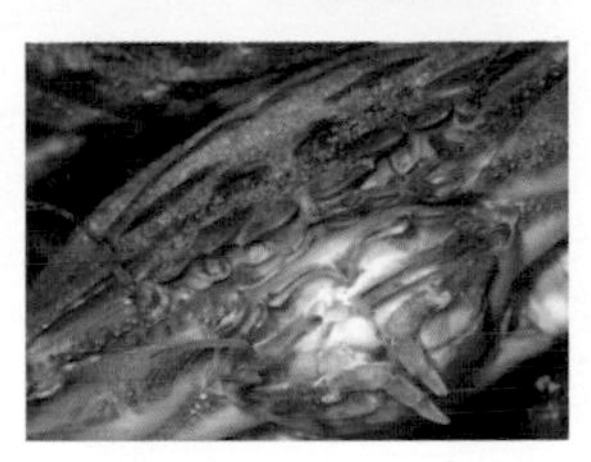

前額鈍齒的形態是辨識重點。（李承錄）

底棲短槳蟹 *Thalamita prymna*

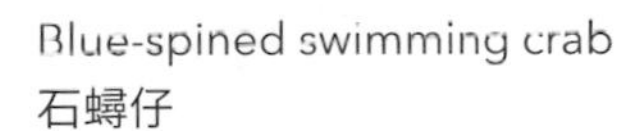

Blue-spined swimming crab
石蟳仔

潮間帶最常見的梭子蟹之一，與達氏短槳蟹的習性類似。頭胸甲上一對黑藍色大點為本種的特徵。夜間會活躍地在岩礁上覓食。

本種背上有醒目的一對大點。（李承錄）

夜間在岩壁上準備襲擊小魚。（李承錄）

前額鈍齒的排列與達氏短槳蟹不同。（杜侑哲）

鈍額曲毛蟹 *Camposcia retusa*

Blunt decorator crab、Spider decorator crab
鈍頭曲毛蟹、裝飾蟹

身形細瘦，全身具有如魔鬼氈質感的細毛，常利用身邊棲地可取得的藻類、海綿、海鞘等固著生物拼貼在身上達到偽裝的目的。脫皮時會躲在陰暗的隱蔽處進行，之後會將舊殼上的裝飾物慢慢轉移到新的身體上。具有毒性，不可食用。

鈍額曲毛蟹常用棲地周圍取材進行偽裝。（林祐平）

近觀可見三角形的頭與閃爍的眼睛。（李承錄）

沾黏藻類的個體幾乎與環境融為一體。（李承錄）

海綿與海鞘也是他們常用的素材。（陳致維）

單刺單角蟹 *Menaethius monoceros*

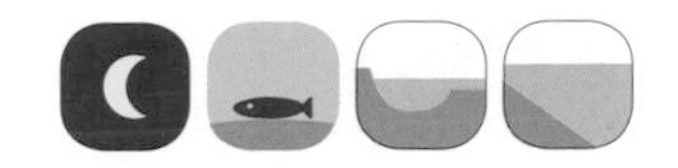

One-horned spider crab、Collector crab
單角蟹、偽裝蟹

棲息在潮間帶的的小型蟹，具修長的步足與螯足。額頭上有一根明顯的棘角，常收集身邊的藻類安插在上頭達到偽裝的目的。體色常與棲息環境的藻類而改變。以藻類或小型底棲動物為主食。

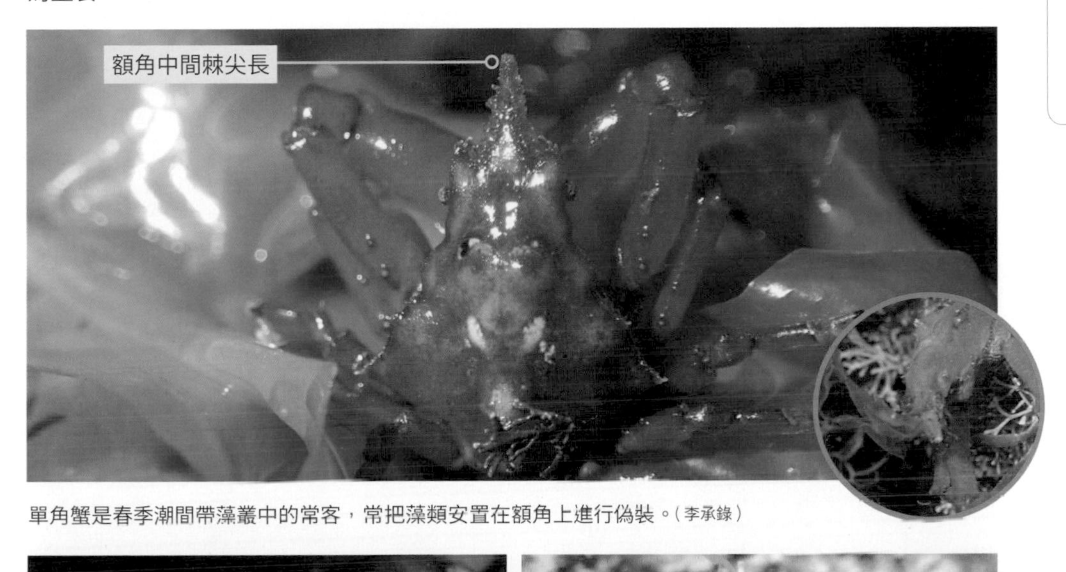

單角蟹是春季潮間帶藻叢中的常客，常把藻類安置在額角上進行偽裝。（李承錄）

體色非常多變，通常與棲息的藻類相似，以達到最佳的保護作用。（上：李承錄、左下：李承運、右下：席平）

粗糙蝕菱蟹 *Daldorfia horrida*

Horrid elbow crab
粗糙蝕背蟹、排骨酥

具有精湛的保護色，身軀就像岩礁一般凹凸不平，有些個體身上還會生長海綿或海鞘，幾乎就像是一顆岩石。通常窩藏在岩礁陰暗處動也不動，夜間才較活躍。有研究指出潛在具有麻痺性貝毒，不可食用。

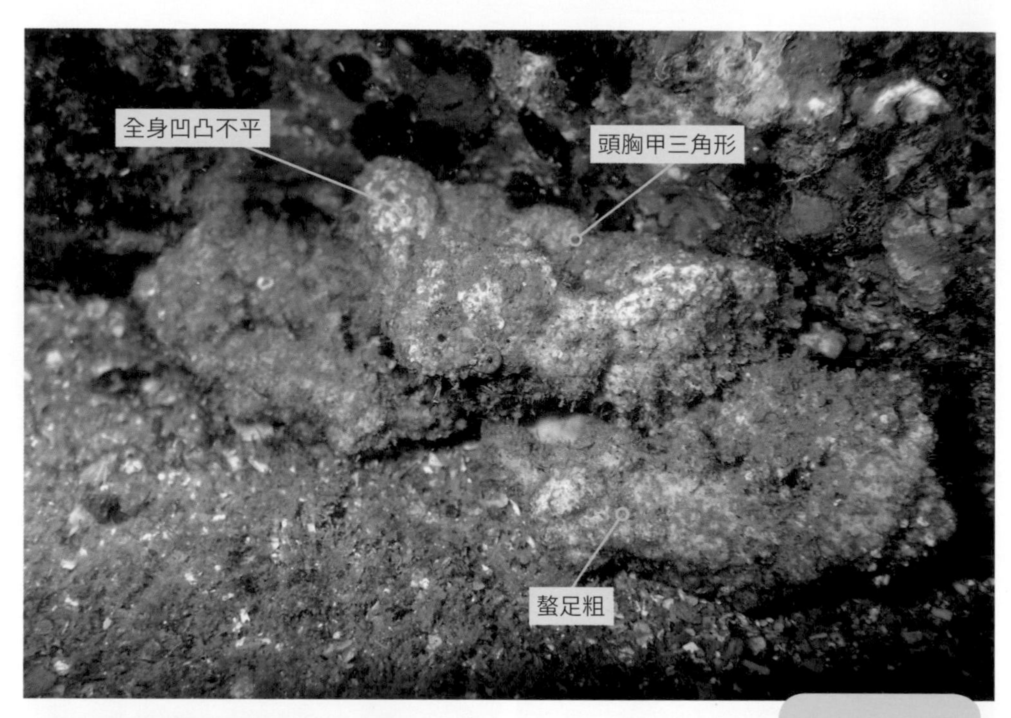

動也不動的粗糙蝕菱蟹幾乎就像是一顆岩石。(李承錄)

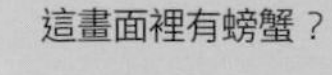

近觀可見身上有珊瑚藻與螺旋蟲附著。(李承錄)

日間常利用精湛的偽裝躲在岩礁的隱蔽之處。(陳致維)

兇猛酋婦蟹 *Eriphia ferox*

Ferocious reef crab、Rough redeyed crab
紅眼仔

棲息在潮間帶的粗壯蟹類，具有顯眼的紅色雙眼。生性兇猛，常在岩縫中獵食其他小動物或撿拾動物的屍體，若遇到人類時會張開大螯進行威嚇。

★ 過去台灣記錄之司氏酋婦蟹（*Eriphia smithii*）為本種之誤鑑。

紅色的雙眼是兇猛酋婦蟹的特徵。（李承錄）

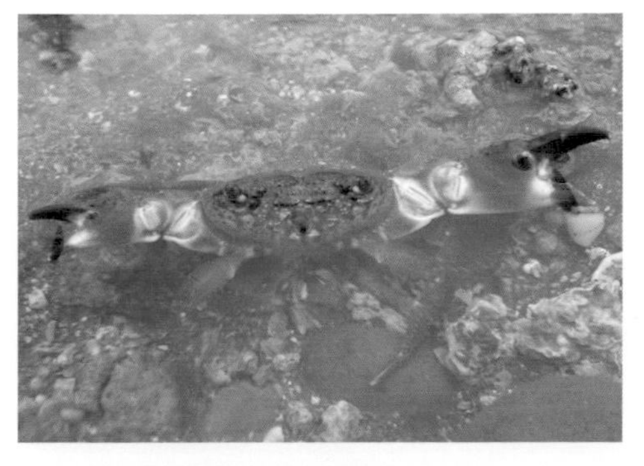

遇到人類時常張開大螯進行威嚇。（李承錄）

正將擱淺的二齒魨拖回洞穴享用。（李承錄）

拳套細螯蟹 *Lybia caestifera*

Decorator box crab

純潔細螯蟹、拳擊蟹、啦啦蟹

體長不到1公分的小型扇蟹，步足與頭胸甲有許多絨毛，很容易以為是一團碎屑。具有利用海葵當防禦武器的行為，常見螯足上夾著小型海葵對著外敵揮舞，有如小小的拳擊手。海葵亦能當作覓食工具，能有效地收集周遭的食物。

★ 種名中caesti形容本種拿海葵的模樣有如拳擊手套。

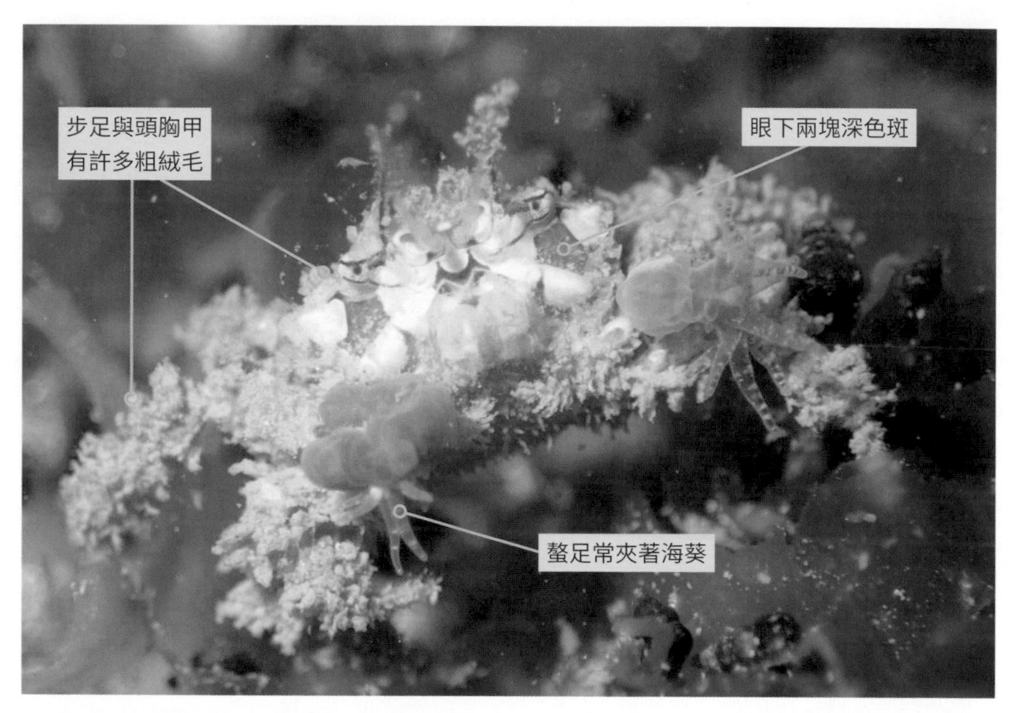

雙螯夾著海葵的姿態十分逗趣可愛。(李承錄)

平時會利用海葵沾黏藻類上的食物。(李承錄)

近觀可見海葵是用螯足夾住固定。(李承錄)

皺蟹 *Leptodius* spp.

Fan round crab
石蟹

體色斑駁的小型扇蟹，常在潮池中發現，遇到危險常鑽入碎石堆中消失無蹤。物種繁多，需要仔細檢視前緣的鋸齒才能鑑定。體色變異極大，每隻的花紋幾乎都不一樣。包括皺蟹在內的扇蟹許多有研究指出具有毒性，不可食用。

台灣漁民認為螯指黑色的扇蟹應避免食用以免中毒。（李承錄）

體色常模仿背景的礫石因此變異極大，也有如右圖磚紅色的變異型。（李承錄）

光掌滑面蟹 *Etisus laevimanus*

Smooth spooner crab 大狗仔

大型扇蟹，光滑的頭胸甲寬可達15公分，步足具有濃密的叢狀毛。通常在沙底較多的潮間帶岩礁區比較常見，大型個體常用大螯捕食貝類或其他螃蟹。偶爾可見漁民捕獲食用，澎湖漁民認為冬末春初的光掌滑面蟹較有食用價值。

退潮時在石蓴上覓食的光掌滑面蟹。（李承錄）

大型的光掌滑面蟹常躲藏在礁岩底下。（李承錄）

焉能辨我是雌雄

將螃蟹翻過來，可見到他們的腹部有一個像蓋子的甲殼。此處為他們的「腹甲」，等同於蝦子延長的後半身與寄居蟹鑽入殼中的部位。而由腹甲的造型，可以區分螃蟹的性別。雄性螃蟹具有尖銳且較狹窄的腹甲，相較之下雌性螃蟹的腹甲較寬厚，在繁殖期時才能用腹甲將卵團攜帶在腹部。

由於雌雄構造上的差異，螃蟹在交配時是互相面對面的。雄性會張開螯足擁抱雌蟹，但若雌蟹拒絕就會用大螯回擊阻止雄蟹。若情同意合，兩隻螃蟹就會互相擁抱在一起，張開腹甲進行交配。因此，如果在海邊看見抱在一起的螃蟹時可別打擾他們，他們正在享受甜蜜的兩人時光呢！

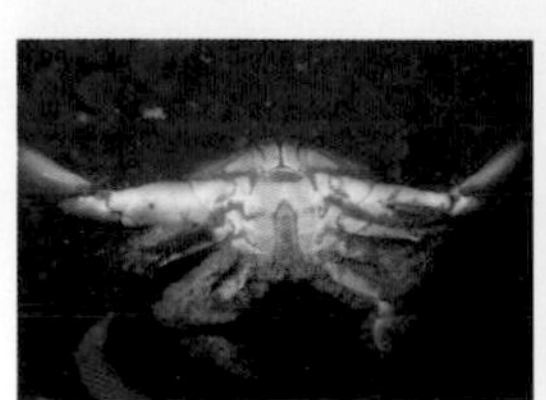

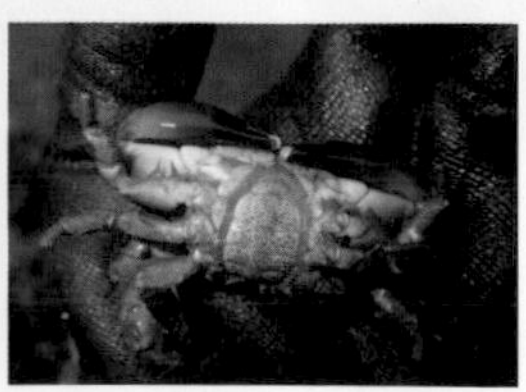

光掌滑面蟹的雄性（左）與雌性（右）的腹甲造型不同。（李承錄）

螃蟹交配時通常雄蟹在上方，雌蟹在下方。（方佩芳）

花紋愛潔蟹 *Atergatis floridus*

Floral egg crab、Shawl crab
花饅頭蟹

體型圓滾且步足較短小，移動時笨重遲鈍，夜間常在岩礁區緩緩爬動。本種具有劇烈的河魨毒素與麻痺性貝毒，食用可能致命。

體型圓滑的花紋愛潔蟹好似一顆巧克力饅頭。（李承錄）

本種體型圓滾且動作很遲鈍。（李承錄）

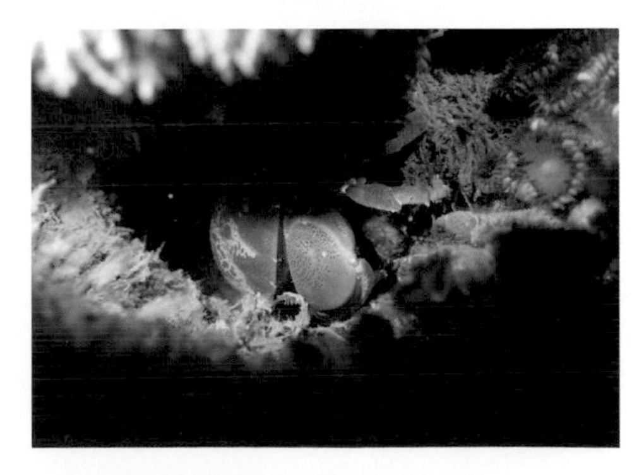

白天躲藏在礁石深處。（李承錄）

正直愛潔蟹 *Atergatis integerrimus*

Red egg crab
雷公蟳、雷公蟹

頭胸甲可達20公分以上的大型扇蟹，體色為鮮艷的紅色。常在岩礁隙縫中棲息，夜間較活躍。具有劇毒，毒性可致命。漁民常稱此類鮮紅的有毒扇蟹為「雷公蟹」。

鮮紅的正直愛潔蟹有如一顆紅龜粿。(李承錄)

鮮豔的體色是告知有毒的警戒色。(李承錄)

將多環蝮鯙屍體拖入洞穴中享用。(楊寬智)

白紋方蟹 *Grapsus albolineatus*

Mottled lightfoot crab
岩蟹、臭青仔

棲息在較高潮位的方蟹，具有修長的步足，行動敏捷。通常在露出水面的岩礁上活動，遇到危險時常跳入水中躲避。雜食性，以藻類為主食，但偶爾也會攻擊較小的魚蝦。夜間有些個體會在高潮帶的小潮池中準備脫殼，並在池中留下一隻略帶紅色的完整蟹殼。

堤防或消波塊上也可見到白紋方蟹的身影。(李承錄)

正面看白紋方蟹可見到凹陷的額。(杜侑哲)

偶爾也會發現體色較深的個體。(李承錄)

白紋方蟹常在夜間尋找平靜的水窪進行蛻皮。(李承錄)

腳斷掉了怎麼辦？

甲殼動物常因為避敵等意外而斷掉步足或螯足，這時他們該怎麼辦呢？不要緊的！因為他們具有再生能力。許多甲殼類遇險時會收縮肌肉將該處肢體截斷，而斷面會形成一層特殊的膜。等待血管、肌肉組織開始再生回復時，斷面會用一層透明膠狀的的幾丁質包覆，稱為「肢芽」。等下次蛻皮後，就能長出新的肢體。通常新長出來斷肢會比原本斷肢小，大多蝦蟹都需要經過多次蛻皮才能將原本的斷肢長回接近原本的大小。

蝦蟹的眼睛也具有再生能力，如果眼睛破損亦可用同樣的方式再生。然而如果連同眼柄基部一起斷裂就沒辦法再生了。這時受損的部分常長出細小的觸鬚，取代原本眼睛的位置。

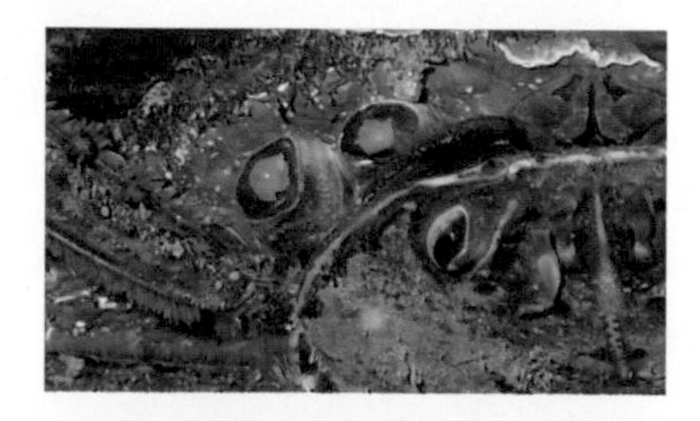

扁額盾牌蟹步足斷裂後長出小肢芽。(李承錄)

左邊深色膜為新斷的切口，而右邊切口已有透明的肢芽。(李承錄)

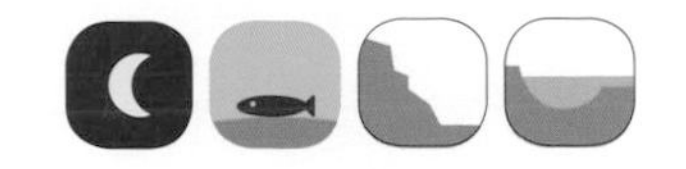

小厚紋蟹 *Pachygrapsus minutus*

Minutus shore crab

棲息在潮間帶的小型方蟹，體色具有許多綠色小點，體型很小因此不容易察覺。常躲藏在藻類豐富的岩礁區，體色能隱藏在斑駁的背景之中。

小厚紋蟹是潮間帶蟹類中的小不點。（李承錄）

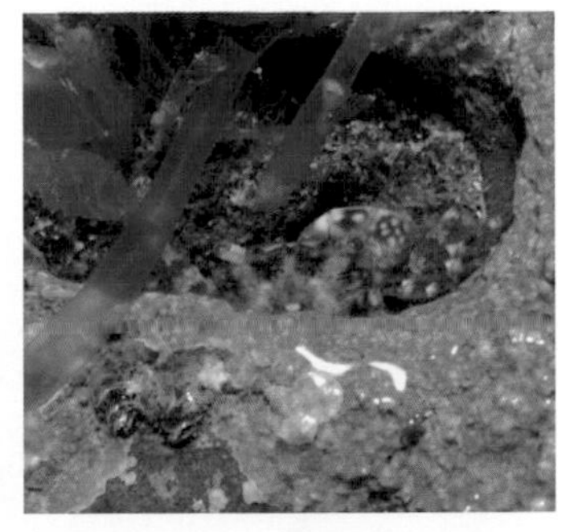

數量很多，但由於保護色極佳而難以查覺。（李承錄）

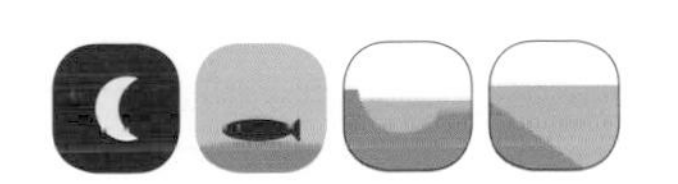

扁額盾牌蟹 *Percnon planissimum*

Hat rock crab

裸掌盾牌蟹、石寨

頭胸甲與步足皆扁平，能自由穿梭在非常狹窄的岩縫之中。棲息在面向潮水的岩礁上，常迎著潮水捕捉飄來的藻類碎屑或小魚。

扁額盾牌蟹具有扁平的體型與修長的步足。（李承運）

在潮水通透良好的岩縫常見成群棲息。（李承運）

雄性通常具有較粗大的螯足。（李承運）

〔海星〕Sea Star

質地堅硬卻行動靈活的海底之星

海星是一群有靈活的觸腕，身體呈五輻對稱的棘皮動物。海星的身體由碳酸鈣的骨骼形成，身體內複雜的水管系統控制，透過靠近體背中心的篩板控制水的進出，連結身體下方許多管狀的管足來控制身體的移動。因此海星雖然質地堅硬，但能靈活地調整自己的腕足，穿梭在礁石之間的縫隙。 海星還具有強大的再生能力，斷掉的腕足可以再生，甚至可藉由斷裂的腕足變成一隻新的海星。

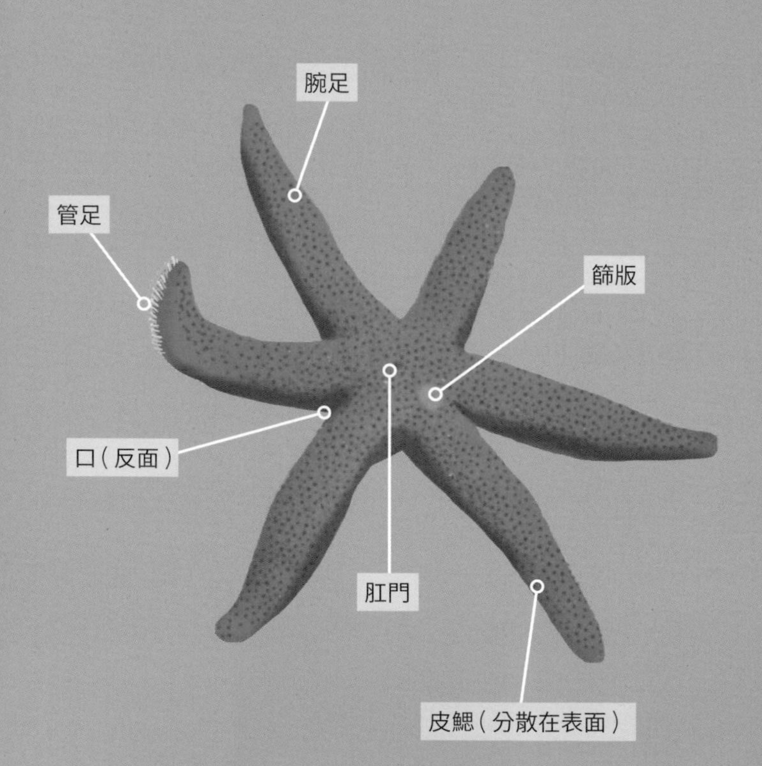

海星身上孔洞中所伸出的柔軟構造為呼吸用的皮鰓。（陳彥宏）

由斷肢再生的小海星腕足長度不一。（陳致維）

海星的口部位於正下方，因此平常我們看到的正上方是他的肛門。海星大多肉食性，會用觸手上的腕足包覆獵物，甚至能扳開一些難以開啟的貝類。特別的是，在進食時，海星會把胃袋從自己體內翻出，直接包覆獵物進行消化！

海星的嘴巴位於身體反面。（李承錄）

尖棘篩海星 *Coscinasterias acutispina*

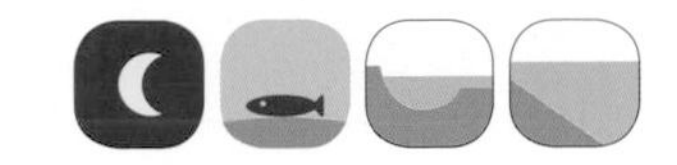

Multi-armed sea star
海盤車

溫帶物種，常見於水溫較低的北部海域。通常具有六支以上的腕足與發達的管足，移動速度頗快。受到刺激容易自割，藉由斷裂的殘肢進行無性生殖。

常快速穿越在礁岩上。（李承錄）

修長的管足可幫助尖棘篩海星快速移動。（李承錄）

這兩支海星似乎是同一隻分裂而成的。（李承錄）

體色斑駁的幼體常躲藏在藻類之中。（李承錄）

花冠海燕 *Aquilonastra coronata*

棲息在潮間帶的小型海星，五支腕足短且體盤較寬大。常在潮間帶石塊底下發現，有許多綠、黃、甚至紅紫色的變異。以底棲動物為食，有時大型個體會吃較小的同類。

短小的花冠海燕是潮間帶最常見的海星。（李承錄）

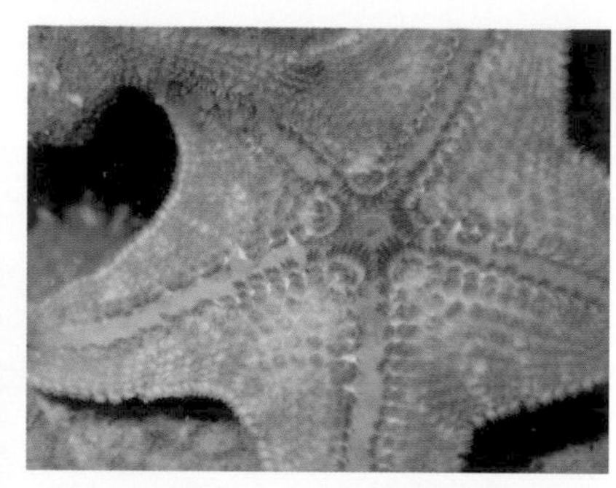

反面口部可見附有管足的步帶與口。（李承錄）

棒棘刺海星 *Mithrodia clavigera*

Old club sea star 長頸鹿海星

棲息在亞潮帶的大型海星，擁有深淺交錯的斑紋。修長的腕足上具有明顯的棘刺，棘刺上還有一圈圈的環狀紋路。通常躲藏在珊瑚底下，以底棲無脊椎動物為食。

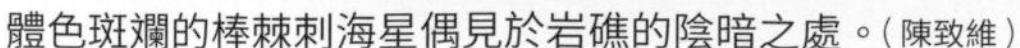

體色斑斕的棒棘刺海星偶見於岩礁的陰暗之處。（陳致維）

斑紋與刺上的環狀紋路是明顯的特徵。（林祐平）

少篩蛇海星 *Ophidiaster cribrarius*

少篩蛇星

北部海域常見海星，常在岩礁陰暗面發現。具有五或六支修長的腕足，腕足尖端圓鈍且具有鱗片質感，腕足的數目常因為斷裂而產生變異。具有很強的再生能力，斷掉的小腕足常成長為新的小海星。肉食性，以底棲動物為主食。

少篩蛇海星體色常有不規則斑駁。（李承錄）

小型個體常由斷裂的腕足生成。（李承錄）

呂宋棘海星 *Echinaster luzonicus*

Luzon sea star 紅海星

常見於岩礁區的海星，體色變異極大，北部海域常見紅褐色或暗紫色的個體。多具有五至六支腕足，腕足修長且尖端較尖，體壁具有許多細小的棘。常藉由斷裂無性生殖，產生許多腕足大小不一的小海星。為肉食性。

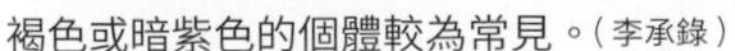

褐色或暗紫色的個體較為常見。（李承錄）

橙紅色的個體在海中格外顯眼。（李承錄）

麵包海星 *Culcita novaeguineae*

Cushion star

饅頭海星

直徑可超過20公分的大型海星，雖具有五支腕足，但肥胖的腕足與體盤融合，看起來有如饅頭。北部海域的麵包海星大多棲息在亞潮帶，常在珊瑚豐富的岩礁活動，以珊瑚蟲為主食。身上常有姊妹異蝦(p.340)棲息。

肥胖的麵包海星宛如一顆大饅頭。(陳致維)

由反面仍可看出腕足與步帶。(席平)

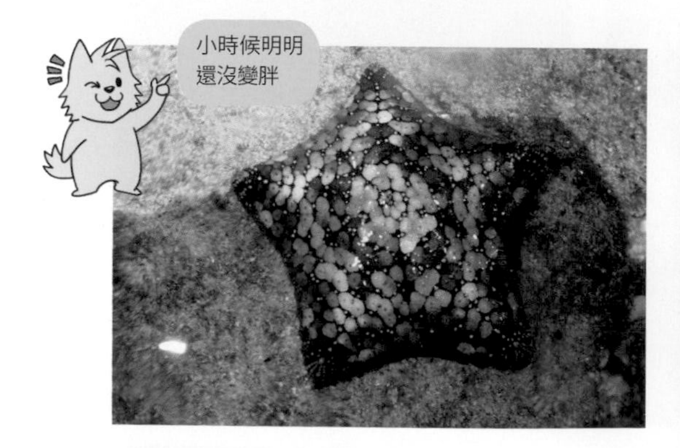

幼體仍看得出五支腕足的模樣。(李承錄)

以珊瑚蟲為主食，常包覆活珊瑚並將胃翻出進行消化。(陳致維)

〔陽隧足〕Brittle Star

無縫不鑽且身輕如燕的紙片星

陽隧足又名「蛇尾」，外形和海星有些相似，但體盤和腕足之間有明顯的界線，體盤相對較小，腕足比體盤長數倍以上，看起來格外纖細。雖然纖細且帶有棘的腕足易脆，但苗條的身形讓陽隧足比海星更為靈活，以更快的速度移動，鑽入許多難以進入的狹縫中。由於體型纖細，陽隧足的腕足很容易因為外力自割。雖然腕足可以再生，但與海星不同，斷掉那側不會再長出另一隻陽隧足。

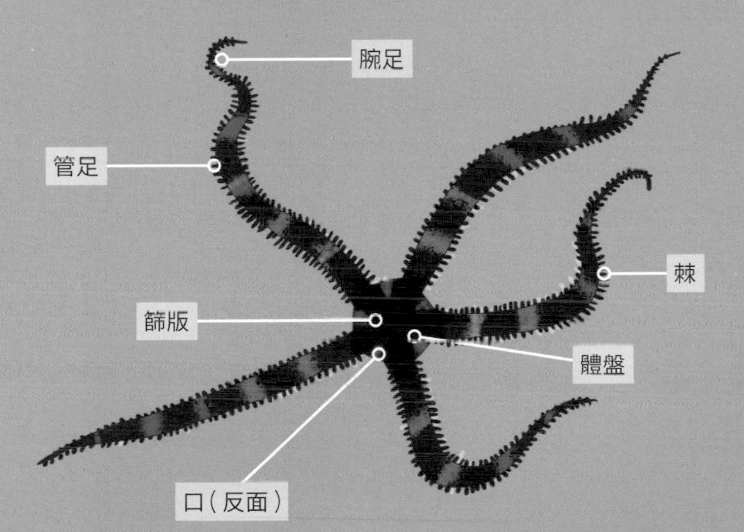

陽隧足的體盤和腕足的分界比海星明顯。（李承錄）

陽隧足大多為濾食性，他們平常會將重要的體盤藏在縫隙中，只露出腕足，擺動腕足上的管足沾黏水中的有機物質，再送入體盤底下的口中。他們肛門不發達，吃下的食物消化後常藉由口部排出。

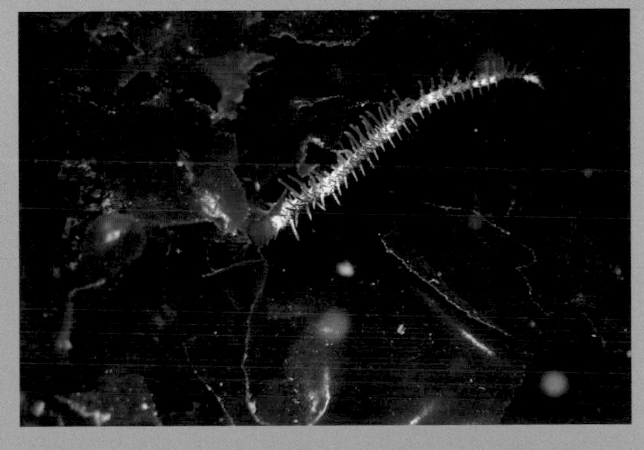

常伸出腕足在潮水中捕捉有機碎屑。（李承錄）

沙氏輻蛇尾 *Ophiactis savignyi*

Savigny's brittle star
陽隧足

非常小型的陽隧足，腕足很少超過2公分。喜愛附生在海綿的孔隙之中，既可以受到海綿的保護，也能更有效率濾食有機碎屑。獨立生活的個體少見，偶爾會在碎石堆或藻類中發現。

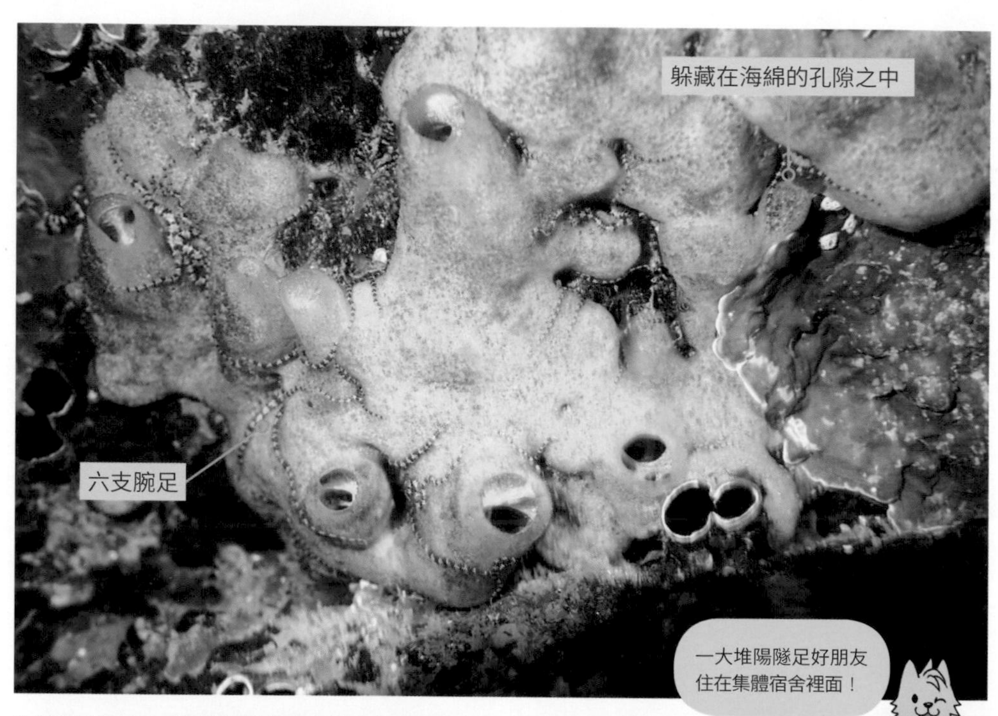

海綿的孔洞是沙氏輻蛇尾的集體公寓。（李承錄）

通常只會露出腕足，無法窺其完整面貌。（李承錄）

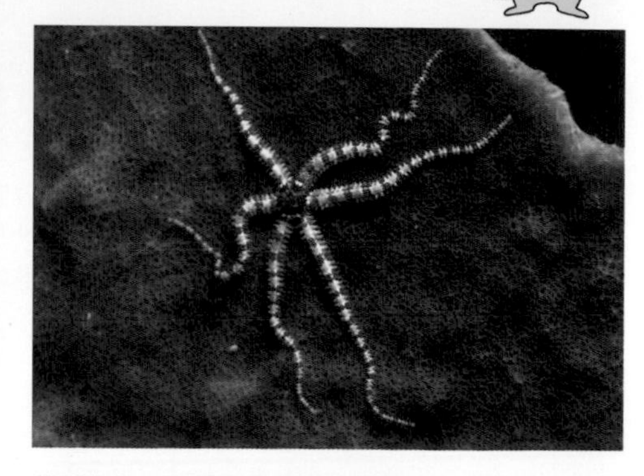

離開海棉的個體可見有六支腕足。（李承錄）

巨綠蛇尾 *Ophiarachna incrassata*

Stout green brittle star

腕足可達20公分的大型陽隧足，體色為灰綠色，腕足上的棘為黃色。棲息在潮下帶以下的地帶，白天多在岩縫中躲藏，夜間才會較明顯地露出身影。雜食性，除了會用腕足捕捉有機物質，亦會利用體型較大的優勢捕捉蝦蟹或小魚。

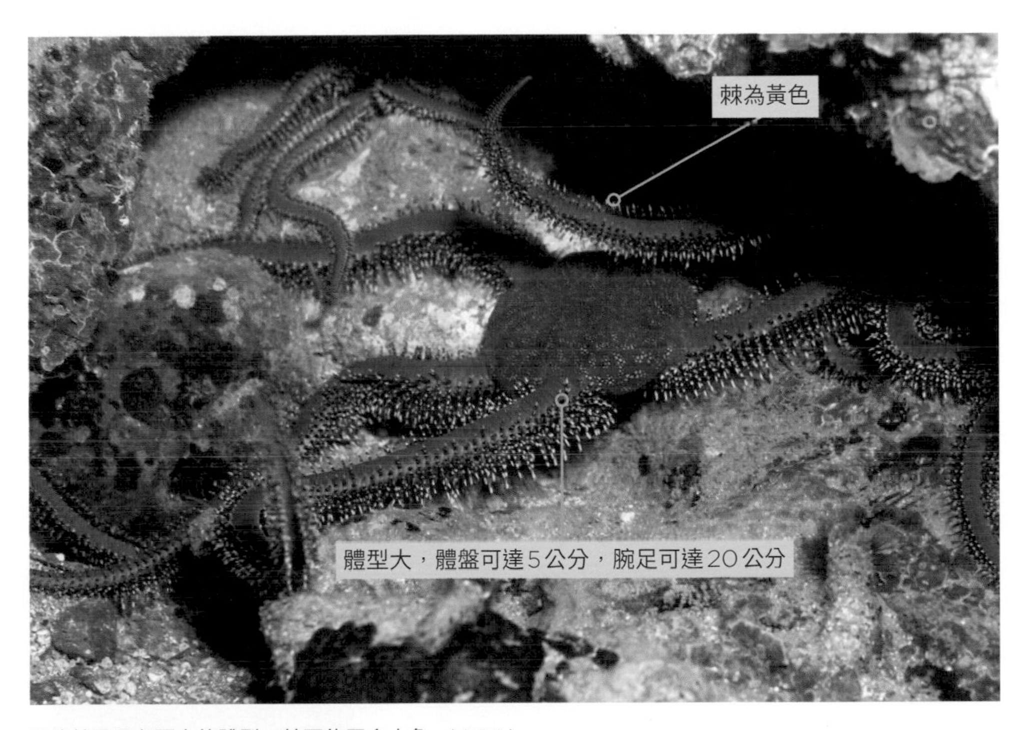

巨綠蛇尾具有碩大的體型，甚至能吞食小魚。（李承錄）

腕足上黃色的棘為顯眼的特徵。（李承錄）

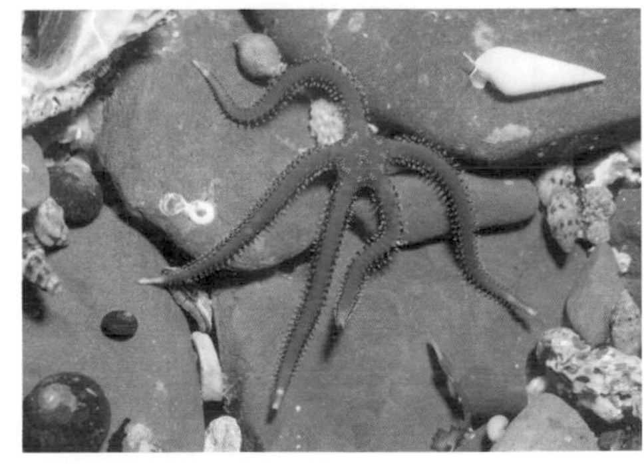

幼體體盤具有橘紅色色澤。（李承錄）

櫛蛇尾 *Ophiocoma* spp.

Brittle star

陽隧足、海蜈蚣

潮間帶最常見的陽隧足，通常為淡綠色或灰褐色，身上花紋與棘的樣式變化很大，可能混有許多物種。身體常躲藏在岩縫中，鮮少整隻露在外頭。在潮水流通的潮溝之中可見他們頻繁伸出腕足來捕捉水中的有機物質。

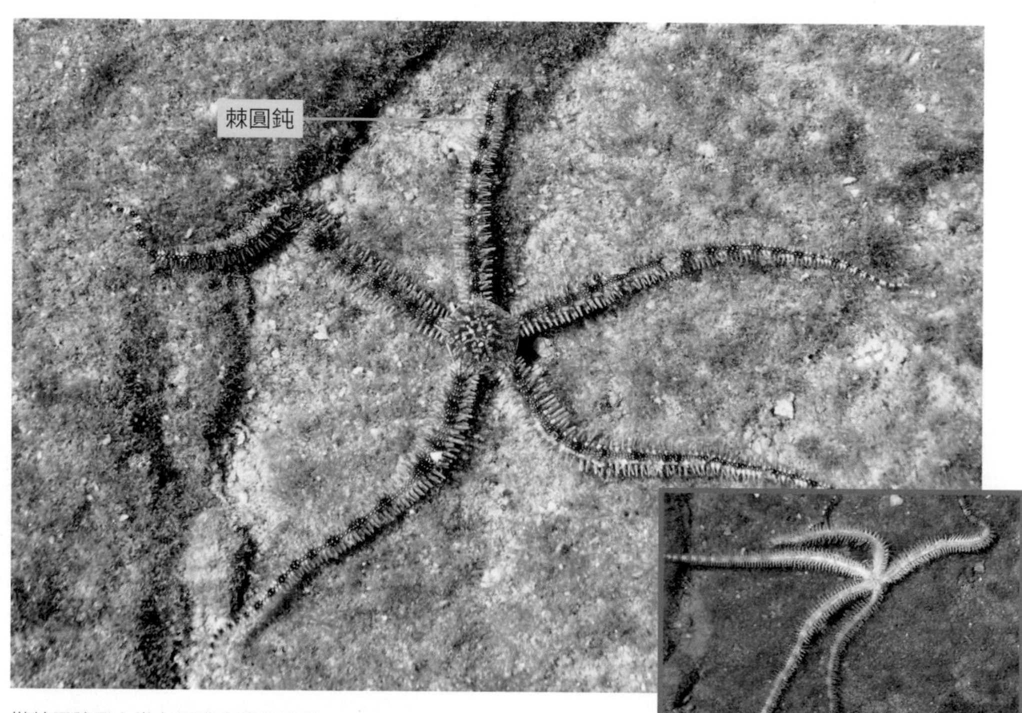

櫛蛇尾腕足上常有深淺交錯的斑紋。(席平)

反面為淡黃色，常立刻就翻回去。(席平)

體盤表面長有許多細小的顆粒。(李承錄)

平時大多藏在岩縫中僅露出腕足捕捉食物。(李坤瑄)

〔海膽〕Sea Urchin

渾身是刺的水中地雷

海膽為渾身是刺的棘皮動物，大多為球狀或橢圓形，少部分為扁盤狀。多數海膽的外殼上有明顯尖銳的棘刺，由外殼上的水管系統和肌肉所控制。這些刺不但是海膽的防衛武器，也是鑿開岩石的利器。另外在棘刺之間還有一些較小的刺稱為「叉棘」，主要是清潔體表與輔助防衛的功用。海膽亦有管足系統來運動。有些海膽甚至會利用管足沾黏周遭的石塊或藻類，將自己的身子覆蓋起來，避免被發現。

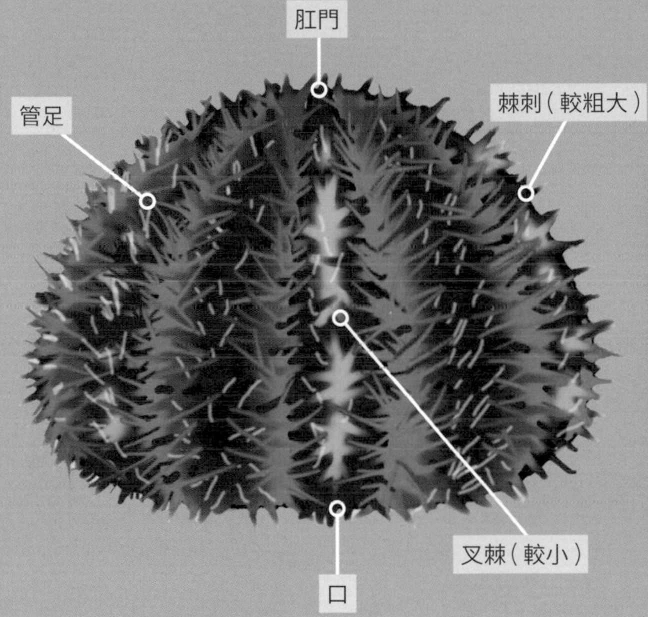

白棘三列海膽的管足十分發達。
（李承錄）

和海星一樣，海膽的嘴巴在身體下方，因此我們平常看見的都是他們的屁股。海膽大多為草食性，少數過濾沙中的有機碎屑。海膽不但會開拓新的洞穴，還會穿越礁石啃食大量的藻類，因此是維繫珊瑚與藻類平衡的重要角色。近年來由於濫捕，台灣各地海膽的數量急遽減少，破壞了珊瑚礁的平衡，急需保育。

俯瞰冠海膽可看見其球狀的肛門。
（李承錄）

冠棘真頭帕 *Eucidaris metularia*

Ten-lined urchin
頭帕海膽

屬於刺少且尖端圓鈍的頭帕海膽，肛門附近有粉紅色的特殊花紋。棘刺具有棕色的環紋，但常因附著藻類或碎屑的覆蓋而看不見。白天棲息在洞穴中，夜間會離洞刮食岩石上的碎屑或底棲動物為食。

棘刺很容易附著藻類或碎屑而看不見其美麗的環紋。（李承錄）

肛門周圍有美麗的五角形花紋。（李承錄）

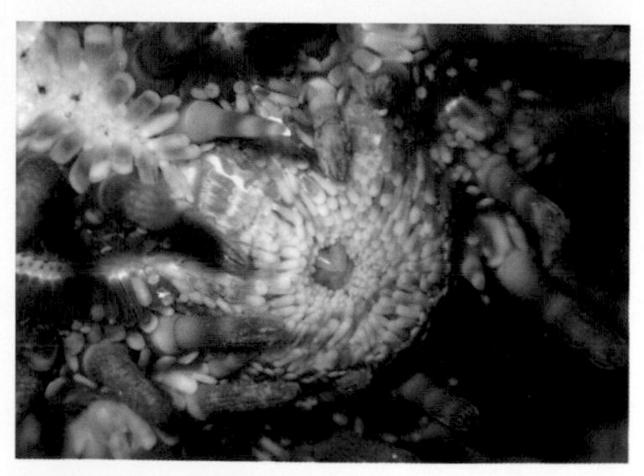

銳利的牙齒包覆在鱗狀構造中。（李承錄）

鋸棘頭帕 *Prionocidaris baculosa*

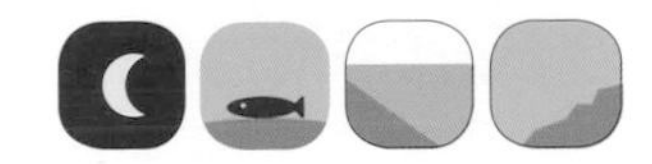

Baculosa urchin、Thorny sea urchin
棒棘鋸頭帕、頭帕海膽

棲息在亞潮帶的大型頭帕海膽，主要在岩礁區活動，偶爾也會在沙底出現。具有尖銳修長的棘刺。常因藻類覆蓋而看不見棘刺上的環紋。會使用尖銳的牙獵食底棲動物，有時會有同種自相殘殺的行為。

鋸棘頭帕為北部海域最常見的頭帕海膽。（林祐平）

較老的棘刺常因藻類覆蓋而看不見花紋。（陳致維）

夜間偶爾也會在沙地上覓食。（李承錄）

沙氏冠海膽 *Diadema savignyi*

Savigny's long-spine sea urchin、Blue lined diadema
藍環冠海膽、魔鬼海膽

棘刺極長且容易傷人的海膽。俯瞰本種可見肛門周圍具有五輻放射的螢光藍紋，容易與其他海膽區別。冠海膽肛門具有球狀的肛乳突，可藉由此構造將排泄物噴出，避免卡在長長的棘刺上。白天在洞中休息，夜間則在礁石上啃食藻類。

冠海膽是在海岸遊憩時需特別注意的危險生物。（李承錄）

肛門周圍的螢光藍紋為本種重要特徵。（李承錄）

嬌小的幼體亦可見放射狀藍紋。（李承錄）

刺冠海膽 *Diadema setosum*

Black long-spine sea urchin、Porcupine sea urchin、Diadema

魔鬼海膽

外形與習性類似沙氏冠海膽，但無明顯的螢光藍紋，且肛乳突尖端為橘色，彷彿一顆眼睛。本種無毒但碎裂後的刺容易劃開傷口，造成嚴重的感染，為海中的危險生物。北部海域在夏季潮水較大的傍晚會和沙氏冠海膽一同繁殖。

刺冠海膽的肛乳突好似一顆正在盯著人看的眼睛。（李承錄）

雌海膽放出卵子後將在水中受精。（陳致維）

雄海膽釋放出白霧狀的長條精子。（陳致維）

環刺棘海膽 *Echinothrix calamaris*

Banded sea urchin、Double spined urchin

具有兩種棘刺的大型海膽。外側粗棘無毒且顏色多變，有美麗的環紋，也有純白的個體。較內側的細棘十分尖銳且帶有毒性，是防衛的利器。為夜行性，日落後才會出洞啃食藻類。

本種具有粗大以及較尖短的棘刺二重構造。(李承錄)

粗棘為白色的個體。(席平)

內側的細棘尖銳且具有毒性。(楊寬智)

被刺到了怎麼辦？

海膽的刺是他們防衛的利器，其中冠海膽是最常傷人的海膽。他們的刺不僅又長又尖，還會藉由感知水流改變刺的方向。無論敵人從哪個方向攻過來，對冠海膽而言都不是問題，因此保持距離是最佳的策略。

若不小心被扎到，必須謹慎地將冠海膽纖細易脆的刺拔除後送醫急救，並注意是否有破片殘留在傷口中引起後續的發炎反應。另外有些海膽如喇叭毒棘海膽、白棘三列海膽有較短但帶有毒性的叉棘，若被刺到會引發噁心或癱瘓等症狀，必須立即移除叉棘並洗淨傷口，泡熱水後盡速就醫。

冠海膽是最常刺傷人的海膽。（李承錄）

白棘三列海膽的叉棘為藍紫色。（李承錄）

紫海膽 *Heliocidaris crassispina*

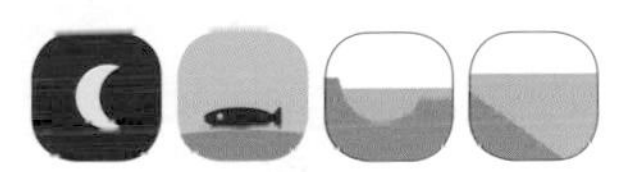

Murasaki urchin　細刺黑膽

溫帶物種，常見於水溫較低的北部海域。會在岩石上挖洞棲息，夜間出洞啃食藻類。具有長錐狀的紫紅色棘刺，棘刺表面光滑。通常棲息在潮水流通良好的潮間帶。繁殖季時常被採捕，因過度濫捕大型個體已不多見。★ 同物異名：*Anthocidaris crassispina*。

紫海膽為北部岩礁海岸常見的海膽。（李承錄）

正在釋放霧狀精子的紫海膽。（李承運）

常與梅氏長海膽(右)一同挖掘岩石。（李承錄）

梅氏長海膽 *Echinometra mathaei*

Burrowing urchin

豬槽海膽、番仔膽

會在岩石上挖洞棲息的海膽，長錐狀棘刺顏色多變，表面常有細微的縱溝。會利用棘刺與自身分泌的酸液慢慢侵蝕堅硬的岩石，隨著他們的移動挖掘出隧道狀的洞穴。常成群棲息在潮水交流佳的岩礁區，很少離開自身的洞穴，以潮水帶來的藻類碎片為主食。

常在岩礁上挖掘洞穴的梅氏長海膽。（李承運）

常與其他海膽一同形成凹凸不平的海膽公寓。（席平）

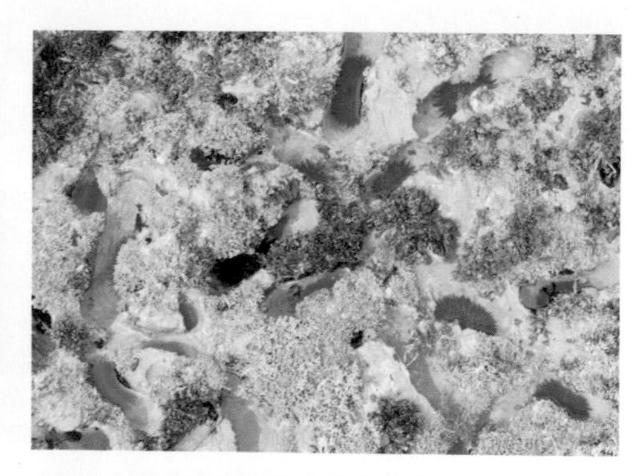

成群的梅氏長海膽將岩石鑿出千瘡百孔。（李承錄）

白尖紫叢海膽 *Echinostrephus aciculatus*

Needle-spined urchin

紫紅色的刺較尖細，末端常為白色。和梅氏長海膽一樣會挖洞而居，本種的洞穴通常朝岩石深處挖掘，較少橫向做出隧道。常伸出棘刺收集水中的藻類碎片食用，很少離開洞穴。遇到危險會將刺豎起並倒退進入洞穴深處，僅留一小段棘刺在洞外防禦。

尖棘紫叢海膽的棘刺紫紅，殼上有些許螢光綠色色澤。（席平）

常在潮下帶的岩壁上鑿出許多孔洞。（楊寬智）

口鰓海膽 *Stomopneustes variolaris*

Black sea urchin

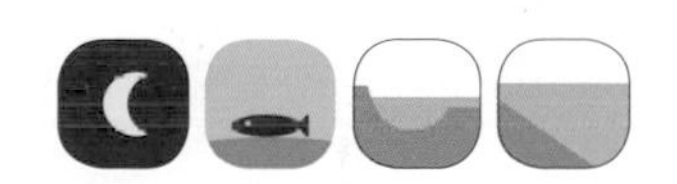

會在岩石上挖洞棲息的海膽，長錐狀棘刺粗糙且有綠色色澤。常在潮間帶至潮下帶的岩縫中掘洞而居。習性與梅氏長海膽類似，以藻類碎屑為主食。

口鰓海膽的棘刺具有特殊的螢光綠色色澤。（李承錄）

洞穴大小常配合其棘刺的長度。（李承錄）

斑磨海膽 *Pseudoboletia maculata*

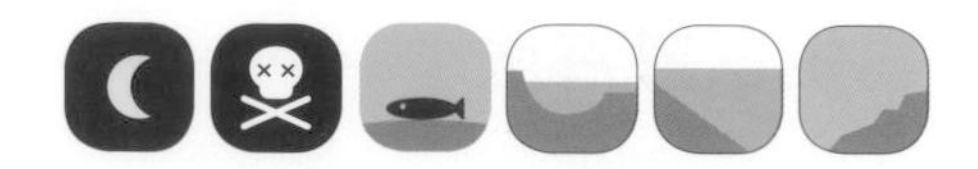

Spotted collector urchin
斑點毒棘海膽

球形的海膽，棘刺短小，顏色多變。體側常有數塊黑褐色的斑塊。具有發達的管足，可用來攀爬或收集周遭的石塊或藻類隱藏自己的身軀。

在圈扇藻叢中發現的大型斑磨海膽。（李承錄）

體側具有數塊深色斑塊。（林祐平）

常用石塊或藻類覆蓋自己的身軀。（陳致維）

喇叭毒棘海膽 *Toxopneustes pileolus*

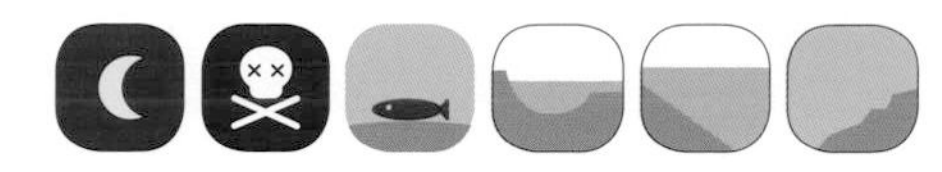

Flower urchin

喇叭海膽

較扁球形的海膽，棘刺短小但具有醒目的喇叭狀叉棘，每個叉棘中央有紫紅色點。本種叉棘具有強烈毒性，切勿觸摸。常藏身在礫石豐富的沙底環境，以大型藻類為主食，常用石塊或藻類覆蓋身軀。

喇叭毒棘海膽的外觀可見大量白色且帶有紫色圓點的叉棘。（李承錄）

喇叭狀的叉棘彷彿有許多眼睛瞪著。（李承運）

常用石塊隱藏自己的身軀。（楊寬智）

白棘三列海膽 *Tripneustes gratilla*

Collector urchin、Cake urchin
馬糞海膽

體型球狀，隨著成長變為扁球形。具有細短的棘刺，常為橘色或白色，末端鈍。靠近殼處有許多藍紫色的小叉棘，具有些許毒性。本種為岩礁區重要的草食性海膽，可移除大量藻類以利珊瑚生長。現今因過度捕撈，許多地區資源已耗竭。

白棘三列海膽因濫捕在北部海域的數量已經大幅減少。（楊寬智）

夏初常在潮池藻叢中發現小型海膽。（李承錄）

靈活的管足可幫助他們攀爬與抓取食物。（楊寬智）

棘刺的顏色大多為橘紅或白色交雜，但也有墨綠甚至全白的變化。（左：席平、右：陳致維）

常利用周遭收集的藻類或碎屑覆蓋身軀。（李承錄）

把藻類放在身上不僅可以隱藏身子，也可以把食物帶著走。

〔海參〕Sea Cucumber

行動緩慢的海底清道夫

海參是長條形的棘皮動物，不像海星或海膽具有明顯的骨板，海參體內有微小的骨片（sclerietes），藉由柔軟的結締組織結合後形成富有彈性的身體。

海參是海底的清道夫，大多過濾海中的有機碎屑為食，對於維持海底生態的健康十分重要。他們的口部常有發達的觸手，能沾黏底床上的底沙再吞入體內，消化藻類碎屑、食物殘渣甚至細菌等微生物後，再將乾淨的沙子排出體外。有時跟在海參的身後，您可以看見他們沿路吞食底沙，再排出一排沙子的痕跡。部分海參如有「海蘋果」之名的紫偽翼手參，更發展出細緻的樹狀觸手，可收集水中的碎屑或浮游生物，再送入口中進食。

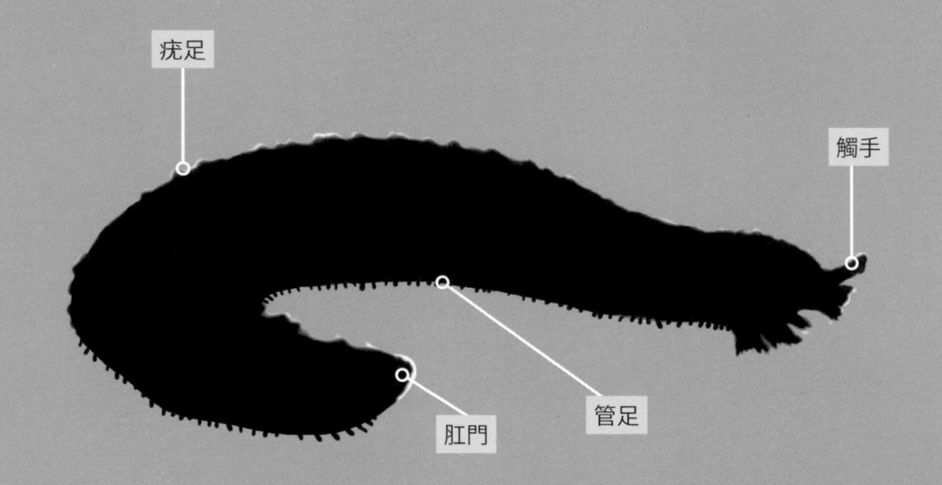

溢皮參為典型收集底棲碎屑的海參。（陳彥宏）

非洲異瓜參的觸手則特化在水中過濾。（李承錄）

紫偽翼手參 *Pseudocolochirus violaceus*

Sea apple
海蘋果

口與肛門都朝向背部的奇特海參，口部具有數十根樹狀分支的黃色觸手，常在水中展開捕捉浮游生物。體色變化大，大致為紅紫色系，腹部的管足黃色較發達。棲息在亞潮帶岩礁區，通常固定在同一區岩礁定居不太移動。體壁和內臟有毒，因此少有天敵。

體色鮮豔的紫偽翼手參是受潛水員歡迎的明星物種。（林祐平）

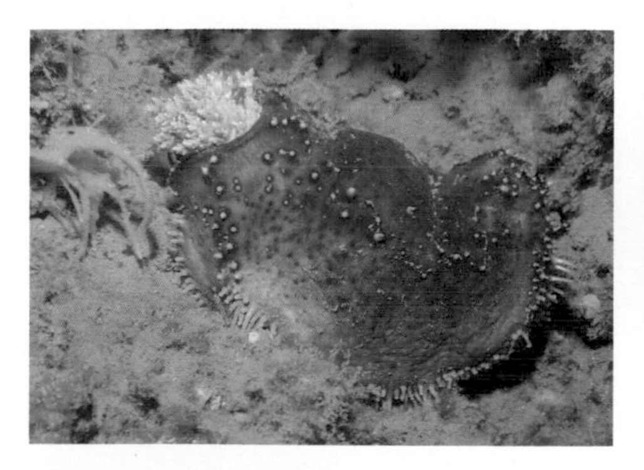

顏色常有紫色或紅色等變化。（楊寬智）

觸手縮起時的形態有如一顆蘋果。（李承錄）

通常不太移動，但若收到干擾或食物減少也會用管足慢慢遷移。（林祐平）

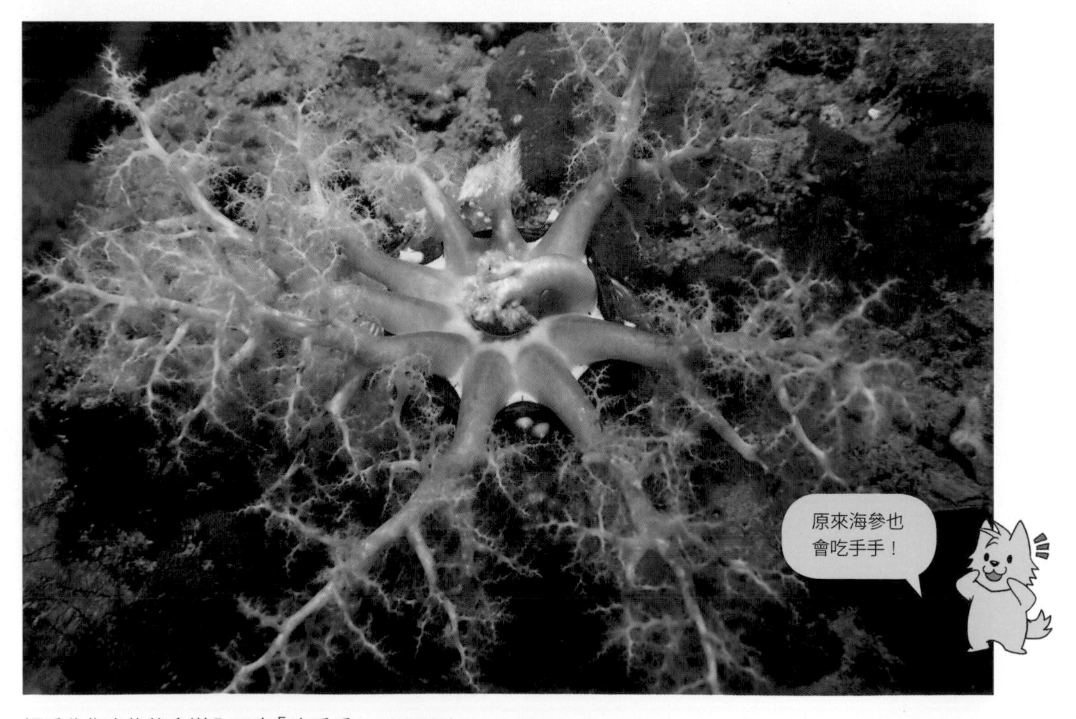

觸手收集食物後會送入口中「吃手手」。（楊寬智）

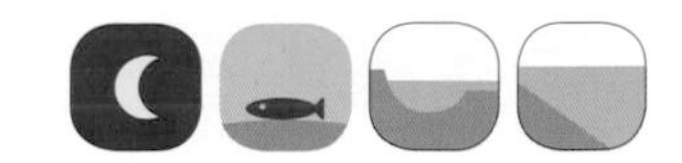

非洲異瓜參 *Afrocucumis africana*

Little african sea cucumber

棲息在岩石隙縫的小型海參，常藏身在洞穴中，僅露出樹枝狀的觸手過濾有機碎屑，遇到危險會立即收起觸手並鑽入岩縫。管足分布環繞在體壁周圍，可牢牢吸在洞穴的壁面。

非洲異瓜參常伸出觸手捕捉水中有機物質。(李承錄)

黑色的體壁上布滿管足。(李承錄)

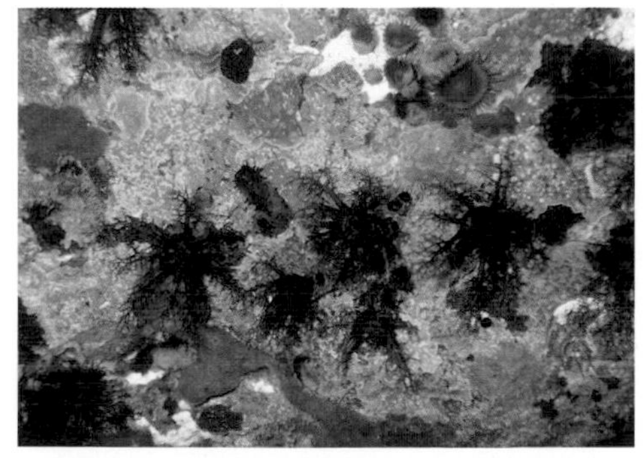

常利用岩壁上的洞穴藏起身體。(李承錄)

黑赤星海參 *Holothuria cinerascens*

Banana sea cucumber

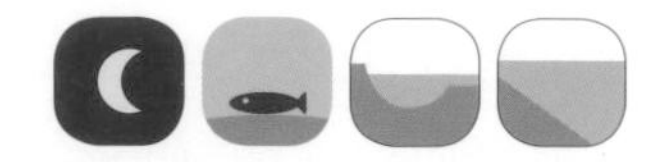

體色深棕，常帶有變化多樣的黑色斑點與橙紅色疣足。喜愛棲息在潮水流通較佳的岩礁潮間帶，常固定在岩縫中僅露出樹狀分支的觸手來過濾水中的有機物質。遇到危險會縮起觸手並膨脹身子以卡在岩縫裡。

黑赤星海參常棲息在浪潮較大的地區以充分捕捉水中的食物。(李承錄)

退潮時常吸飽水並等待下次漲潮。(席平)

遇到危險會縮起觸手並卡在岩縫中。(陳致維)

黑海參 *Holothuria atra*

全身黑的海參，體壁堅硬。棲息在沿岸沙質海底，潮間帶的個體常為了保護色或防曬而有裹沙行為，除了呼吸用的管道外，全身覆蓋一層細沙。可行斷裂的無性生殖。（左：陳致維、右：李承運）

蕩皮參 *Holothuria leucospilota*

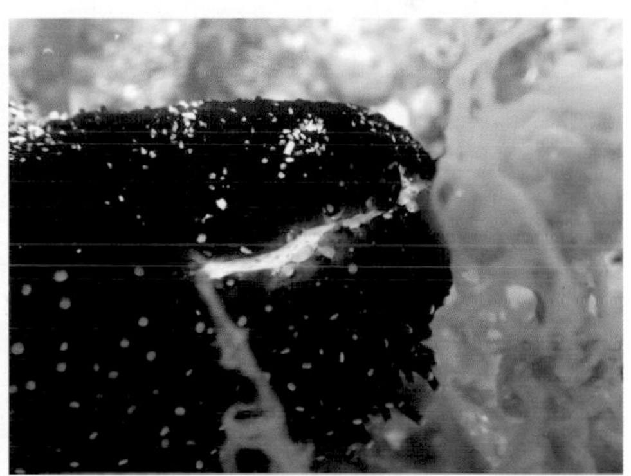

與黑海參相近的黑色海參，但體壁暗紫色且較為柔軟，也無裹沙行為。體壁黏膜有毒，勿接觸傷口和口鼻。受到刺激會分泌白色的黏液進行防衛。（左：李承錄、右：杜侑哲）

棘輻肛參 *Actinopyga echinites*

具有許多細小肉刺的海參，肛門周圍有五個銳齒所環繞。棲息在水流較緩的潮間帶，身上常裹有沙子。以有機碎屑為食。（李坤瑄）

白底輻肛參 *Actinopyga mauritiana*

體型比棘輻肛參大且體壁堅硬，身上疣狀凸起周圍常有白色的斑塊。棲息環境較棘輻肛參深，常出現在浪潮較大的岩礁區。以有機碎屑為食。（陳致維）

糙刺參 *Stichopus horrens*

Dragonfish sea cucumber、Durian sea cucumber

體長可達30公分的碩大海參，體色多變。體表的疣足特化為柔軟的肉刺，每根肉刺上常有數圈深色的環紋。管足大多集中在腹部。夜行性，日間蟄伏在岩石陰暗處，夜間才會外出吞食底沙中的有機物。★ **受干擾時很容易自割，將背部體壁剝落或溶解。**

體型粗壯且充滿肉棘的糙刺參有如一頭大怪獸。（李承錄）

體色常有變化不同的變化，也有灰白色與紅棕色的個體。（李承錄）

較小的幼體常躲藏在岩石隙縫之中。（陳致維）

〔海鞘〕Tunicate

像是海綿，但卻是脊索動物的海鞘

海鞘是一種常見的固著生物，少部分為浮游生物。囊狀的身體頂端具有出入水口的構造，可吸入海水並過濾其中的有機物質為食。許多海鞘的體壁會分泌特殊的化學物質，大多生物不會主動食用之。他們具備有性生殖的能力，但大多時間都透過無性生殖進行分裂增值。

隨著成長而退化的構造

雖然乍看之下很像海葵或海綿之類的固著無脊椎動物，但海鞘卻和人類一樣屬於脊索動物喔。海鞘的幼體在海中的浮游時期具有原始的脊索和神經系統，還有一條尾巴能如魚般游動。一旦找到能固著的基質，幼體就會經過變態，尾部、脊索還有神經系統都會逐漸退化消失，僅剩一小部分神經節，變成我們所看見的固著型態。

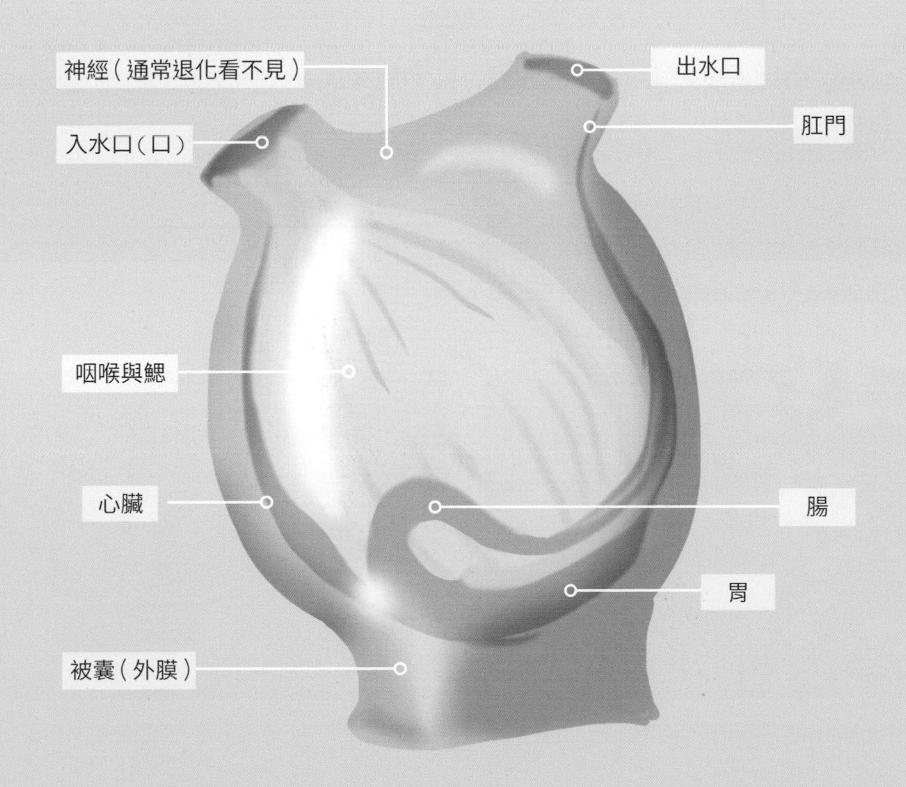

海綿多囊海鞘 *Polycitor proliferus*

Compound ascidian

常見於潮間帶中低潮位，屬於群體海鞘，藉由分裂形成一整團的群落。顏色雪白，在礁石上非常顯眼。退潮時若露出水面則會將出入水口關閉，並縮成一團保持濕潤，等待下次漲潮。以濾食水中的有機物質為食。

白色的海綿多囊海鞘在潮間帶上十分顯眼。（李承運）

濾食時出入水口會活躍地張合過濾海水。（李承錄）

常在潮水流通良好處與海綿一同生長。（李承錄）

退潮時露出水面的個體會縮成一團保持濕潤。(李承錄)

其他常見的海鞘

許多透明的海鞘可看見體內的消化道。(李承錄)

岩壁上的多果海鞘(*Polycarpa* sp.)大小可達拳頭大。(李承錄)

有些海鞘受到干擾會縮成團狀。(李承錄)

岩石下的菊海鞘(*Botrylloides* sp.)也是一種群體海鞘。(李承錄)

樽海鞘 *Pegea confoederata*

Salp chain
海樽

浮游性的海鞘，會藉由分裂組成一長串群體。體壁透明，能直接看見橘色的消化道和心臟。常在春夏季浮游生物旺盛時出現，與水母和櫛水母共游。

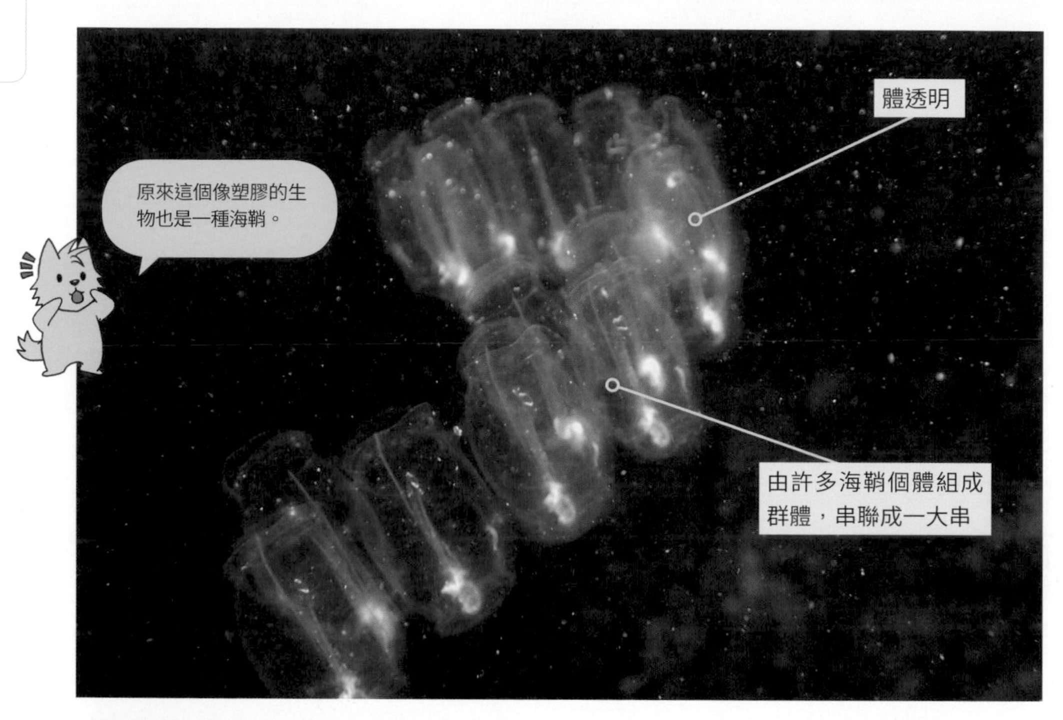

透明的軀體中可見橘色的臟器。（林祐平）

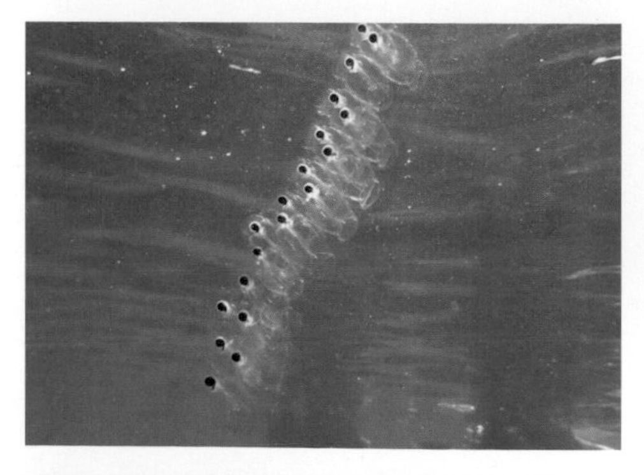

雖可透過收縮緩緩游動，但主要還是被動地靠潮水移動。（楊寬智）

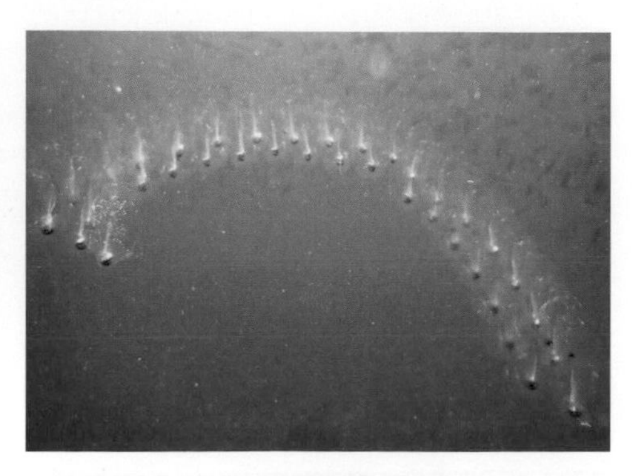

常可見超過一公尺的大型群體。（楊寬智）

學名索引 無脊椎篇

果凍狀的飄浮生物

水母
具有許多觸手
p.125

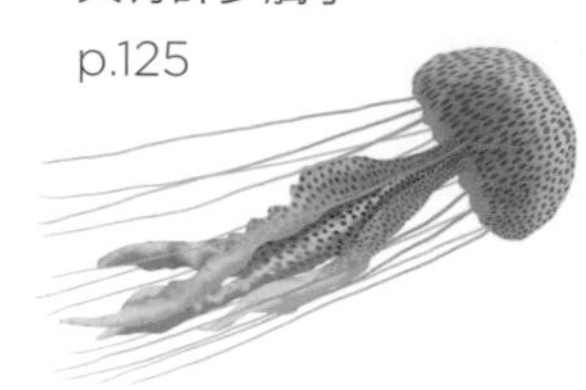

樽海鞘
具橘色團狀消化道
p.400

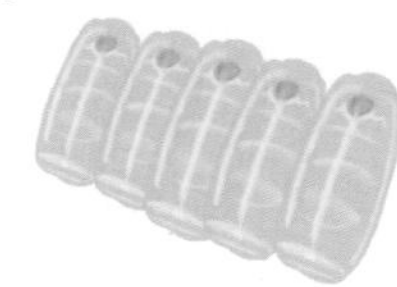

櫛水母
具有能反射彩虹光芒的櫛板
p.148

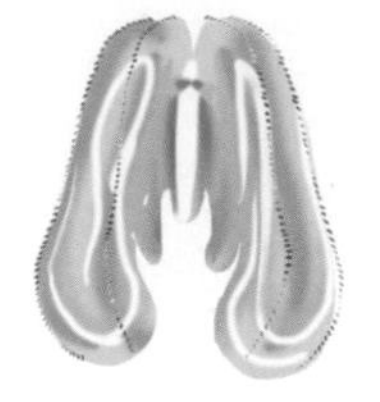

具有孔狀濾水口的固著生物

海綿
一出水口與多個入水口
p.116

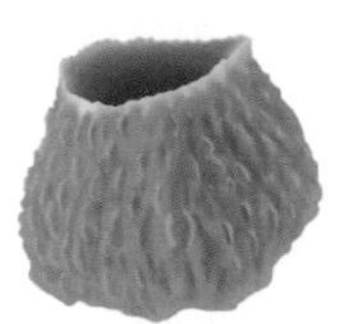

較堅韌

海鞘
一對出入水口
p.397

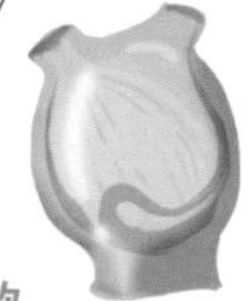

較柔軟

苔蘚蟲
由細小蟲體構成
p.161

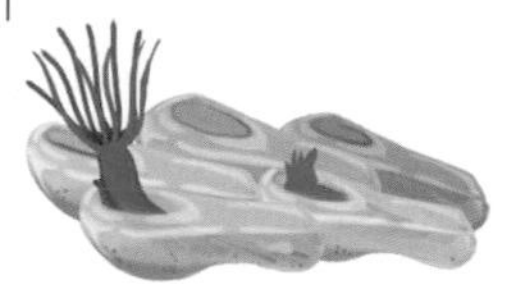

開花般的叢生的固著生物

水螅
p.123

海葵
p.128

菟葵
p.136

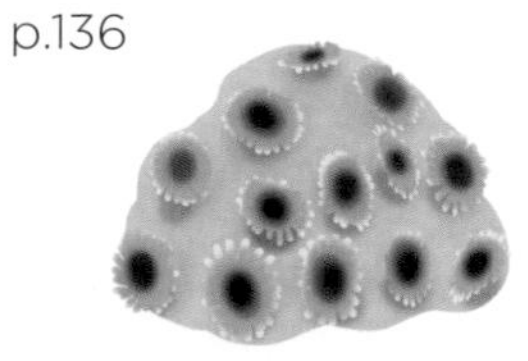

石珊瑚
p.140

軟珊瑚、柳珊瑚、海鞭等八放珊瑚
p.144

具有硬殼的固著生物

藤壺
具有可伸縮的觸手
p.309

多片硬殼組成

雙殼貝
不具觸手
p.291

一對硬殼組成

從洞中伸出觸手的固著生物

叉吻螠蟲
分叉葉狀觸手
p.173

蟄龍介蟲
麵條狀多條觸手
p.172

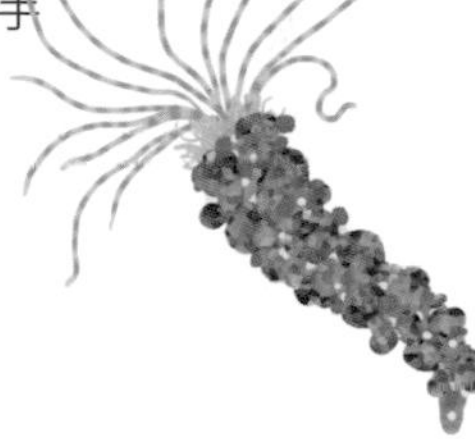

纓鰓蟲、龍介蟲
羽狀觸手
p.168

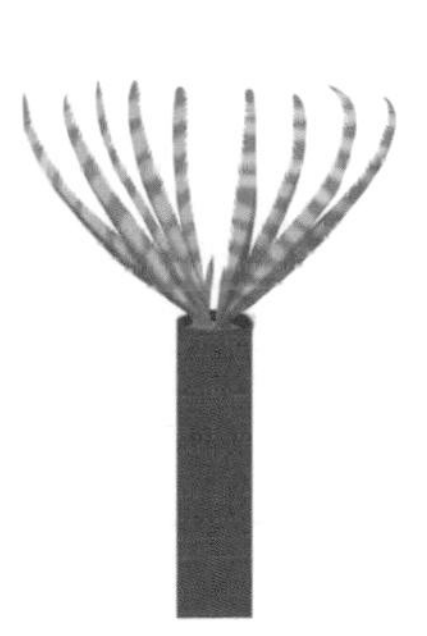

海參
樹狀觸手放射狀
排列且具有管足
p.391

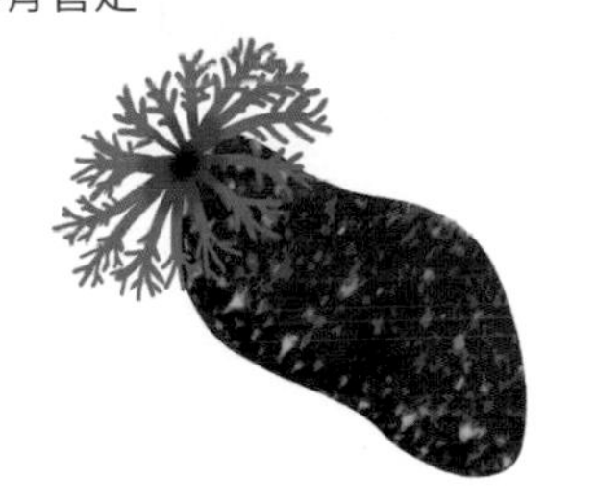

無外殼、毛叢、裸鰓等構造的扁平爬行動物

扁蟲
移動迅速
p.150

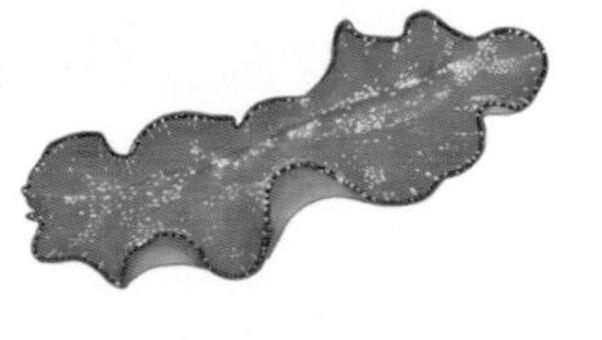

體背具有八個片狀硬殼的爬行動物

石鱉
移動緩慢
p.176

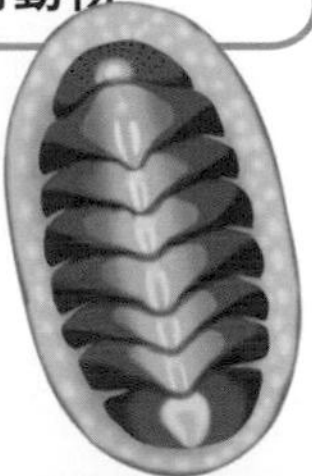

體蜿蜒細長的爬行動物

紐蟲

有彈性且常捲曲成一團

p.159

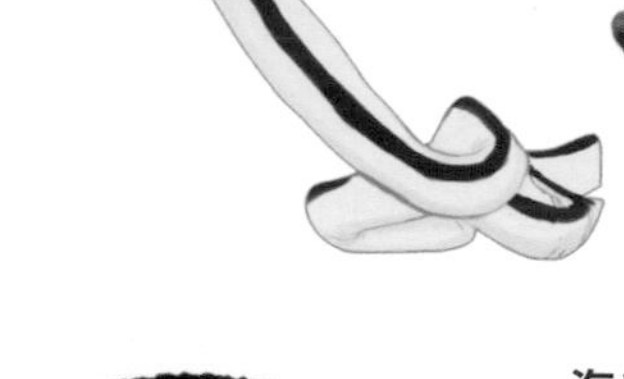

龍女簪

體表一層細絨毛

p.174

海參

具有管足

p.390

無環節與剛毛

多毛蟲

p.167

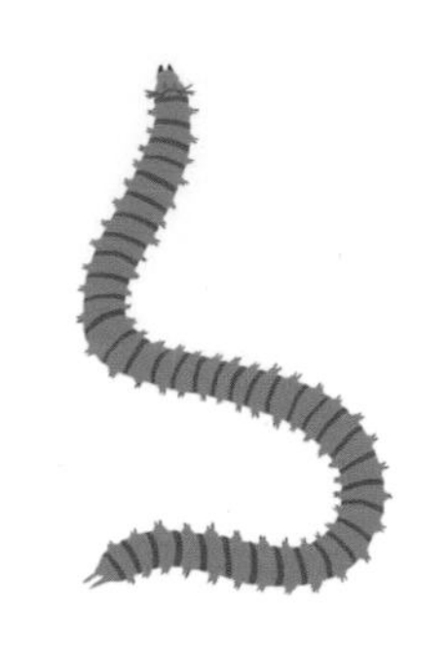

有環節與剛毛

體柔軟且無體節，利用柔軟腹足移動的爬行動物

腹足類：螺類

常具有外殼與口蓋

p.179

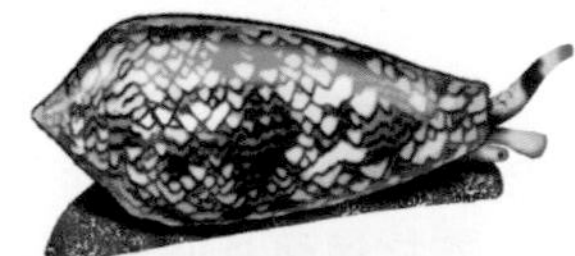

大多具有明顯前水管

腹足類：海蛞蝓

外殼輕薄或完全退化

p.208

無前水管

體有硬殼且兩側對稱，甲殼堅硬且分節，利用附肢移動的爬行動物

口足類：蝦蛄

p.314

具有靈活可轉動的大眼睛與羽狀附肢

十足類：蝦、蟹、寄居蟹等

p.321

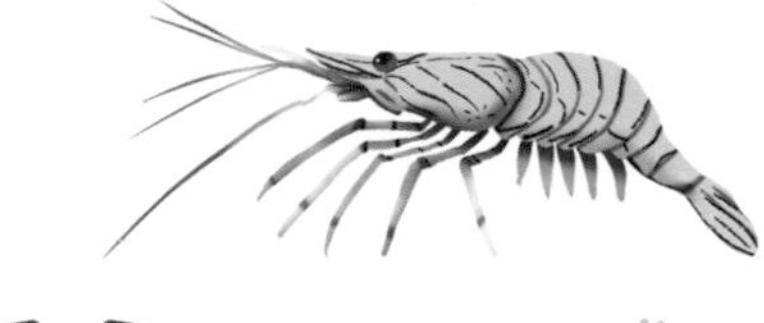

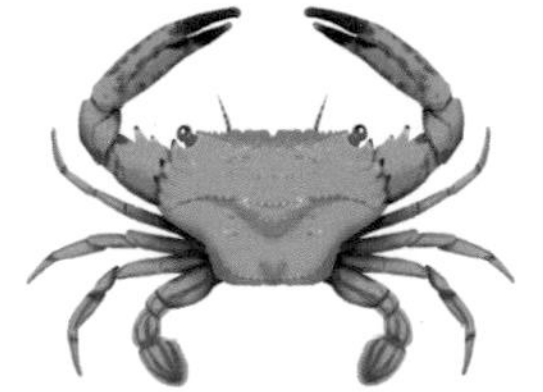

具有一對螯足與四對步足

體有硬殼且輻射對稱，利用管足移動的爬行動物

海星

腕足與體盤分界不明顯

p.368

具有數條腕足

陽隧足

腕足與體盤分界明顯

p.373

海膽

p.377

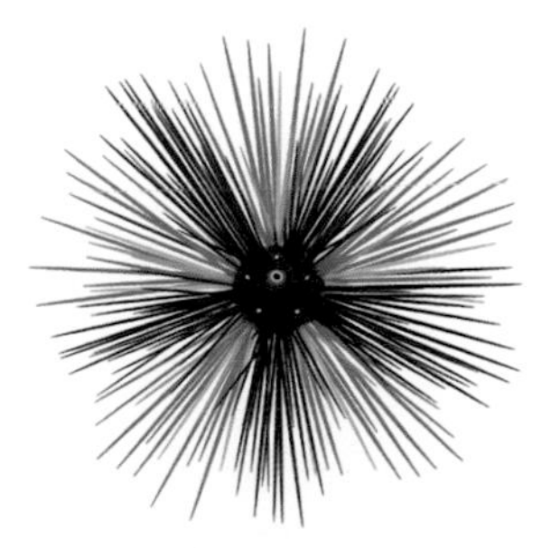

體球狀且具有棘刺

參考文獻 無脊椎篇

@藻類

Belton GS, et al. (2014) Resolving phenotypic plasticity and species designation in the morphologically challenging *Caulerpa racemosa-peltata* complex (Chlorophyta, Caulerpaceae). J Phycol 50:32-54

Dumilag RV, et al. (2019) DNA Barcodes of *Caulerpa* Species (Caulerpaceae, Chlorophyta) from the Northern Philippines. Philipp J Sci 148:337-347

Bosence DWJ (1983) Coralline algal reef frameworks. J Geol Soc 140:365-376

Hiraoka M, et al. (2004) A new green tide forming alga, *Ulva ohnoi* Hiraoka et Shimada sp. nov. (Ulvales, Ulvophyceae) from Japan. Phycol Res 52:17-29

Hind KR, Saunders GW (2013) A molecular phylogenetic study of the tribe Corallineae (Corallinales, Rhodophyta) with an assessment of genus level taxonomic features and descriptions of novel genera. J Phycol 49:103-114

Hayden HS, et al. (2003) Linnaeus was right all along: *Ulva* and *Enteromorpha* are not distinct genera. Eur J Appl Physiol 38:277-294

廖運志、張睿昇、邵廣昭(2017)潮汐的呼喚：探索北海岸潮間帶。北海岸及觀音山國家風景區管理處

柳芝蓮(2000)台灣海藻彩色圖鑑。行政院農委會

王瑋龍、劉少倫、李宗軒(2015)東沙海藻生態圖鑑。內政部營建署海洋國家公園管理處

@海綿動物

Cheng LS, et al. (2008) A Guide to Sponges of Singapore. Science Centre Singapore

Fromont J, Bergquist PR (1994) Reproductive biology of three sponge species of the genus *Xestospongia* (Porifera: Demospongiae: Petrosida) from the Great Barrier Reef. Coral Reefs 13:119-126

@刺胞動物

Chia FS, Rostron MA (1970) Some aspects of the reproductive biology of *Actinia equina* [Cnidaria: Anthozoa]. J Mar Biol Assoc UK 50:253-264

Dunn DF (1981) The clownfish sea anemones: Stichodactylidae (Coelenterata: Actiniaria) and other sea anemones symbiotic with Pomacentrid fishes. Trans Am Philos Soc 71:3-115

Fautin DG (2005) Three Species of Intertidal Sea Anemones (Anthozoa: Actiniidae) from the Tropical Pacific: Description of *Anthopleura buddemeieri*, n. sp., with Remarks on *Anthopleura asiatica* and *Gyractis sesere*. Pac Sci 59:379-391

Fautin DG, et al. (1995) Costs and benefits of the symbiosis between the anemone shrimp *Periclimenes brevicarpalis* and its host *Entacmaea quadricolor*. Mar Ecol Prog Ser 129:77-84

Pontasch S, et al. (2014) Symbiodinium diversity in the sea anemone *Entacmaea quadricolor* on the east Australian coast. Coral reefs 33:537-542

Reimer JD, et al. (2006) Morphological and molecular revision of *Zoanthus* (Anthozoa: Hexacorallia) from southwestern Japan, with descriptions of two new species. Zool Sci 23:261-275

Reimer JD (2007) Preliminary survey of zooxanthellate zoanthid diversity (Hexacorallia: Zoantharia) from southern Shikoku, Japan. Kuroshio Biosphere 3:16

Reimer JD (2010) Key to field identification of shallow water brachycnemic zoanthids (Order Zoantharia: Suborder Brachycnemina) present in Okinawa. Galaxea 12:23-29

Vervoort W (1962) A redescription of *Solanderia gracilis* Duchassaing & Michelin, 1846, and general notes on the family Solanderiidae (Coelenterata: Hydrozoa). Bull Mar Sci 12:508-542

內田紘臣、楚山勇(2001)イソギンチャクガイドブック。阪急コミュニケーションズ

並河洋、楚山勇(2000)クラゲガイドブック。阪急コミュニケーションズ

峯水亮、久保田信、平野弥生、ドゥーグル リンズィー(2015)日本クラゲ大図鑑。平凡社

戴昌鳳、洪聖雯(2009)台灣珊瑚圖鑑。貓頭鷹出版社

戴昌鳳(2011)台灣珊瑚礁地圖(上集&下集)。大樹文化事業股份有限公司

戴昌鳳、秦啟翔(2017)東沙八放珊瑚生態圖鑑。內政部營建署海洋國家公園管理處

@扁形動物

Bolaños DM, et al. (2016) First records of pseudocerotid flatworms (Platyhelminthes: Polycladida: Cotylea) from Singapore: A taxonomic report with remarks on colour variation. Raffles Bull Zool 34:130-169

Hyman LH (1959) A further study of Micronesian polyclad flatworms. Proc U S Natl 108:543-597

Newman LJ, Cannon LRG (1996) New genera of pseudocerotid flatworms (Platyhelminthes, Polycladida) from Australian and Papua New Guinean coral reefs. J Nat Hist 30:1425-1441

Newman LJ, Cannon LRG (1998) *Pseudoceros* (Platyhelminthes, Polycladida) from the Indo-Pacific with twelve new species from Australia and Papua New Guinea. Raffles Bull Zool 46:293-323

Newman LJ, Cannon LRG (2002) The genus *Cycloporus* (Platyhelminthes: Polycladida) from Australian Waters. Raffles Bull Zool 50:287-299

Jie WB, et al. (2013) Unreported Predatory Behavior on Crustaceans by *Ilyella gigas* (Schmarda, 1859) (Polycladida: Ilyplanidae), a Newly-Recorded Flatworm from Taiwan. 10: 57-71

Jie WB, et al. (2014) Re-description of *Thysanozoon nigropapillosum* (Polycladida: Pseudocerotidae) from the South China Sea, with observations on a novel pre-copulatory structure, sexual behaviour and diet. Raffles Bull Zool 62:764-770

Ong RS, et al. (2018) New records of marine flatworms (Platyhelminthes: Polycladida: Cotylea) from Singapore. Nat Singap 11:53-62

Oya Y, Kajihara, H (2019) A New Species of *Phaenoplana* (Platyhelminthes: Polycladida) from the Ogasawara Islands. Species Divers 24:1-6

小野篤司(2015)ヒラムシ:水中に舞う海の花びら。誠文堂新光社

@外肛動物

Hayward PJ (2004) Taxonomic studies on some Indo West Pacific Phidoloporidae (Bryozoa: Cheilostomata). System Biodivers 1:305-326

Mackie JA, et al. (2006) Invasion patterns inferred from cytochrome oxidase I sequences in three bryozoans, *Bugula neritina, Watersipora subtorquata*, and *Watersipora arcuata*. Mar Biol 149:285-295

@環節動物

Biseswar R (2010) Zoogeography of the echiuran fauna if the Indo-West Pacific Ocean (Phylum: Echiura). Zootaxa 2727:21-33

Bok MJ, et al. (2016) Here, there and everywhere: the radiolar eyes of fan worms (Annelida, Sabellidae). Integr Comp Biol 56:784-795

Goto R (2016) A comprehensive molecular phylogeny of spoon worms (Echiura, Annelida): Implications for morphological evolution, the origin of dwarf males, and habitat shifts. Mol Phylogenet Evol 99:247-260

Goto R, et al. (2013) Molecular phylogeny of echiuran worms (Phylum: Annelida) reveals evolutionary pattern of feeding mode and sexual dimorphism. PLoS One 8:e56809

Hamamoto K, Mukai H (1999) Effects of larval settlement and post-settlement mortality on the distribution pattern and abundance of the spirorbid tube worm *Neodexiospira brasiliensis* (Grube)(Polychaeta) living on seagrass leaves. Mar Ecol 20:251-272

Nakamura K, et al. (2008) Complanine, an inflammation-inducing substance isolated from the marine fireworm *Eurythoe complanata*. Org Biomol Chem 6:2058-2060

Saunders RJ, Connell SD (2001) Interactive effects of shade and surface orientation on the recruitment of spirorbid polychaetes. Austral Ecol 26:109-115

Verdes A, et al. (2018) Are fireworms venomous? Evidence for the convergent evolution of toxin homologs in three species of fireworms (Annelida, Amphinomidae). Genome Biol Evol 10:249-268

@軟體動物

Alexander J, Valdés Á (2013) The Ring Doesn't Mean a Thing: Molecular Data Suggest a New Taxonomy for Two Pacific Species of Sea Hares (Mollusca: Opisthobranchia, Aplysiidae) Pac Sci 67:283-294

Baba K (1940) The early development of a solenogastre, *Epimenia verrucosa* (Nierstrasz). Annot Zool Japan 19:107-113

Barbosa A, et al. (2007) Disruptive coloration in cuttlefish: a visual perception mechanism that regulates ontogenetic adjustment of skin patterning. J Exp Biol 210:1139-1147

Boudry P, et al. (1998) Differentiation between populations of the Portuguese oyster, *Crassostrea angulata* (Lamark) and the Pacific oyster, *Crassostrea gigas* (Thunberg), revealed by mtDNA RFLP analysis. J Exp Mar Biol Ecol 226:279-291

Boudry P, et al. (2003) Mitochondrial and nuclear DNA sequence variation of presumed *Crassostrea gigas* and *Crassostrea angulata* specimens: a new oyster species in Hong Kong?. Aquaculture 228:15-25

Bridle T (2017) '*Spurilla braziliana*'-a new sea slug in South Australia. S Aust Nat 91:29

Brodie GD, et al. (1997) Taxonomy and occurrence of *Dendrodoris nigra* and *Dendrodoris fumata* (Nudibranchia: Dendrodorididae) in the Indo-West Pacific region. J Molluscan Stud 63:407-423

Carmona L, et al. (2011) A molecular approach to the phylogenetic status of the aeolid genus *Babakina* Roller, 1973 (Nudibranchia). J. Molluscan Stud 77:417-422

Carmona L, et al. (2014) Review of *Baeolidia*, the largest genus of Aeolidiidae (Mollusca: Nudibranchia), with the description of five new species. Zootaxa 3802:477-514

Carmona L, et al. (2015) *Protaeolidiella atra* Baba, 1955 versus *Pleurolidia juliae* Burn, 1966: One or two species?. Helgoland Mar Res 69:137

Carmona L, et al. (2014) Untangling the *Spurilla neapolitana* (Delle Chiaje, 1841) species complex: a review of the genus *Spurilla* Bergh, 1864 (Mollusca: Nudibranchia: Aeolidiidae). Zool J Linn Soc 170:132-154

Chang JJM, et al. (2018) Molecular and anatomical analyses reveal that *Peronia verruculata* (Gastropoda: Onchidiidae) is a cryptic species complex. Contrib Zool 87:149-165

de Vries J, et al. (2014) Plastid survival in the cytosol of animal cells. Trends Plant Sci 19:347-350

Dias GM, Delboni CGM (2008) Colour polymorphism and oviposition habits of *Lamellaria mopsicolor*. Mar Biodiv Rec 1:e49

Epstein HE, et al. (2019) Reading between the lines: Revealing cryptic species diversity and colour patterns in *Hypselodoris* nudibranchs (Mollusca: Heterobranchia: Chromodorididae). Zool J Linn Soc 186:116-189

Gleadall IG (2016) *Octopus sinensis* d'Orbigny, 1841 (Cephalopoda: Octopodidae): valid species name for the commercially valuable East Asian common octopus. Species Divers 21(1):31-42

Golestani H, et al. (2019) The little *Aplysia* coming of age: from one species to a complex of species complexes in *Aplysia parvula* (Mollusca: Gastropoda: Heterobranchia). Zool J Linn Soc 187:279-330

Gómez-Moreno JMU (2019) The 'Mimic' or 'Mimetic' Octopus? A Cognitive-Semiotic Study of Mimicry and Deception in *Thaumoctopus Mimicus*. Biosemiotics 12:441-467

Goodheart, J, et al. (2015) Systematics and biogeography of Pleurobranchus Cuvier, 1804, sea slugs (Heterobranchia: Nudipleura: Pleurobranchidae). Zool J Linn Soc 174:322-362

Gosliner TM, Fahey SJ (2008) Systematics of *Trapania* (Mollusca: Nudibranchia: Goniodorididae) with descriptions of 16 new species. System Biodivers 6(1), 53-98.

Gosliner TM, Johnson RF (1999) Phylogeny of *Hypselodoris* (Nudibranchia: Chromodorididae) with a review of the monophyletic clade of Indo-Pacific species, including descriptions of twelve new species. Zool J Linn Soc 125:1-114

Gosliner TM, et al. (2007) Revision of the systematics of *Babakina* Roller, 1973 (Mollusca: Opisthobranchia) with the description of a new species and a phylogenetic analysis. Zool J Linn Soc 151:671-689

Gosliner TM, et al. (2018) Nudibranch & Sea Slug Identification - Indo-Pacific (2nd Edition).New World Publications

Jackson G, Moltschaniwskyj N (2002) Spatial and temporal variation in growth rates and maturity in the Indo-Pacific squid *Sepioteuthis lessoniana* (Cephalopoda: Loliginidae). Mar Biol 140:747-754

Johnson RF, Gosliner TM (2012) Traditional taxonomic groupings mask evolutionary history: a molecular phylogeny and new classification of the chromodorid nudibranchs. PLoS One 7:e33479

Jörger KM, et al. (2010) On the origin of Acochlidia and other enigmatic euthyneuran gastropods, with implications for the systematics of Heterobranchia. BMC Evol Biol 10:323

Kano Y, et al. (2016) Ringiculid bubble snails recovered as the sister group to sea slugs (Nudipleura). Sci Rep 6:30908

Korshunova T, et al. (2017) Polyphyly of the traditional family Flabellinidae affects a major group of Nudibranchia: aeolidacean taxonomic reassessment with descriptions of several new families, genera, and species (Mollusca, Gastropoda). ZooKeys 717:1-139

Korshunova T, et al. (2020) The Emperor' s *Cadlina*, hidden diversity and gill cavity evolution: new insights for the taxonomy and phylogeny of dorid nudibranchs (Mollusca: Gastropoda). Zool J Linn Soc 1-66

Krug PJ, et al. (2016) Molecular and morphological systematics of *Elysia* Risso, 1818 (Heterobranchia: Sacoglossa) from the Caribbean region. Zootaxa 4148:1-137

Lathlean JA, et al. (2017) On the edge: the use of infrared thermography in monitoring responses of intertidal organisms to heat stress. Ecol Indic 81:567-577

Li L, et al. (2015) Multifunctionality of chiton biomineralized armor with an integrated visual system. Science 350:952-956

Lijima R, et al. (1995) Antifungal activity of aplysianin E, a cytotoxic protein of sea hare (*Aplysia kurodai*) eggs. Dev Comp Immunol 19:13-19

Lima POV, Simone LRL (2018) Complementary anatomy of *Actinocyclus verrucosus* (Nudibranchia, Doridoidea, Actinocyclidae) from Indo-Pacific. Zoosyst Evol 94:237

Lyakhova EG, et al. (2010) Secondary metabolites of the Vietnamese nudibranch mollusk *Phyllidiella pustulosa*. Chem Nat Compd 46:534-538

Maeda T, et al. (2010) Molecular phylogeny of the Sacoglossa, with a discussion of gain and loss of kleptoplasty in the evolution of the group. Biol Bull 219:17-26

Marshall DJ, et al. (2010) Cooling towers of marine snails: is higher better. SciBru 11:47-52

Marshall DJ, Chua T (2012) Boundary layer convective heating and thermoregulatory behaviour during aerial exposure in the rocky eulittoral fringe snail *Echinolittorina malaccana*. J Exp Mar Biol Ecol 430:25-31

Mäthger LM, et al. (2009) Mechanisms and behavioural functions of structural coloration in cephalopods. J R Soc Interface 6:149-S163

Matsuda SB, Gosliner TM (2018) Glossing over cryptic species: Descriptions of four new species of Glossodoris and three new species of *Doriprismatica* (Nudibranchia: Chromodorididae). Zootaxa 4444:501-529

McCarthy, JB, Krug PJ, Valdés Á (2019) Integrative systematics of *Placida cremoniana* (Trinchese, 1892)(Gastropoda, Heterobranchia, Sacoglossa) reveals multiple pseudocryptic species. Mar Biodivers 49:357-371

Melo VM, et al. (2000) Purification of a novel antibacterial and haemagglutinating protein from the purple gland of the sea hare, *Aplysia dactylomela* Rang, 1828. Toxicon 38:1415-1427

Mikhlina AL, et al. (2019) Drilling in the dorid species *Vayssierea* cf. *elegans* (Gastropoda: Nudibranchia): Functional and comparative morphological aspects. J Morphol 280:119-132

Morton B, et al. (2002) Corallivory and prey choice by *Drupella rugosa* (Gastropoda: Muricidae) in Hong Kong. J Mollus Stud 68:217-223

Nakano R, Hirose E (2011) Field experiments on the feeding of the nudibranch *Gymnodoris* spp. (Nudibranchia: Doridina: Gymnodorididae) in Japan. Veliger 51:66

Nederlof R, Muller M (2012) A biomechanical model of rock drilling in the piddock *Barnea candida* (Bivalvia; Mollusca). J R Soc Interface 9:2947-2958.

Norman MD (2005) The" Mimic Octopus"(*Thaumoctopus mimicus* n. gen. et sp.), a new octopus from the tropical Indo-West Pacific (Cephalopoda: Octopodidae). Molluscan Res 25:57-70

Pawlik JR, et al. (1988) Defensive chemicals of the Spanisch dancer nudibranch *Hexabranchus sanguineus* and its egg ribbons: macrolides derived from a sponge diet. J Exp Mar Biol Ecol

119:99-109

Pelletreau KN, et al. (2014) Lipid accumulation during the establishment of kleptoplasty in Elysia chlorotica. PLoS One 9:e97477

Robertson R (1967) *Heliacus* (Gastropoda: Architectonicidae) symbiotic with Zoanthiniaria (Coelenterata). Science 156:246-248

Rogers SD, Paul VJ (1991) Chemical defenses of three *Glossodoris* nudibranchs and their dietary *Hyrtios* sponges. Mar Ecol Prog Ser 221-232

Seuront L, Ng TP (2016) Standing in the sun: infrared thermography reveals distinct thermal regulatory behaviours in two tropical high-shore littorinid snails. J Mollus Stud 82:336-340

Shipman C, Gosliner T (2015) Molecular and morphological systematics of *Doto* Oken, 1851 (Gastropoda: Heterobranchia), with descriptions of five new species and a new genus. Zootaxa 3973:57-101

Soong GY, et al. (2020) A species complex within the red-reticulate *Goniobranchus* Pease, 1866 (Nudibranchia: Doridina: Chromodorididae). Mar Biodivers 50:1-14

Speiser DI, et al. (2011) A chiton uses aragonite lenses to form images. Curr Biol 21:665-670

Takano T, et al. (2013) Taxonomic clarification in the genus *Elysia* (Gastropoda: Sacoglossa): *E. atroviridis* and *E. setoensis*. Am Malacol Bull 31:25-37

Taylor JD, et al. (1993) Foregut anatomy, feeding mechanisms, relationships and classification of the Conoidea (Toxoglossa, Gastropoda). Bull Br Mus Nat Hist Zool 59:125-170

Turner SJ (1994) The biology and population outbreaks of the corallivorous gastropod *Drupella* on Indo-Pacific reefs. Oceanogr Mar Biol Ann Rev 32:461-530

van Alphen J, et al. (2011) Differential feeding strategies in phyllidiid nudibranchs on coral reefs at Halmahera, northern Moluccas. Coral Reefs 30:59-59

Wägele H, et al. (2014) "Flashback and foreshadowing-a review of the taxon Opisthobranchia". Org Divers Evol 14:133-149

West NP (2012) Systematics and phylogeny of *Favorinus*, a clade of specialized predatory nudibranchs. Doctoral dissertation, San Francisco State University.

Wilson NG (2002) Egg masses of chromodorid nudibranchs (Mollusca: Gastropoda: Opisthobranchia). Malacologia 44:289-306

Wu YJ, et al. (2014) Toxin and species identification of toxic octopus implicated into food poisoning in Taiwan. Toxicon 91:96-102

土屋光太郎、阿部秀樹、山本典暎(2002)イカ タコガイドブック。阪急コミュニケーションズ

邱郁文、蘇俊育(2019)寶貝墾丁：有殼海生腹足類。內政部營建署墾丁國家公園管理處

揭維邦(2019)臺灣海蛞蝓圖鑑。國立海洋生物博物館

奥谷喬司(2017)日本近海産貝類図鑑 第二版。東海大学出版部

盧重成、鍾文松(2017)臺灣產頭足類動物圖鑑。國立自然科學博物館

@節肢動物

Antokhina TI, Britayev TA (2020) Host recognition behaviour and its specificity in pontoniine shrimp *Zenopontonia soror* (Nobili, 1904) (Decapoda: Caridea: Palaemonidae) associated with shallow-water sea stars. J Exp Mar Biol Ecol 524:151302

Baeza JA, Piantoni C (2010) Sexual system, sex ratio, and group living in the shrimp *Thor amboinensis* (De Man): relevance to resourcemonopolization and sex-allocation theories. Biol Bull 219:151-165

Bruce AJ (1975) Notes on Some Indo-Pacific Pontoniinae, XXV: Further Observations upon *Periclimenes noverca* Kemp, 1922, with the Designation of a New Genus Zenopontonia, and Some Remarks upon *Periclimenes parasiticus* Borradaile (Decapoda Natantia, Palaemonidae). Crustaceana 28(3):275-285

Chan BKK (2003) Studies on *Tetraclita squamosa* and *Tetraclita japonica* (Cirripedia: Thoracica) II: larval morphology and development. J Crustacean Biol 23:522-547

Chan TY, Yu HP (1985) Studies on the shrimps of the genus *Palaemon* (Crustacea: Decapoda: Palaemonidae) from Taiwan. Jour Taiwan Mus 8(1):114-127

Cronin TW, et al. (2001) Tunable colour vision in a mantis shrimp. Nature 411:547-548

Cronin TW, et al. (2014) Filtering and polychromatic vision in mantis shrimps: themes in visible and ultraviolet vision. Philos Trans R Soc Lond B Biol Sci 369:20130032

uriš Z, Horká I (2017) Towards a revision of the genus Periclimenes: resurrection of *Ancylocaris* Schenkel, 1902, and designation of three new genera (Crustacea, Decapoda, Palaemonidae). ZooKeys 646:25-44

Ferguson BG, Cleary JL (2001) *In situ* source level and source position estimates of biological transient signals produced by snapping shrimp in an underwater environment. J Acoust Soc Am 109:3031-3037

Fiedler GC (2002) The influence of social environment on sex determination in harlequin shrimp (*Hymenocera picta*: Decapoda, Gnathophyllidae). J Crustacean Biol 22:750-761

Gregati RA, et al. (2010) Reproductive cycle and ovarian development of the marine ornamental shrimp *Stenopus hispidus* in captivity. Aquaculture 306:185-190

Ho PH, et al. (2000) New records of Eriphiidae, Pilumnidae and Xanthidae (Crustacea: Decapoda: Brachyura) from Taiwan. Raffles Bull Zool 48:111-122

Khan RN, et al. (2004) Spatial distribution of symbiotic shrimps (*Periclimenes holthuisi, P. brevicarpalis, Thor amboinensis*) on the sea anemone *Stichodactyla haddoni*. J Mar Biol Assoc UK 84:201-203

Koh SK, Ng PK (2008) A revision of the shore crabs of the genus Eriphia (Crustacea: Brachyura: Eriphiidae). Raffles Bull Zool 56(2):327-355

Mclaughlin PA, et al. (2007) A catalog of the hermit crabs (Paguroidea) of Taiwan. National Taiwan Ocean University

Lohse D, et al. (2001) Snapping shrimp make flashing bubbles. Nature 413:477-478

Okuno J (1999) *Izucaris masudai*, new genus, new species (Decapoda: Caridea: Palaemonidae), a sea anemone associate from Japan. J Crustacean Biol 19:397-407

Prakash S, Kumar TA (2013) Feeding behavior of Harlequin shrimp *Hymenocera picta* Dana, 1852 (Hymenoceridae) on sea star *Linckia laevigata* (Ophidiasteridae). J Threat Taxa 5(13):4819-4821

Tirmizi NM, Kazmi MA (1971) Sexual Dimorphism in *Saron marmoratus* (Olivier)(Decapoda, Hippolytidae). Crustaceana 21:283-293

Tricarico E, Gherardi F (2006) Shell acquisition by hermit crabs: which tactic is more efficient? Behav Ecol Sociobiol 60:492-500

Versluis M, et al. (2000) How snapping shrimp snap: through cavitating bubbles. Science 289:2114-2117

加藤昌一、奥野淳児(2001)エビ カニガイドブック—伊豆諸島 八丈島の海から。阪急コミュニケーションズ
有馬啓人、加藤 昌一(2014) ヤドカリ。誠文堂新光社
施習德(2012)鐵甲武士:東沙島海濱蟹類。內政部營建署海洋國家公園管理處
峯水亮(2013)サンゴ礁のエビハンドブック。文一総合出版
陳國勤、李坤瑄(2007)臺灣的藤壺:生物多樣性與生態。國立自然科學博物館

@棘皮動物

Glynn PW, Krupp DA (1986) Feeding biology of a Hawaiian sea star corallivore, *Culcita novaeguineae* Muller & Troschel. J Exp Mar Biol Ecol 96(1):75-96
Chao SM, Tsai CC (1995) Reproduction and population dynamics of the fissiparous brittle star *Ophiactis savignyi* (Echinodermata. Ophiuroidea). Mar Biol 124:77-83
Coppard SE, Campbell AC (2004) Taxonomic significance of spine morphology in the echinoid genera *Diadema* and *Echinothrix*. Invertebr Biol 123:357-371
Russo AR (1980) Bioerosion by two rock boring echinoids (*Echinometra mathaei* and *Echinostrephus aciculatus*) on Enewetak Atoll, Marshall Islands. J Mar Res 38:99-110
Nakagawa H, et al. (1991) Purification and characterization of Contractin A from the pedicellarial venom of sea urchin, *Toxopneustes pileolus*. Archives of biochemistry and biophysics, 284(2), 279-284.
Kuwabara S (1994) Purification and properties of peditoxin and the structure of its prosthetic group, pedoxin, from the sea urchin *Toxopneustes pileolus* (Lamarck). J Biol Chem 269:26734-26738
Stimson J, et al. (2007) Food preferences and related behavior of the browsing sea urchin *Tripneustes gratilla* (Linnaeus) and its potential for use as a biological control agent. Mar Biol 151:1761-1772
佐波征機、入村精一、楚山勇(2012)ヒトデガイドブック。CCCメディアハウス
趙世民、蘇焉(2009)臺灣的海星:生態與多樣性。國立自然科學博物館
趙世民(1998)台灣礁岩海岸的海參。國立自然科學博物館
趙世民(2003)台灣礁岩海岸地圖。晨星出版社

@海鞘

Bone Q, Braconnot JC, Ryan KP (1991) On the pharyngeal feeding filter of the salp *Pegea confoederata* (Tunicata: Thaliacea). Acta Zool 72:55-60

飽覽海岸與水下生態

海洋博物誌

700種 魚類與無脊椎生物辨識百科

作　　者	李承錄、趙健舜
社　　長	張淑貞
總 編 輯	許貝羚
主　　編	謝采芳
文字校對	李龍鑫、李承錄、曹德祺、趙健舜、蔡松聿、謝采芳
封面設計	密度設計工作室
內頁美術設計	D-3 Design
內頁設計排版	關雅云
插畫繪製	李承錄、林群、徐言凱
發 行 人	何飛鵬
事業群總經理	李淑霞
出　　版	城邦文化事業股份有限公司　麥浩斯出版
地　　址	115 台北市南港區昆陽街 16 號 7 樓
電　　話	02-2500-7578
傳　　真	02-2500-1915
購書專線	0800-020-299
發　　行	英屬蓋曼群島商家庭傳媒股份有限公司城邦分公司
地　　址	115 台北市南港區昆陽街 16 號 5 樓
讀者服務電話	0800-020-299（09:30 AM　12:00 PM・01:30 PM　05:00 PM）
讀者服務傳真	02-2517-0999
讀者服務信箱	csc@cite.com.tw
劃撥帳號	19833516
戶　　名	英屬蓋曼群島商家庭傳媒股份有限公司城邦分公司
香港發行	城邦〈香港〉出版集團有限公司
地　　址	香港九龍土瓜灣土瓜灣道 86 號順聯工業大廈 6 樓 A 室
電　　話	852-2508-6231
傳　　真	852-2578-9337
Email	hkcite@biznetvigator.com
馬新發行	城邦（馬新）出版集團 Cite (M) Sdn Bhd
地　　址	41, Jalan Radin Anum, Bandar Baru Sri Petaling,57000 Kuala Lumpur, Malaysia.
電　　話	603-9056-3833
傳　　真	603-9057-6622
Email	services@cite.my
製版印刷	凱林印刷事業股份有限公司
總 經 銷	聯合發行股份有限公司
地　　址	新北市新店區寶橋路 235 巷 6 弄 6 號 2 樓
電　　話	02-2917-8022
傳　　真	02-2915-6275
版　　次	初版六刷 2024 年 7 月
定　　價	新台幣 780 元　港幣 260 元

國家圖書館出版品預行編目（CIP）資料

海洋博物誌, 北台灣篇：飽覽海岸與水下生態!700種魚類與無脊椎生物辨識百科. 上冊, 無脊椎篇 / 李承錄, 趙健舜作. -- 初版. -- 臺北市：麥浩斯出版：家庭傳媒城邦分公司發行, 2020.08
面；　公分
ISBN 978-986-408-626-9(平裝)
1.無脊椎動物 2.動物圖鑑 3.臺灣
386　　109011352

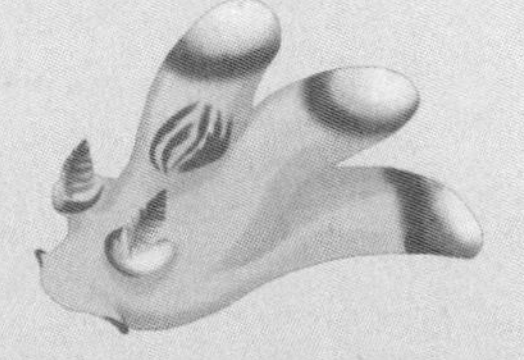

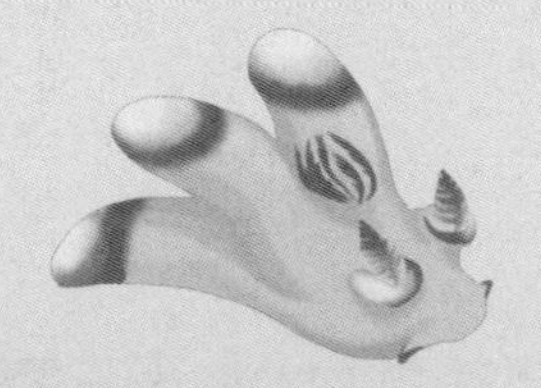